数理统计与数据分析
——基于R语言

肖 阳 于向鸿 房永飞 编著

中国农业科学技术出版社

图书在版编目（CIP）数据

数理统计与数据分析：基于R语言 / 肖阳，于向鸿，房永飞编著. --北京：中国农业科学技术出版社，2024.4

ISBN 978－7－5116－6564－5

Ⅰ.①数… Ⅱ.①肖… ②于… ③房… Ⅲ.①数理统计 ②统计数据－统计分析（数学） Ⅳ.①O212

中国国家版本馆CIP数据核字（2023）第218334号

责任编辑	周	朋
责任校对	王	彦
责任印制	姜义伟	王思文

出 版 者	中国农业科学技术出版社	
	北京市中关村南大街12号	邮编：100081
电 话	（010）82103898（编辑室）	（010）82106624（发行部）
	（010）82109709（读者服务部）	
网 址	https://castp.caas.cn	
经 销 者	各地新华书店	
印 刷 者	北京中科印刷有限公司	
开 本	185 mm×260 mm 1/16	
印 张	20.25	
字 数	460千字	
版 次	2024年4月第1版 2024年4月第1次印刷	
定 价	60.00元	

版权所有·侵权必究

前　言

数理统计是研究随机现象统计规律的一门学科，是将数学和现实世界联系紧密且应用广泛的学科之一。随着大数据时代的到来，各个领域及行业所面临的问题都需要收集必要的数据，通过对数据合理的整理和分析，探究客观事物的发展规律，并做出科学的推断或预测。作为大数据基础理论之一的数理统计越来越受到科技工作者的高度重视。

多年的教学实践发现，不少学生面对大量的数学公式和统计数据无所适从，究其原因，一方面在于学生没有真正掌握统计学的基本知识和框架内容，另一方面在于理论和实际应用结合不紧密。针对上述问题，本教材将循序渐进地介绍统计理论的基本知识，尽量弱化理论部分。同时，本书将注重利用统计软件R，结合具体问题的背景和意义，旨在提高解决实际问题的能力。

本教材的独特之处在于，它将R语言的实践融入数理统计课程几乎每一个知识点之中，在详细阐述分析求解过程的同时，还给出了R语言实现的程序、输出结果和对结果的解释，这样的设计有利于读者在一步一步的计算中不断回顾和巩固理论知识，深入掌握各种统计分析方法的实质，进而提高数据分析能力。此外本教材借助R语言强大的绘图功能，为读者呈现了主要分析结果的可视化展示，这不仅提升了读者对结果的理解，还能激发其对数理统计的学习兴趣。值得一提的是，本教材并不要求读者具备高水平的R语言编程能力，只需要掌握R语言相关的入门知识即可，所有代码均在R4.1.2环境下运行通过。

本教材共7章内容，第一章为学习本教材所应该具备的R软件入门知识；第二章为数理统计的基本知识及抽样分布，为后期学习打下基础；第三章为参数估计，包括点估计和区间估计；第四章为假设检验，包括参数假设检验和非参数假设检验，主要以参数假设检验为主；第五章为方差分析，主要包括单因素、两因素和重复测量方差分析；第六章为回归分析，主要介绍一元和多元线性回归分析、非线性回归分析等相关内容；第七章为协方差分析，重点介绍单因素和两因素协方差分析。

本教材在编写过程中，得到了中国农业科学院研究生院各级领导的高度重视，给予大力支持和帮助。艾明要教授、李欣海副研究员、赵颖副教授和刘旭华副教授为教材的编写提供了很多宝贵意见和建议。研究生杨易霖为本书的R程序编写提供了很大帮助，图形部分均由该生所作。本教材得到了中国农业科学院研究生院基本科研业务费项目的经费支持（项目编号：1610042022008）。在此一并表示衷心的感谢。

由于编者水平有限，书中难免有疏漏和不足之处，恳请读者在使用中多提宝贵意见，以便进一步修改和完善。

编 者

2023年10月

目 录

第一章　R语言入门 1
　　1.1　R语言简介 1
　　1.2　R语言绘图基础 20

第二章　数理统计的基本知识 32
　　2.1　引言 32
　　2.2　随机样本 33
　　2.3　抽样分布 48

第三章　参数估计 70
　　3.1　点估计 70
　　3.2　估计量的评选标准 78
　　3.3　区间估计 82

第四章　假设检验 97
　　4.1　假设检验的基本概念 98
　　4.2　参数假设检验 101
　　4.3　非参数假设检验 130

第五章　方差分析 154
　　5.1　单因素方差分析 154
　　5.2　两因素方差分析 178
　　5.3　效应量分析 203

  5.4 重复测量方差分析 205

第六章 回归分析 223
  6.1 一元线性回归 224
  6.2 非线性回归 250
  6.3 多元线性回归 268

第七章 协方差分析 280
  7.1 协方差分析的模型和假定 280
  7.2 单因素试验资料的协方差分析 281
  7.3 两因素试验资料的协方差分析 290

附 录 300
  附表一 标准正态分布函数表 300
  附表二 t值表（右尾） 301
  附表三 χ^2值表（右尾） 303
  附表四 F值表（右尾） 306
  附表五 秩和检验表 312
  附表六 多重比较中的$q\alpha(p, f)$表 313
  附表七 新复极差检验SSR值表 315

参考书目 317

第一章　R语言入门

1.1　R语言简介

  R语言是一种为统计计算和图形显示而设计的语言环境，20世纪90年代R语言正式问世，因两名主要研发者Ross Ihaka和Robert Gentleman名字首字母均为R而得名，现在由R语言开发核心团队开发和维护。R软件是基于R语言的一套完整的数据处理、统计计算和绘图的开源软件，它提供了若干统计程序包、一些集成的统计工具和各种数学计算、统计计算的函数，用户需要根据统计模型，选择相应的函数和相关的参数，指定相应的数据集，便可以灵活地进行数据分析和绘图等工作。R语言目前在商业、工业、政府部门、医药和科研等涉及统计分析的领域中都有广泛的应用。本章主要介绍使用R软件所必备的基础知识。

1.1.1　R软件的下载与安装

  作为开源软件，R软件可以在网站http://cran.r-project.org/下载，根据不同的操作系统可选择不同的版本，对于Windows用户，单击"Download R for Windows"进入下一个窗口，然后单击"base"进入下载窗口，下载Windows系统下的R软件。R软件安装非常容易，下载完成后，双击代码文件（.exe文件）开始安装，一直点击"下一步"，各选项默认，语言建议选英文。R软件的界面比较简陋，通常不直接使用。RStudio是免费提供的开源集成开发环境（IDE），可以让R语言程序更直观、明了地运行，是在终端中使用R语言的绝佳选择。RStudio可以在网站上自由下载并使用，网址为http://posit.co/products/open-source/rstudio/，RStudio提供了一个具有很多功能的开发环境，界面分为4个窗口，它们分别是程序代码编辑区、工作空间和代码运行记录区、程序运行和输出结果区（也称控制台），以及绘图、程序包和函数帮助区（图1.1）。

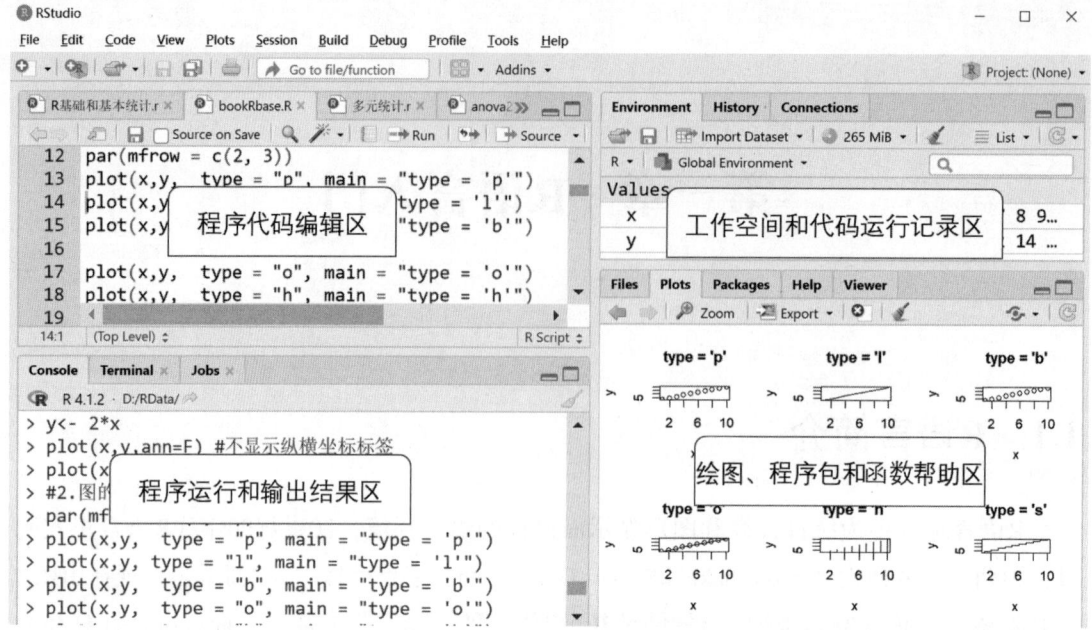

图1.1　RStudio界面示意图

1.1.2　R语言的程序包

R语言之所以在数据分析、数据挖掘和绘图方面功能强大，关键是其有丰富的程序包，使得R语言以几行代码即可完成复杂的数据分析、智能算法和绘图，大大提高工作效率。截至2023年7月26日，CRAN网站上有19880个R程序包（R package，R包），R包是多个函数的集合，里面具有详细的说明和示例。Windowds下的R程序包是经过编译的zip包，每个程序包中包含R函数、数据、帮助文件和描述文件等，方便学习和使用。

R中自带了一系列默认程序包（base、datasets、utils、grDevice、graphics、stats以及methods等，这些是不需要安装的，它们提供了种类繁多的函数和数据集。对于一些特定的分析，需要用相应的程序包实现，例如：方差分析中均值的多重比较常用到agricolae包，在绘图时常用到ggplot2包等，这些包需要提前安装，使用时需首先导入。CRAN为每个程序包制作了主页，介绍了包的主要功能等信息，用户可根据所用的操作系统下载不同的包和有关包的pdf说明，便于深入学习。

R程序包在使用前需要安装，通常有下面几种安装方法。

1. 从CRAN安装

①点击菜单栏安装。在联网的条件下，点击菜单栏"Tools"，选择"Install Packages"，选择"Cran"安装，然后输入要安装的包名，最后选择要安装的位置并安装；

②联网命令安装。例如：在程序运行和输出结果区中输入install.packages

('agricolae'),若同时安装多个包,可输入install.packages(c('agricolae', 'ggplot2', 'car'))。

2. 通过Bioconductor安装

Bioconductor是一个为生物信息学研究者提供软件、注释数据和教程的资源,包含了许多与生物数据分析及可视化相关的R包。如果尚未安装BiocManager包,需要先安装它。

```
>if(!require('BiocManager', quietly = TRUE))
 >install.packages('BiocManager')
```

以limma包为例,>BiocManager::install('limma')。

3. 通过GitHub安装

对于CRAN和Bioconductor上没有的R包,可以通过GitHub进行安装。首先,需要安装devtools包,用于从GitHub安装R包。在R控制台或RStudio中输入:install.packages('devtools'); devtools::install_github('作者/包名')。

4. 本地安装

本地安装有两种方法。一种是在R软件中,路径:Packages → Install Packages from Local Files。选择本地磁盘上存储zip包的文件夹,注意Windows下程序包为zip文件,安装时不要解压。另一种是在菜单栏"Tools"中选择"Install Packages",选择"Package Archive File(.zip;.tar.gz)"进行本地安装。

若要使用程序包中的函数,则需首先导入程序包才可以使用,因此导入程序包是第一步。另外开源软件的一大问题在于已有的程序包在不断更新,为保证正常使用,程序包要不断更新,导入和更新软件包的代码如下:

```
> library(ggplot2)或require(ggplot2)     #导入程序包
> search()                                #查看导入的程序包
> update.packages('ggplot2')              #对某个包的更新
> update.packages()                       #对所有的程序包更新
```

1.1.3 R语言的对象赋值与运行

R语言是一种基于对象的编程语言,因此运行前需要给对象赋值,R中标准的赋值符号是"<-",也允许使用"="进行赋值,推荐使用标准的赋值符号。R中创建的对象都被存储在一个共同的工作区,使用函数ls()列出它们,使用rm(list=ls())可以清除整个工作空间,清除工作空间中的某一对象p,使用rm(list='p')。通过函数save.image()将整个工作空间保存到当前目录下的一个.RData文件。另外,当退出R时,也会被询问是否保存工作空间,如果不需要保存,可选择"否"。

R代码的输入和编辑通常有以下3种方式:

①在程序运行和输出结果区，R代码的输入要在命令提示符"＞"后输入，运行时点击"Enter"键，可以一次执行一条命令，也可以一次执行多条命令，命令之间用"；"隔开。

②在程序代码编辑区输入代码，依次点击"File"→"New File"→"R Script"，打开一个新的R程序编辑窗口，直接输入要编写的R程序，每一行命令前不加提示符"＞"，若要执行某一行命令，将光标放在该行的任意位置，点击"Run" 即可运行；若一次执行多条命令，首先选中要执行的命令，点击"Run" 运行，代码输入完成后，点击"保存"快捷键，在弹出的对话框中选择要保存的位置，并输入文件名（扩展名为.R）。

③要打开已有的R程序文件，依次点击"File"→"Open File"，选择要打开的R文件，R程序出现在编辑窗口，可以对该部分代码进行编辑，也可以直接运行。

1.1.4　R函数的帮助文档

R语言在安装的时候，同时也安装了帮助文档，可在控制台中输入以下命令：

```
>help.start()                         #打开并查阅相关的帮助文档
>help(package='vegan')                #显示已经安装的包vegan的描述和函数说明
>RSiteSearch('vegan')                 #在官方网站上联网搜索和包vegan相关的内容
>?ggplot或者>help(ggplot)             #解释函数ggplot的意义和使用方法
>??ggplot或者>help.search('ggplot')   #列出与ggplot有关的全部函数名
>Sys.getenv('R_HOME')                 #报告R主程序的安装目录
```

R语言语法中双引号和单引号功能相同，但对大小写敏感，大写和小写代表不同的含义，学习时应特别注意。学习R语言一般是从函数开始，尤其是从函数帮助文档中的例题开始，在控制台中输入例题部分，并尝试改变代码中的参数，通过观察输出结果的变化，了解函数中各参数的功能，逐渐掌握R语言的基本规律。

1.1.5　与数据有关的对象

当R运行时，变量、数据、函数及结果都是以对象的形式保存在计算机的内存中，且都有相应的名称，可以使用一些运算符和函数来对这些对象进行操作。下面介绍与数据输入、保存和运算有关的对象，如向量、矩阵、数据框、列表、数组和因子等。

1.1.5.1.　向量

函数c()用于创建向量，单个向量中的数据必须是相同的类型（数值型、字符型或逻辑型），向量中的元素是用逗号隔开的。

例如：

```
>(a<-c(0,2,100,3,9,-2))                              #数值型向量
 [1]   0   2 100   3   9  -2
>(A<-c('one','two','three'))                         #字符型向量
 [1] one   two   three
>(b<-c(TRUE,TRUE,FALSE))                             #逻辑型向量
 [1] TRUE  TRUE  FALSE
```

变量名不能以数字开头，须是英文字母，但可以是数字结尾，称上面的3个向量a、A、b为对象，对象名的大小写代表的含义是不相同的，即a和A是不同的。

1. 创建重复向量

```
>rep(2:5,times=2)
[1] 2 3 4 5 2 3 4 5
>rep(2:5,rep(2,4))
[1] 2 2 3 3 4 4 5 5
>rep(1:3,times=4,each=2)
 [1] 1 1 2 2 3 3 1 1 2 2 3 3 1 1 2 2 3 3 1 1 2 2 3 3
>paste('X',1:10,sep='-')
 [1]'X-1''X-2''X-3''X-4''X-5''X-6''X-7''X-8''X-9''X-10'
>paste(c('X','Y'),1:10,sep='-')
 [1]'X-1''Y-2''X-3''Y-4''X-5''Y-6''X-7''Y-8''X-9''Y-10'
>rep(factor(LETTERS[1:3]),5)
 [1] A B C A B C A B C A B C A B C
Levels: A B C
```

2. 访问向量中的元素

```
>a<-c(0,2,100,3,9,-2,4)
>a[6]                         #向量a中第6个元素
[1] -2
>a[c(2,4,6)]                  #向量a中第2、4、6个元素
[1]  2  3 -2
>a[c(2:4)]                    #向量a中第2到第4个元素
[1]   2 100   3
>a[a>4]                       #向量a中大于4的元素
```

```
[1] 100   9
>a[-2]                    #向量a中去掉第2个元素
[1]   0 100   3   9  -2   4
>a[-c(1:3)]               #向量a中去掉第1到第3个元素
[1]  3  9 -2  4
```

1.1.5.2 矩阵

矩阵是一个二维数组，其使用格式为matrix(data,nrow,ncol,byrow=F)，nrow和ncol分别指定待创建矩阵的维度，byrow=F（默认）表示按列读入数据。

1. 创建矩阵

```
>matrix(1:4,nrow=2,ncol=2)    #数据按列排列，生成2行2列矩阵
     [,1] [,2]
[1,]   1    3
[2,]   2    4
>diag(3)                      #创建单位矩阵
     [,1] [,2] [,3]
[1,]   1    0    0
[2,]   0    1    0
[3,]   0    0    1
>matrix(1:12,3,4,byrow=T)     #数据按行排列，创建3行4列的矩阵
     [,1] [,2] [,3] [,4]
[1,]   1    2    3    4
[2,]   5    6    7    8
[3,]   9   10   11   12
>matrix(1:12,3,4,byrow=F)     #数据按列排列，创建3行4列的矩阵
     [,1] [,2] [,3] [,4]
[1,]   1    4    7   10
[2,]   2    5    8   11
[3,]   3    6    9   12
```

2. 矩阵元素的提取

```
>x<-matrix(1:6,2,3)           #数据按列排列，创建2行3列的矩阵
     [,1] [,2] [,3]
[1,]   1    3    5
[2,]   2    4    6
```

```
>x[2,2]                              #第2行中第2列的元素
[1] 4
>x[2,]                               #第2行的所有元素
[1] 2 4 6
>x[,2]                               #第2列的所有元素
[1] 3 4
>x[2,c(2,3)]                         #第2行中第2、第3列的元素
[1] 4 6
```

其他常用函数有：mode()查询矩阵的类型，dim()查询矩阵的行列数，length()查询矩阵中所有元素的个数，rownames()和colnames()对矩阵的行和列进行命名。

1.1.5.3 数据框

使用函数data.frame( )创建数据框，其使用格式为data.frame(col1,col2,col3,…)，其中的列向量为col1、col2、col3……不同列存储的数值类型可以相同，也可以不相同，但每列的行数需相同，data.frame是R最常见的数据格式。

```
>patientID<-c(1,2,3,4)
>age<-c(25,34,28,52)
>diabetes<-c('Type1','Type2','Type1','Type1')
>status<-c('Poor','Improved','Excellent','Poor')
>patientdata<-data.frame(patientID,age,diabetes,status)
>patientdata
     patientID    age    diabetes    status
1    1            25     Type1       Poor
2    2            34     Type2       Improved
3    3            28     Type1       Excellent
4    4            52     Type1       Poor
>patientdata[,1:2]                   #选取第1、第2列的所有元素
     patientID    age
1    1            25
2    2            34
3    3            28
4    4            52
>patientdata$age                     #'$'用于选取数据框中某个变量
[1] 25 34 28 52
```

1.1.5.4 列表

在进行复杂的数据分析时，仅有向量与数据框还不够，list是R数据类型中较为复杂的一种数据结构，列表是包含任何类型的对象，可存放不同类型不同长度的数据，例如：可以是若干向量、矩阵、数据框，甚至其他列表的组合，其使用格式为list(object1,object2,…)，其中object1、object2……，可以是向量、矩阵、数据框或列表的任何一种结构。

创建列表程序如下。

```
>g<-'My First List'
>h<-c(25,26,18,39)
>j<-matrix(1:10,nrow=5)
>k<-c('one','two','three')
>mylist<-list(title=g,ages=h,j,k)
>mylist
$title
[1]'My First List'
$ages
[1] 25 26 18 39
[[3]]
     [,1] [,2]
[1,]  1    6
[2,]  2    7
[3,]  3    8
[4,]  4    9
[5,]  5   10
[[4]]
[1]'one' 'two' 'three'
>mylist[[3]]   #取出list中的第3个元素
     [,1] [,2]
[1,]  1    6
[2,]  2    7
[3,]  3    8
[4,]  4    9
[5,]  5   10
```

1.1.5.5 数组

array可以指多维数组也可以指一维数组，向量和矩阵可看作其特殊情况，向量是一维数组，矩阵是二维数组，函数array()的使用格式为array(data,dim)，data必须是同一类型的数据，dim定义数组的维度。

```
>a<-array(1:16,dim=c(4,4))
>a
     [,1] [,2] [,3] [,4]
[1,]   1    5    9   13
[2,]   2    6   10   14
[3,]   3    7   11   15
[4,]   4    8   12   16
>a<-array(1:16,dim=c(2,4))
>a
     [,1] [,2] [,3] [,4]
[1,]   1    3    5    7
[2,]   2    4    6    8
>a<-array(1:16,dim=c(2,4,2))    #数组可以存放大于等于三维的数据，只
                                 能存放同一类型
>a
,,1
     [,1] [,2] [,3] [,4]
[1,]   1    3    5    7
[2,]   2    4    6    8
,,2
     [,1] [,2] [,3] [,4]
[1,]   9   11   13   15
[2,]  10   12   14   16
```

1.1.5.6 因子

R中使用因子表示名义变量或有序变量，其具体数值没有加减乘除的意义，主要是用来分类，它们可以存储字符串和整数。例如："男性"和"女性"、"True"和"False"、"1, 2, 3"等。因子在统计建模的数据分析中很有用，R中用函数as.factor( )定义一个因子，其使用格式为as.factor(x, levels, labels, exclude = NA, ordered = TRUE)，其中：x为被转化成因子的向量；levels为因子水平，当默认时，可用x中的不同值来确定；labels

用来指定因子各水平的名称，默认取levels的值；exclude定义从x中删除的水平值（默认为NA）；当ordered取值为TRUE时，因子是有次序的（按编码次序），当ordered取值为FALSE时，因子是无次序的。

```
>da<-c(1,2,3,3,1,2,2,3,1,3,2,1)
>(pf1<-as.factor(da))                                    #创建因子pf1
  [1] 1 2 3 3 1 2 2 3 1 3 2 1
Levels: 1 2 3
>(pf2<-as.factor(da,labels=c('a','b','c')))              #指定因子各水平
                                                              的名称
  [1] a b c c a b b c a c b a
Levels: a b c
```

另一个定义因子的函数为gl()，其使用格式为gl(n, k, length = n*k, labels = 1:n, ordered = TURE)，其中：n表示因子的水平数；k表示每个因子重复的次数；length表示生成向量的长度（默认为n*k）；labels表示因子水平的名称（默认为1:n）；ordered = TURE表示因子水平是有次序的，默认为FALSE，表示因子水平是无次序的。

```
>gl(2,3)                                  #生成2个因子，每个因子重复次数为3
  [1] 1 1 1 2 2 2
  Levels: 1 2
>gl(2,3,labels=paste0('A',1:2))
  [1] A1 A1 A1 A2 A2 A2
  Levels: A1 A2
>gl(2,3,length=12,labels=paste0('A',1:2))
  [1] A1 A1 A1 A2 A2 A2 A1 A1 A1 A2 A2 A2
  Levels: A1 A2
```

1.1.6 数据文件的读和写

在实际应用中，如果数据量比较少，可以直接输入，如果数据量比较大、变量较多，通常首先保存为Excel表格或文本文件等，再读入到R中。另外，R的计算结果，也可以保存在文件中，方便以后使用。下面介绍R中一些读、写数据文件的方法。

1.1.6.1 读取数据文件

1. 读取txt文件

直接利用函数read.table()进行读取，不需要加载其他的包，假设数据文件为D:/abc.txt。

```
>da<-read.table('D:/abc.txt',header=TRUE,na.string='NA')
#header=TRUE,表示第一行为变量名,na.string='NA',表示缺失数据用NA表示
```

2. 读取 Excel 表格数据

假设数据文件为D:/abc.xls。

```
>library(readxl)
>mydata<-read_excel('D:/abc.xls',sheet=1)
```

3. 读取csv文件

将Excel表格转化为csv（逗号分隔）文件，假定数据文件为D:/abc.csv。

```
>mydata<-read.table(file='D:/abc.csv',header=T,sep=',')
>mydata<-read.csv('D:/abc.csv',header=T)
>setwd('D:/Rdata')                    #设置工作路径
>getwd( )                             #获取当前工作路径
[1]'D:/Rdata'
> mydata<-read.csv(file='abc.csv',header=T)    #读取工作路径目
                                                录中数据文件
```

4. 读取R程序包中数据文件

```
>data( )              #列出基本程序包Base中的所有数据集
>data(iris)           #加载基本程序包Base中的数据集iris
```

加载或查看其他程序包中的数据集，以加载程序包car中的数据集Wool为例。

```
>library(car)         #加载程序包
>data( )              #查看数据集
>data(Wool)           #加载数据集Wool
```

5. 读取 SAS 数据集

```
>library(haven)
>mydata<-read_sas('D:/abc.sas7bdat')
```

6. 读取SPSS数据集

```
>library(foreign)
>mydata <-read.spss('D:/abc.sav')
```

1.1.6.2 写数据文件

函数write.table()将数据写成表格形式的文本文件，函数write.csv()将数据写成csv格式的文件。

```
>mydata<-data.frame(age=c(15,20,23,31),gender=c('f','m','f','f'),weight=c(45,68,70,50))
```

（1）将mydata保存为数据文件D:/Rdata/df.txt。

```
#row.names=T，写入行名，quote=F，变量名不用双引号
>write.table(mydata,file='D:/Rdata/df.txt',row.names=T,quote=F)
```

（2）将mydata保存为数据文件D:/Rdata/df.csv。

```
>write.csv(mydata,file='D:/Rdata/df.csv')
```

（3）将mydata保存为数据文件D:/Rdata/df.Rdata。

```
>save(mydata,file='D:/Rdata/df.Rdata')
```

1.1.7 数据的行合并、列合并和子集提取

1.1.7.1 行合并

函数rbind()用于对向量、矩阵和数据框按行进行合并，要求变量的个数相同且变量名称一致。

```
>mydata1<-data.frame(Subject=c(1,1,2,2),Response=c('y','n','n','y'))
>mydata2<-data.frame(Subject=c(1,2,3),Response=c('n','n','y'))
>mydata<-rbind(mydata1,mydata2)
>mydata
   Subject   Response
1    1          y
2    1          n
3    2          n
4    2          y
5    1          n
6    2          n
7    3          y
```

1.1.7.2 列合并

函数cbind()用于对向量、矩阵和数据框按列进行合并，列合并要求合并的数据行数相同。

```
>df1<-data.frame(x1=c(1,1,2,2),x2=c('y','n','n','y'))
>df2<-data.frame(x3=c(0,1,1,0),x4=c('a','b','a','b'))
```

```
>df<-cbind(df1,df2)
>df
         x1   x2   x3   x4
     1   1    y    0    a
     2   1    n    1    b
     3   2    n    1    a
     4   2    y    0    b
```

1.1.7.3 子集提取

```
>df[1,]                      #提取df的第1行
         x1   x2   x3   x4
     1   1    y    0    a
>df[c(1,3),]                 #提取df的第1、第3行
         x1   x2   x3   x4
     1   1    y    0    a
     3   2    n    1    a
>df[ ,1]                     #提取df的第1列
     [1]  1    1    2    2
>df[ ,c(1,3)]                #提取df的第1、第3列
         x1   x3
     1   1    0
     2   1    1
     3   2    1
     4   2    0
>df[c(1,3),c(1,3)]           #提取第1、第3行,第1、第3列对应元素
         x1   x3
     1   1    0
     3   2    1
>df[,'x1']                   #提取列名为x1的数据
     [1]  1    1    2    2
>df [,c('x1','x2')]          #提取列名为x1、x2的数据
         x1   x2
     1   1    y
     2   1    n
```

```
                3    2    n
                4    2    y
```

1.1.7.4 使用subset函数

```
>subset(df,select=c(x1,x3))        #提取列名为x1、x3的数据
                x1   x3
            1   1    0
            2   1    1
            3   2    1
            4   2    0
>subset(df,x1<=1&x4=='a')          #提取x1小于等于1且x4的值为a的数据行
                x1   x2   x3   x4
            1   1    y    0    a
```

1.1.8 R中变量的创建、删除及重命名

1.1.8.1 变量的创建

```
>mydata<-data.frame(x1=c(2,2,6,4),x2=c(3,4,2,8))
>mydata
                x1   x2
            1   2    3
            2   2    4
            3   6    2
            4   4    8
>mydata$sum<-mydata$x1+mydata$x2              #在mydata中增加变量sum,
                                                 其值等于x1+x2
>mydata$mean<-(mydata$x1+mydata$x2)/2         #在mydata中增加变量mean,
                                                 其值等于(x1+x2)/2
> mydata
                x1   x2   sum   mean
            1   2    3    5     2.5
            2   2    4    6     3.0
            3   6    2    8     4.0
            4   4    8    12    6.0
```

1.1.8.2 变量的删除

```
>mydata$mean<-NULL                    #在mydata中删去变量mean
>mydata
    x1  x2  sum
1   2   3   5
2   2   4   6
3   6   2   8
4   4   8   12
```

1.1.8.3 变量的重命名

```
>names(mydata)[1:3]<-c('A','B','C') #将mydata的前3列变量命名为A、
                                                              B、C
>mydata
    A   B   C
1   2   3   5
2   2   4   6
3   6   2   8
4   4   8   12
```

1.1.9 R中数据的排序

在R中可以用函数order()对数据框进行排序，默认是升序排序。

```
> (df<-data.frame(id=1:4,Maths=c(81,81,92,40),Chinese=c
(90,80,78,85)))                       #创建数据框
    id   Maths   Chinese
    1    81      90
    2    81      80
    3    92      78
    4    40      85
>df[order(df$Maths),]                 #数据框按变量Maths的升序进行排列
    id   Maths   Chinese
    4    40      85
    1    81      90
    2    81      80
    3    92      78
```

```
>df[order(-df$Maths),]              #数据框按变量Maths的降序进行排列
            id      Maths   Chinese
            3       92      78
            1       81      90
            2       81      80
            4       40      85
>df[order(df$Maths,df$Chinese),]    #按Maths的升序排列,当Maths值相
                                     同时按Chinese的升序排列
            id      Maths   Chinese
            4       40      85
            2       81      80
            1       81      90
            3       92      78
>df[order(-df$Maths,df$Chinese),]   #按Maths的降序排列,当
                                     Maths值相同时按Chinese的升序排列
            id      Maths   Chinese
            3       92      78
            2       81      80
            1       81      90
            4       40      85
```

1.1.10 数据类型的判断与转换

对数据类型的判断返回值是TURE或FALSE，可以根据需求对数据进行转换，具体函数见表1.1。

表1.1 数据类型的判断与转换

判断	转换	类型
is.numeric()	as.numeric()	数值型
is.character()	as.character()	字符型
is.vector(x)	as.vector(x)	向量
is.matrix(x)	as.matrix(x)	矩阵
is.data.frame(x)	as.data.frame(x)	数据框
is.factor(x)	as.factor(x)	因子

```
>a<-c(1,3,5,7)              #赋值
>is.numeric(a)              #数值型判断
  [1] TRUE
>is.factor(a)               #因子型判断
  [1] FALSE
>a <-as.factor(a)           #转换为因子
>is.factor(a)               #因子型判断
  [1] TURE
```

1.1.11 数据探索

以R的内置数据集iris为例，程序如下。

```
>dim(iris)                  #数据集的维度，有多少行、多少列
  [1] 150 5
>names(iris)                #输出列变量名
  [1]'Sepal.Length' 'Sepal.Width' 'Petal.Length' 'Petal.Width' 'Species'
>str(iris)                  #数据的结构
  'data.frame': 150 obs. of 5 variables:
  $Sepal.Length: num 5.1 4.9 4.7 4.6 5 5.4 4.6 5 4.4 4.9 ...
  $Sepal.Width: num 3.5 3 3.2 3.1 3.6 3.9 3.4 3.4 2.9 3.1 ...
  $Petal.Length: num 1.4 1.4 1.3 1.5 1.4 1.7 1.4 1.5 1.4 1.5 ...
  $Petal.Width: num 0.2 0.2 0.2 0.2 0.2 0.4 0.3 0.2 0.2 0.1 ...
  $Species: Factor w/ 3 levels 'setosa','versicolor',..:1 1 1 1 1 1 1 1 1 1 ...
>iris[1:3,]                 #查看数据的前3行
  Sepal.Length  Sepal.Width  Petal.Length  Petal.Width  Species
1 5.1           3.5          1.4           0.2          setosa
2 4.9           3.0          1.4           0.2          setosa
3 4.7           3.2          1.3           0.2          setosa
>head(iris)                 #查看数据的前6行
  Sepal.Length  Sepal.Width  Petal.Length  Petal.Width  Species
1 5.1           3.5          1.4           0.2          setosa
2 4.9           3.0          1.4           0.2          setosa
```

	Sepal.Length	Sepal.Width	Petal.Length	Petal.Width	Species
3	4.7	3.2	1.3	0.2	setosa
4	4.6	3.1	1.5	0.2	setosa
5	5.0	3.6	1.4	0.2	setosa
6	5.4	3.9	1.7	0.4	setosa

>tail(iris)　　　　　　　　　　　#查看数据的最后6行

	Sepal.Length	Sepal.Width	Petal.Length	Petal.Width	Species
145	6.7	3.3	5.7	2.5	virginica
146	6.7	3.0	5.2	2.3	virginica
147	6.3	2.5	5.0	1.9	virginica
148	6.5	3.0	5.2	2.0	virginica
149	6.2	3.4	5.4	2.3	virginica
150	5.9	3.0	5.1	1.8	virginica

>summary(iris)　　　　　　　　　#查看数据集中变量的统计量

	Sepal.Length	Sepal.Width	Petal.Length	Petal.Width
Min.	4.3	2.0	1.0	0.1
1st Qu.	5.1	2.8	1.6	0.3
Median	5.8	3.0	4.35	1.3
Mean	5.843	3.057	3.758	1.199
3rd Qu.	6.4	3.3	5.1	1.8
Max.	7.9	4.4	6.9	2.5
Species	setosa:50	versicolor:50	virginica:50	

>quantile(iris$Sepal.Length, probs = seq(0, 1, 0.25))　　#返回给定
　　　　　　　　　　　　　　　　　　　　　　　　　　　　概率下变量的分位数

0%	25%	50%	75%	100%
4.3	5.1	5.8	6.4	7.9

>mean(iris$Sepal.Length)　　　　#返回变量Sepal.Length的均值
　[1] 5.843333

>median(iris$Sepal.Length)　　　#返回变量Sepal.Length的中位数
　[1] 5.8

>range(iris$Sepal.Length)　　　 #变量Sepal.Length的范围
　[1] 4.3 7.9

1.1.12　R中处理数据常用的函数

1.1.12.1　数学函数

R中处理数据常用的数学函数见表1.2。

表1.2　R中处理数据常用的数学函数

函数	功能	例子
abs(x)	绝对值	>abs(-1)，[1] 1
sqrt(x)	算术平方根	>sqrt(4)，[1] 2
ceiling(x)	不小于x的最小整数	>ceiling(4.17)，[1] 5
floor(x)	不大于x的最大整数	>floor(4.17)，[1] 4
round(x, n)	四舍五入，保留n位小数	>round(4.178, 2)，[1] 4.18
signif(x, n)	保留n位有效数字	>signif(4.178, 2)，[1] 4.2
sin(x), cos(x), tan(x)	正弦、余弦、正切	>sin (pi/2)，[1] 1
asin(x), acos(x), atan(x)	反正弦、反余弦、反正切	>asin (1)，[1] 1.570796
log(x, base=n)	以n为底的对数	>log(100, 10), [1] 2
log(x)	以e为底的对数	>log(10), [1] 2.302585
exp(x)	指数函数	>exp(2), [1] 7.389056

1.1.12.2　统计函数

R中处理数据常用的统计函数见表1.3。

表1.3　R中处理数据常用的统计函数

函数	功能	例子（以R内置的数据集iris为例）
mean(x)	均值	>mean(iris$Sepal.Width), [1] 3.057333
median(x)	中位数	>median (iris$Sepal.Width), [1] 3
var (x)	方差	>var (iris$Sepal.Width), [1] 0.1899794
sd (x)	标准差	>sd(iris$Sepal.Width), [1] 0.4358663
mad(x)	绝对中位差	>mad(iris$Sepal.Width), [1] 0.44478
range(x)	范围	>range(iris$Sepal.Width), [1] 2.0 4.4
sum(x)	总和	>sum (iris$Sepal.Width), [1] 458.6

（续表）

函数	功能	例子（以R内置的数据集iris为例）
min(x)	最小值	>min(iris$Sepal.Width), [1] 2
max(x)	最大值	>max(iris$Sepal.Width), [1] 4.4

1.2　R语言绘图基础

R语言的绘图功能非常强大，均可由函数完成，用于作图的函数很多，高级绘图函数有：plot()绘制散点图等多种图形，hist()绘制频率直方图，boxplot()绘制箱线图，stripchart()绘制点图，barplot()绘制条形图，piechart()绘制饼图等。低级绘图函数有：lines()添加线，curve()添加曲线，abline()添加给定斜率的线，points()添加点，segments()添加折线，arrows()添加箭头，text()添加文字等。重要的绘图参数有：font定义字体，lty定义线类型，lwd定义线宽度，pch定义点的类型，xlim和ylim分别定义横坐标和纵坐标的范围等。这里以绘制散点图为例，介绍两个绘图函数plot()和ggplot()的基本用法。

1.2.1　函数plot()

R中最基本的绘图函数是plot()，也是使用较多的函数，该函数由多个参数配置完成绘图，包括更改线型、添加标题、更改轴标签和自定义颜色等。

1.2.1.1　type设置图的类型

函数plot()里的参数type设置图的类型，默认为p，表示绘制的图形为散点图，将p换成不同的字母依次得到其他各种图形，l表示线，b表示点和线，o表示线和点，而且线穿过点，h表示点到横坐标的垂线，s表示绘制出阶梯图，先横后纵，n表示没有散点，只有框架，具体如图1.2所示。

```
>x<-1:10
>y<-2*x
>par(mfrow=c(2,3))        #将画图空间布局划分为2行3列
>plot(x, y, type='p', main='type="p"')
>plot(x, y, type='l', main='type="l"')
>plot(x, y, type='b', main='type="b"')
>plot(x, y, type='o', main='type="o"')
>plot(x, y, type='h', main='type="h"')
>plot(x, y, type='s', main='type="s"')
```

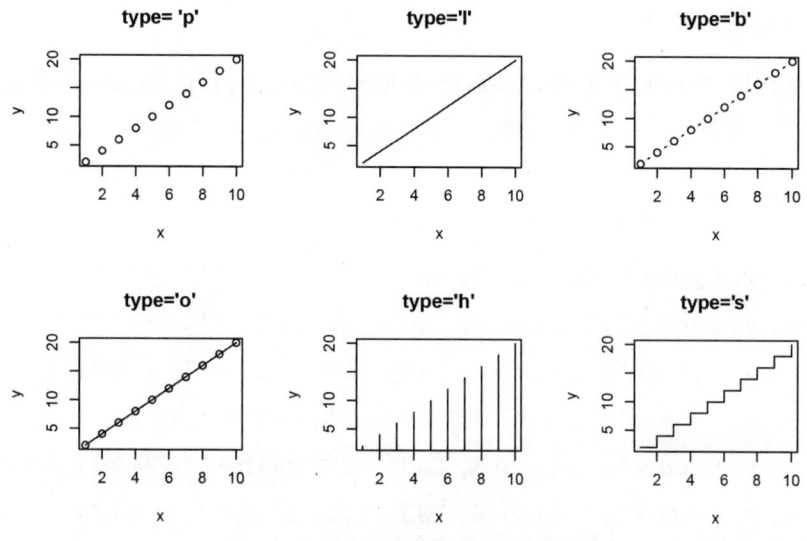

图1.2　plot函数绘图（type设置不同）

1.2.1.2　pch设置散点的形状

函数plot()绘制散点图时，参数pch定义点的形状，pch可以选择从0到25的整数，每个整数所对应的点的形状如图1.3所示。

```
>x<-rep(c(5,10,15,20,25),each=5)
>y<-rep(seq(25,1,-5),5)
>plot(x,y,pch=1:25,cex=2,yaxt='n',xaxt='n',ann=FALSE,xlim=c(3,27),lwd=1:3)
>text(x-1.5,y,1:25)
```

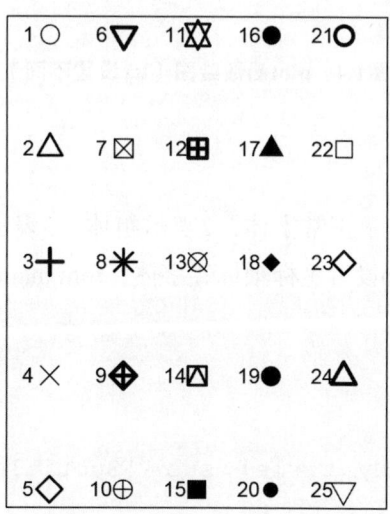

图1.3　plot函数绘图（pch设置不同）

1.2.1.3 lty设置线的类型

函数plot()中，当type = 'l'时，参数lty取值从1到6，所对应的线的形状是不相同的（图1.4）。

```
>x<-1:10
>y<-2*x
>plot(x,y,type='l',lty=1,lwd=1.5,main='lty=1')
>plot(x,y,type='l',lty=2,lwd=1.5,main='lty=2')
>plot(x,y,type='l',lty=3,lwd=1.5,main='lty=3')
>plot(x,y,type='l',lty=4,lwd=1.5,main='lty=4')
>plot(x,y,type='l',lty=5,lwd=1.5,main='lty=5')
>plot(x,y,type='l',lty=6,lwd=1.5,main='lty=6')
```

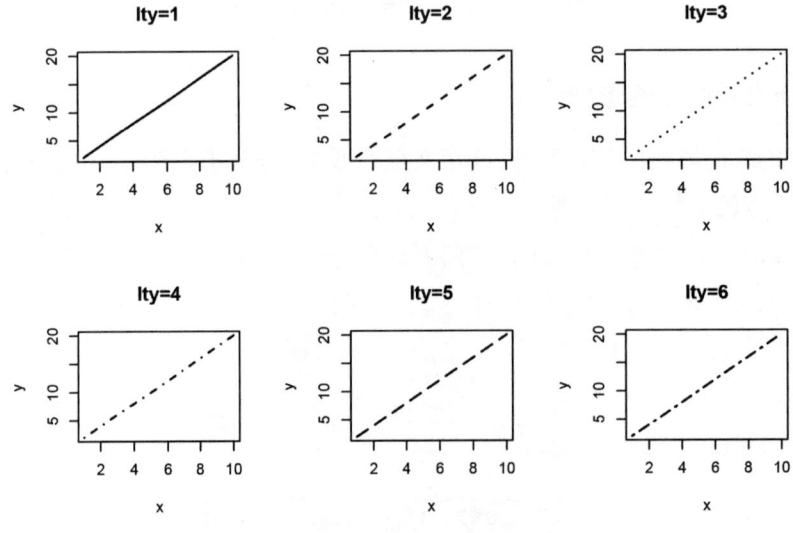

图1.4　plot函数绘图（lty设置不同）

1.2.1.4 font设置字体

参数font设置字体，1表示正常字体，2表示粗体，3表示斜体，4表示粗斜体。font.axis设置坐标轴字体，font.lab设置坐标轴标签字体，font.main设置主标题字体，font.sub设置副标题字体（图1.5）。

```
>x<-1:10
>y<-2*x
>plot(x,y,main='My title',sub='Subtitle',font.main=1,font.sub=2,font.axis=3,font.lab=4)
```

```
>text(3,4,labels='正常字体',font=1)
>text(3,17,labels='粗体字体',font=2)
>text(7,4,labels='斜体字体',font=3)
>text(7,17,labels='粗斜字体',font=4)
```

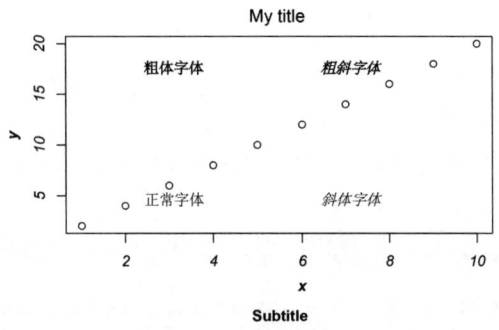

图1.5 plot函数绘图（font定义字体）

1.2.1.5 cex设置字符或者符号的大小

参数cex设置绘图文本或者符号缩放的倍数，默认大小为1，1.5表示放大为默认值的1.5倍，0.5表示缩小为默认值的0.5倍等。cex.axis设置坐标轴刻度标注大小，cex.lab设置坐标轴标签字体大小，cex.main表示主标题字体大小，cex.sub表示副标题字体大小。

```
>x<-1:10
>y<-2*x
>plot(x,y,main='My title',sub='Subtitle',
  cex.main=2,        #标题字符大小
  cex.sub=1.5,       #副标题字符大小
  cex.lab=3,         #坐标轴标签字体大小
  cex.axis=0.5)      #坐标轴刻度标注大小
```

输出如图1.6所示。

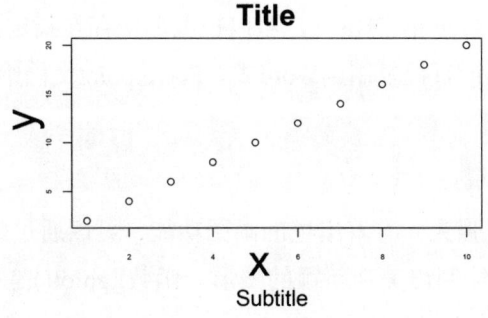

图1.6 plot函数绘图（cex定义字符的大小）

1.2.1.6 利用lines()、legend()添加新元素

在函数plot()创建的图形上，还可以利用低水平作图函数，例如lines()、legend()等，添加新的图形元素。下面创建一个示例数据，2个品种的家兔，在5种温度下的血糖值变化情况。输出如图1.7所示。

```
>t<-c(5,10,15,20,25)
>A<-c(130,110,82,90,110)
>B<-c(150,140,100,110,120)
>plot(t,A,type='b',xlab='temperature',ylab='bloodglucose',lty=1,pch=15,ylim=c(80,150))
>lines(t,B,type='b',lty=2,pch=17)
>legend('topright',title='Rabbbit breed',legend=c('A','B'),lty=c(1,2),pch=c(15,17))
```

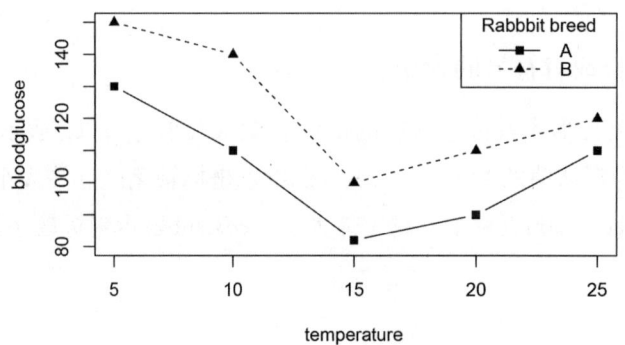

图1.7 不同温度下两种家兔血糖值的变化

如图1.7所示，为了比较两种家兔在不同温度下的血糖值，我们在一张图上展示两个点线图，用不同的线(lty)和不同的点(pch)加以区分。为增加可读性，还添加了图例(legend)。注意，函数legend()里面点线的属性必须和前面函数plot()、函数lines()中设置的一致。

如果想要保存图形，可以在RStudio右下方的"Plot"下，单击"Export"，选择"Save as Image"或者"Save as PDF"，可以把图形保存在指定的文件夹下。还可选择"Copy to Clipboard"把图形直接复制到Word或者Powerpoint文档中。

1.2.2 函数ggplot

R的ggpplot2包功能很强大，有着出色的画图功能，可以通过定义函数ggplot()中的参数，或者和其他包结合，绘制出美观新颖的图形。函数ggplot()是按层作图，图层之间的叠加是通过"+"号实现的，因此绘图比较灵活。

函数ggplot()的基本格式为ggplot(data, aes(x, y, fill, color, …)), data为要绘图的数据集, 其数据格式为数据框, 载入后如果提取data中的变量就不需要写$符号。图形的可视化内容包括形状、颜色、透明度等美学属性, aes函数可以确定美学属性和数据之间的对应关系, aes是Aesthetic的缩写。fill是对图形填充颜色, color是对图形边沿的着色。

ggplot2绘图函数由以下元素构成:

——准备数据框data, 每个观测变量占一列;

——选择几何图形, 散点图、条形图和直方图等, 如geom_point()表示绘散点图;

——统计变换, 数据所应用的统计类型和方法;

——利用函数labs(), 设定标题和坐标轴信息;

——函数名以theme开头, 设置全局配置;

——函数facet_grid()和函数facet_wrap(), 用于分面绘图;

——函数ggsave(), 用于保存图形。

1.2.2.1 常用的几何函数

ggplot2中常用的几何函数见表1.4。

表1.4　ggplot2中常用的几何函数

函数	图形	常用选项
geom_bar()	条形图	color、fill、alpha、position
geom_boxplot()	箱线图	color、fill、alpha、notch、width
geom_histogram()	直方图	color、fill、alpha、linetype、binwidth
geom_point()	散点图	color、fill、alpha、size、position
geom_line()	线图	linetype、size
geom_hline()	水平线	color、alpha、linetype、size
geom_vline()	垂线	color、alpha、linetype、size
geom_text()	文字注解	很多, 参见函数帮助
geom_smooth()	拟合曲线	method、formula、color、fill、linetype、size
geom_jitter()	抖动图	color、size、alpha、shape
geom_density()	密度图	color、fill、alpha、linetype

1.2.2.2 几何函数选项的功能

ggplot2中几何函数选项的功能见表1.5。

表1.5 ggplot2中几何函数选项的功能

选项	功能
color	对点、线和填充区域的边界进行着色
fill	对填充区域着色，如条形和密度区域
alpha	颜色的透明度，从0（完全透明）到1（不透明）
linetype	线条类型，1=实线、2=虚线、3=点、4=破折号、5=长破折号、6=双破折号
size	点的尺寸和线的宽度
shape	点的形状（和pch一样，0=方形、1=圆形、2=三角形，等等）
position	条形图和点等对象的位置
binwidth	直方图的宽度
notch	表示图形是否为缺口（TRUE、FALSE），常见于箱线图
width	箱线图的宽度

1.2.2.3 函数ggplot绘制散点图

本节以R的内置数据集iris为例，利用函数ggplot()绘制散点图，观察变量Sepal.Length和Sepal.Width之间的关系。

（1）散点图（图1.8）。

```
>library(ggplot2)
>head(iris,3)              #查看数据前3行
  Sepal.Length  Sepal.Width  Petal.Length  Petal.Width  Species
1 5.1           3.5          1.4           0.2          setosa
2 4.9           3.0          1.4           0.2          setosa
3 4.7           3.2          1.3           0.2          setosa
>dim(iris)                 #查看数据集的行数和列数
[1] 150  5
#绘制散点图
>p<- ggplot(data = iris, aes(x = Sepal.Length, y = Sepal.Width)) + geom_point()
```

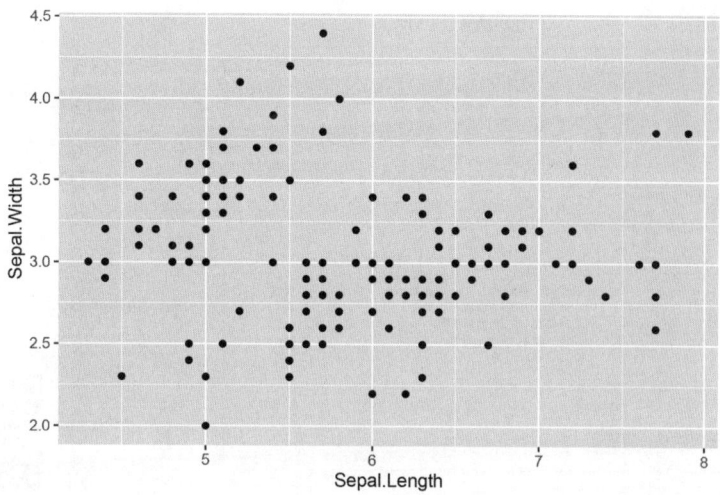

图1.8 散点图

（2）给散点增加颜色，并调整点的大小、形状和透明度（图1.9）。

>(p1<-p+geom_point(aes(color=Species,shape=Species),alpha=2,size=2))

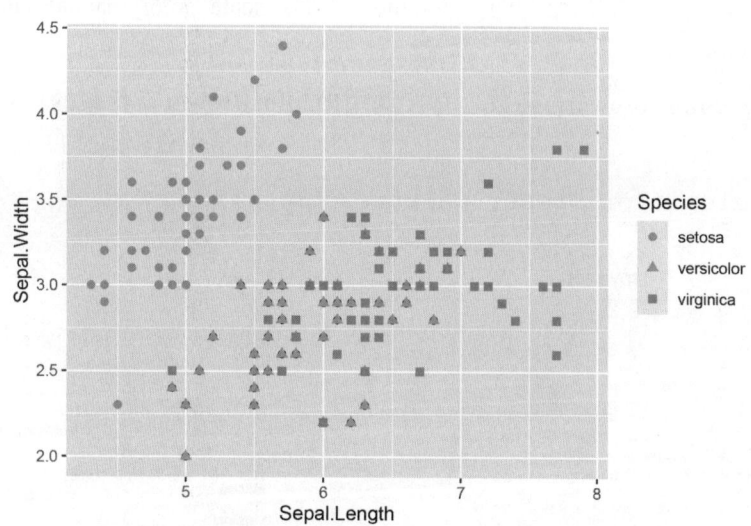

图1.9 散点图（定义点的颜色、大小、形状和透明度）

扫码看彩图

（3）修改背景，增加标题和坐标轴标签，调整标题居中（图1.10）。

```
>(p2<-p1+theme_bw()+                                    #修改背景
labs(title='my plot')+                                  #加标题
labs(x='Sepal.Length(cm)',y='Sepal.Width(cm)')+         #标注坐标轴
theme(plot.title=element_text(hjust=0.5)))              #标题居中
```

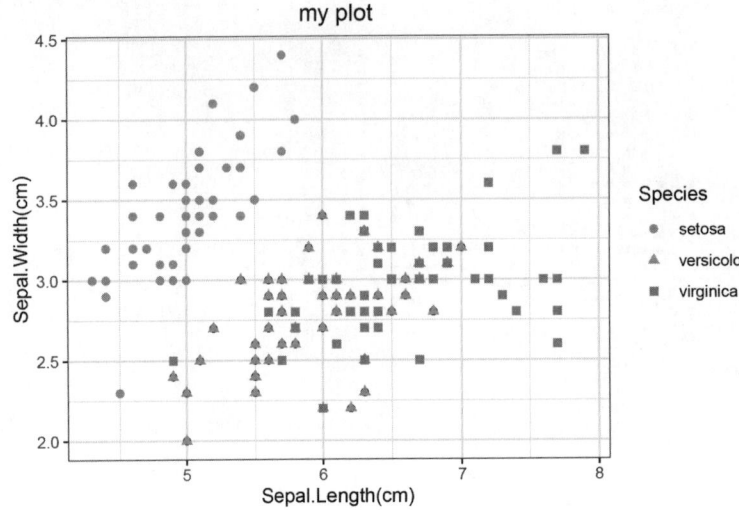

图1.10 散点图（修改背景，加标题并居中，标注坐标轴） 扫码看彩图

（4）修改点的颜色（图1.11）。

ggplot函数中修改点的方法不唯一，其中scale_color_manual()函数采取的是手动赋值的方法，也就是直接把颜色序列赋值给它的参数value，例如：scale_color_manual(values=c("tomato1","tomato2","tomato3"))。

也可以利用scale_color_brewer()函数，直接调用RColorBrewer工具包的调色板，例如：

>(p3<-p2+scale_color_brewer(palette='Set1'))

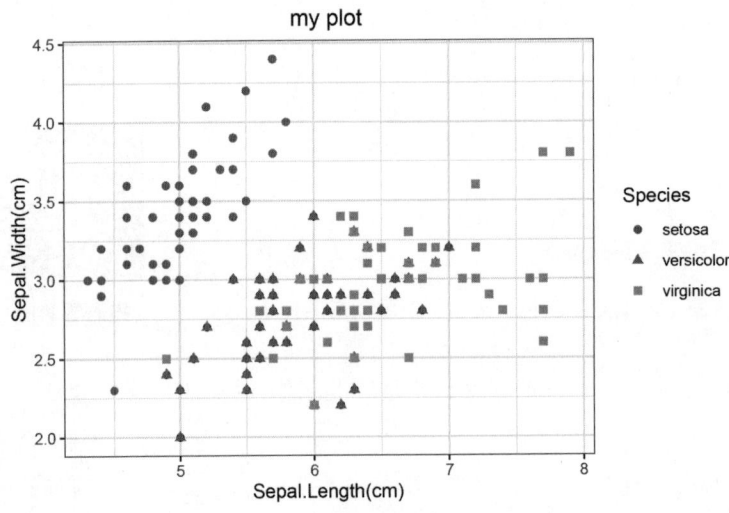

图1.11 散点图（修改点的颜色） 扫码看彩图

（5）散点图中加入拟合直线（图1.12）。

```
>(p4<-p3+geom_smooth(method='lm'))
```

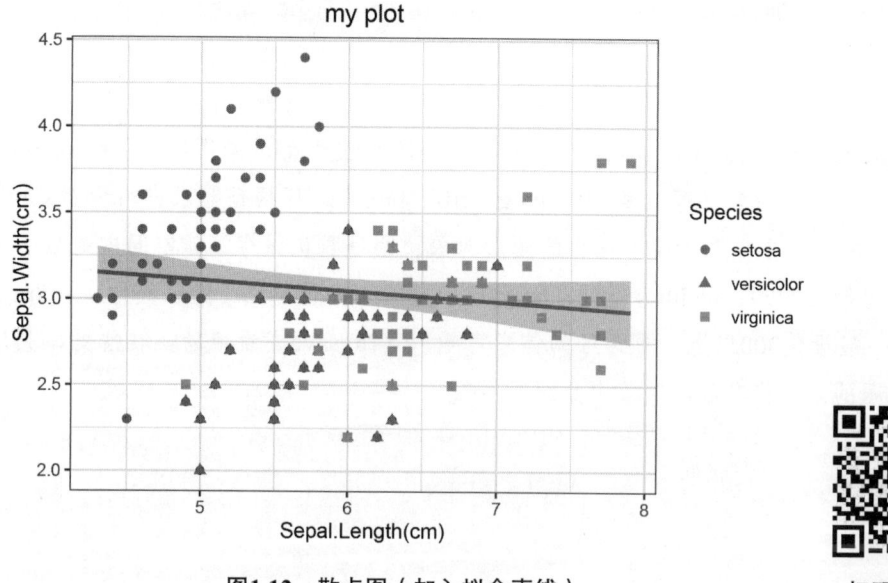

图1.12 散点图（加入拟合直线）

扫码看彩图

（6）分面绘图。

根据Species将数据分为3个子集，每个子集按照一定的规则单独绘图，排列在一个页面上展示，且不显示图例（图1.13）。

```
>(p5<-p4+facet_wrap(.~Species))+theme(legend.position='none'))
```

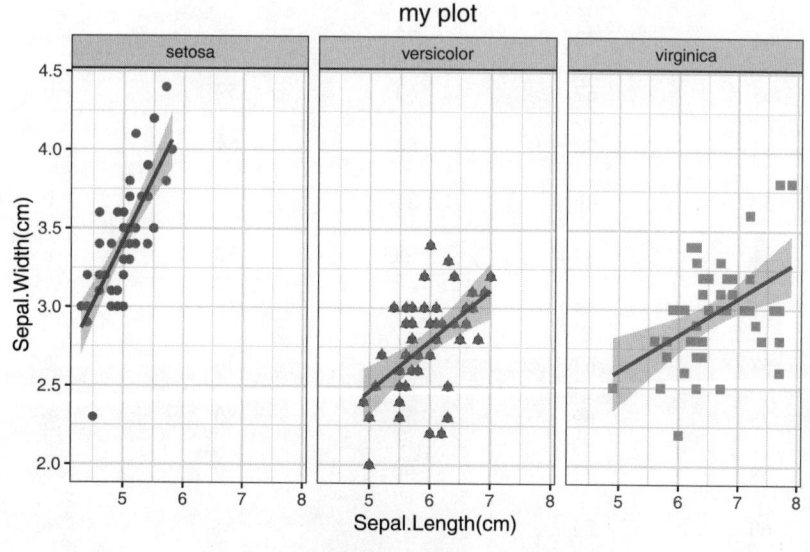

图1.13 分类绘制散点图（去掉图例）

扫码看彩图

（7）保存绘图结果。

#将对象P5保存为'D:/mypicture.pdf'
>ggsave('D:/mypicture.jpeg',P5,width=14,height=10,unit='cm',dpi=1000)

解释：

ggsave(filename, p, width, height, dpi…)用于保存函数ggplot()的绘图结果。filename为要创建的文件名，文件的后缀可以是pdf、jpeg、tiff、png等，可根据需求进行设置；p为要保存的图形对象，如果没有指定要保存的图形对象，程序默认保存工作空间中最后一张用函数ggplot()绘制的图形；width为宽度；height为高度；unit是单位（默认英寸）；dpi为图形清晰度，一般设置300以上。更详细的信息可输入>?ggsave查看帮助。其他更多利用函数ggplot()绘图的内容将在后面章节中介绍。

习题

1.利用R将1～16这16个自然数构成两个方阵，其中矩阵A按行输入，矩阵B按列输入，计算：

①$C=A+B$；②$D=AB$；③删去矩阵A的第2行和矩阵B的第3列，再计算AB。

2.某中学20名学生4门课程的成绩如下：

编号	语文	数学	物理	英语	班级
1	84	65	61	79	b
2	64	77	77	55	a
3	65	67	63	57	b
4	62	78	84	64	a
5	52	66	71	57	b
6	41	83	100	50	a
7	51	86	94	55	a
8	58	67	84	56	b
9	75	69	56	80	b
10	68	77	90	60	a
11	60	84	67	63	a
12	71	62	67	77	b

（续表）

编号	语文	数学	物理	英语	班级
13	62	91	74	66	a
14	68	82	70	85	a
15	62	66	61	64	b
16	59	90	78	66	a
17	73	77	89	70	a
18	83	72	68	79	b
19	92	72	67	88	b
20	73	81	90	80	a

①将上表数据存为纯文本文件，并用read.table()函数读取文件中的数据；

②用write.csv()函数将上表数据保存为逗号分隔的文件；

③利用R将数据按语文成绩进行升序和降序排列；

④筛选出物理成绩大于80的子集；

⑤筛选出物理成绩大于80且语文成绩大于60的子集；

⑥利用plot()函数绘制语文和英语成绩的散点图，并设置点的形状、大小和颜色、图形的标题和标题的字体；

⑦利用ggplot2绘制语文和数学成绩的散点图，并设置点的大小、形状和颜色、加入拟合的直线、图形的主标题，按班级分面绘图，并将图形保存为score.pdf。

第二章 数理统计的基本知识

2.1 引言

在自然界与人类活动中会出现各种各样的现象,既有确定性现象,又有随机现象。确定性现象的例子,如物理学中的自由落体运动,可以用 $s = gt^2/2$ 刻画其运动规律;随机现象的例子,如在动物试验中,同一窝小猪,喂养相同的饲料,在管理条件相同的情况下,一段时间过后小猪的增重不同。数理统计和概率论一样,是研究随机现象统计规律的数学科学,通过研究随机变量及其概率分布,全面描述随机现象的统计规律。在概率论的许多问题中,随机变量的概率分布是已知的,或者假设为已知的,一些计算和推理就是在此基础上得出来的。

但是在许多实际问题中,描述随机现象的随机变量的概率分布可能完全不知道;或者知道其分布形式,但是不知道其分布中所包含的参数。

【例2.1】研究一批种子的发芽率。每粒种子或为发芽,或为不发芽,令

$$X = \begin{cases} 1, & \text{种子发芽} \\ 0, & \text{种子不发芽} \end{cases}$$

已知 $X \sim B(1, p)$,其中 p 为发芽率,是未知的,求 p 的值。

【例2.2】某工厂生产一批灯泡,通常是依据使用寿命这个数量指标来考察其质量,若规定寿命低于1000小时的产品为次品,求该批灯泡的次品率。

设 X 表示灯泡寿命,此问题就是求

$$P\{X \leqslant 1000\} = F(1000)$$

即求 X 的分布函数,以及该分布的一些数字特征,如期望和方差等。

类似的问题在生产实践和经济活动中是经常会遇到的,数理统计就是在解决这些实际问题中逐渐形成的一门独立的学科。它与概率论既有区别又有联系,大体上可以说概率论是数理统计的基础,而数理统计是概率论的一种应用。

数理统计不同于一般的资料统计,它更侧重于应用随机现象本身的规律性进行资料

的有效收集、整理和分析。从理论上讲，只要对随机现象进行大量的观察或独立重复试验，它的统计规律性就会呈现出来。然而，在实际中由于受到时间、人力、物力、财力等因素的限制，实际中只允许人们对随机现象进行有限次的观察和试验，以获取数据，如例2.1，从一大批种子中随机抽取一部分，可得到一部分数据，通过对这部分数据进行合理的整理和分析，从而对整体中的有关问题做出科学的推断或预测，得出科学的结论，这就是数理统计的任务。因此数理统计方法具有"由局部推断整体"的特点。局部既然是整体的一部分，它必然能反映出整体的某些信息；但是局部又不是整体，它不能准确无误地反映出整体的全部信息。所以，通过对这种带有随机性的数据进行分析，所得到的结论难免会出现误差。一个好的统计方法，可以由局部尽可能准确地推断出的有关整体的信息，使错误发生的可能性尽量小。

数理统计的任务是研究怎样以有效的方式收集、整理和分析带有随机性的数据，在此基础上，对所研究的问题做出推断或预测，并对可能做出的决策和行为提供依据和建议。

数理统计要研究的问题可总结为以下两个。

一是怎样对随机现象进行有限次的观察或试验，使获得的"部分数据"更合理，并具有更好的代表性——这是抽样方法和试验设计研究的问题。

二是如何对有限次观察或试验所得到的、带有随机性的数据进行合理的分析，做出科学的推断——这是统计推断或数据处理研究的问题。

计算机的广泛应用为数理统计的学习提供了很大的方便，简化了计算，也提出了一些很有意义的研究领域。本教材主要介绍数理统计的基本知识、参数估计、假设检验、方差分析、回归分析和协方差分析，另外借助开源的R语言进行统计分析，并对输出结果进行解释。利用R强大的绘图功能对原数据和分析结果进行可视化，有助于更好地观察数据、更容易理解和解释得到的结论。

2.2　随机样本

2.2.1　总体与个体

在一个统计问题中，把所研究对象的全体称为总体，构成总体的每个成员称为个体。如例2.1中的一大批种子叫作总体，而每粒种子叫作个体。

一般而言，把含有有限个个体的总体称为有限总体；把含有无穷多个个体的总体称为无限总体。在实际工作中，一般把个体数目很大的总体也看成无限总体。这种看法使人们能用较简单的方法去描述总体，这也符合客观实际情况。

例如，研究一批灯泡的质量，人们关心的是灯泡的使用寿命这个数量指标，不关心灯泡的形状、颜色等物理特性，这样每个灯泡（个体）所具有的数量指标——寿命就是个体，而将这批灯泡的所有寿命看成总体。由于每个个体的出现是随机的，所以相应的数量指标的出现也带有随机性，从而可以把这种数量指标看作一个随机变量，该随机变量的分布就是该数量指标在总体中的分布。以后为了研究方便，我们就把总体、个体的数量指标分别与总体、个体等同起来，将构成总体的每个成员的指标作为一个个体，将个体具有的数量指标的全体作为总体。

鉴于此，常用随机变量的记号或用其分布函数表示总体。例如，研究某种农作物的产量时，我们关心的数量指标就是产量，那么该总体就可以用随机变量X表示，或用其分布函数$F(x)$表示。

若总体中有K个数量指标要研究，则要用K个随机变量表示。如在研究某植物的生长情况时，若关心的数量指标是叶子的宽度和长度，用X和Y分别表示叶子的宽度和长度，则此总体就可以用二维随机变量(X, Y)或其联合分布函数$F(x, y)$来表示。

2.2.2 简单随机样本

为推断总体分布及各种特征，需要按一定规则从总体中抽取若干个体进行观察试验，以获得有关总体的信息，这一过程称为抽样，所抽取的个体为样品，抽取的部分个体放一起称为样本，样本中所包含的个体数目称为样本容量。如例2.1从该批种子中抽取100粒进行发芽率试验，则该批种子是总体，100粒种子是一个样本容量为100的样本。

抽样是从总体中一个个地随机抽取一定数量的个体，所谓随机抽取的含义是：总体中的每一个个体都有一定的概率被抽到，但到底抽到哪些在抽样之前不能确定，所以第i个样品可视为是随机变量X_i（$i = 1, 2, \cdots, n$），容量为n的样本（$X_1, X_2, \cdots, X_n$）可看作n维随机向量。一旦经过试验或观测后得到n个数据（$x_1, x_2, \cdots, x_n$），可看作n维随机向量（$X_1, X_2, \cdots, X_n$）的一次样本观测值，简称样本值，是一组确定的数据资料。

这样，可以认为样本有双重含义。

①随机性：用X_i表示第i个被抽到的个体的数量指标（$i = 1, 2, \cdots, n$），是随机变量，样本用n维随机变量（$X_1, X_2, \cdots, X_n$）表示。

②确定性：一旦取到某个样本，经测试得到样品的测试值或观测值，记为x_i（$i = 1, 2, \cdots, n$），这n个数据（$x_1, x_2, \cdots, x_n$）是一组确定的数据，称为样本观测值。

由于抽样的目的是对总体的某些特征进行统计推断，因而要求抽取的样本能很好地反映总体的有关信息，这就必须考虑抽样方法。最常用的抽样方法满足如下条件。

①代表性。即要求每个个体都有同等机会被选入样本，这意味着样本 ($X_1, X_2, \cdots, X_n$) 中的每一样品X_i与总体X应有相同的分布。

②独立性。即要求样本中每样品取什么值不受其他样品取值的影响，这意味着$X_1, X_2, \cdots, X_n$相互独立。

满足以上两个要求的抽样叫简单随机抽样，用此方法获得的样本称为简单随机样本。

定义2.1 设总体为X，若$X_1,X_2,\cdots,X_n$互相独立且与X同分布，则称$(X_1,X_2,\cdots,X_n)$为来自总体X的容量为n的简单随机样本。

注意：本教材中当说到$X_1,X_2,\cdots,X_n$是取自某总体的样本时，若不特别说明，就是指简单随机样本，简单随机样本值也简称为样本值。样本记为$(X_1,X_2,\cdots,X_n)$，样本值记为$(x_1,x_2,\cdots,x_n)$。也可以分别用$X_1,X_2,\cdots,X_n$与$x_1,x_2,\cdots,x_n$表示样本和样本值。

若总体X的分布函数为$F(x)$时，也常称样本为来自总体$F(x)$的样本。

怎样得到简单随机样本呢？如果该数据已存在，需要抽样得到数据，通常采取有放回的抽样，就是从总体X中有放回地一个一个地随机抽取n个个体，这样，可以使总体每一个个体都有同样的机会被抽到，抽到的每一个个体经测试记录它的值后再放回到总体中，可以使下次再抽取的个体仍有同样的概率被抽到，这样抽取n次，可以得到简单随机样本$(X_1,X_2,\cdots,X_n)$，如果总体中个体较多，上述不放回抽样得到的样本可近似看成简单随机样本。如果该数据需要做试验得到，可对总体X进行n次独立重复试验，这样得到n个测试值$(x_1,x_2,\cdots,x_n)$，其相应的样本$(X_1,X_2,\cdots,X_n)$是一个简单随机样本。

样本是统计推断的基础，数理统计中的统计推断问题可归结为：根据来自总体的样本，对总体的分布或分布中的参数等进行统计推断，从而对研究的总体作出合乎逻辑的推论，得到对客观事物的本质和规律性的认识。

2.2.3 样本数据的整理与展示

样本来自总体，因此希望通过样本的观测值$x_1,x_2,\cdots,x_n$来获得有关总体的一些信息，然而样本观测值是一组数，粗看上去是杂乱无章的，必须对它进行整理与加工后才会显示出规律。数据类型不同，进行整理的方法也不同。从统计分析的角度出发，数据的类型有分类数据和数值型数据，其中分类数据包括有序分类数据和无序分类数据，数值型数据包括连续型数据和离散型数据，现实中大部分数据是数值型数据。数据的基本要素是变量，对变量的若干次观察获得该变量的数值，什么类型的变量产生什么类型的数据，因此变量类型和数值类型本质上是一致的。

2.2.3.1 频数分布表

对于分类变量，其频数（率）分布就是不同类别的观测值出现的频数（率）。对于离散型数据，也可采用同样的方法，以每个自然数代表一类，计算各类中观测值出现的频数（率）。根据分类变量的个数，可分为一维频数表、二维频数表和多维频数表。

1. 一维频数表

在只有一个分类变量的情况下，将该变量的不同类别以及属于每一类的频数列出来，构成一维频数表，目的是了解不同类别的频数分布。

【例2.3】（数据：example2.3.csv）某养鸡场随机调查了50只来亨鸡每月的产蛋数，数据见表2.1。将它整理生成频数（率）分布表。

表2.1 50只来亨鸡每月的产蛋数   单位：枚

15	15	15	14	14	16	14	15	17	13
13	15	17	14	13	14	12	17	14	15
15	17	12	14	13	14	12	11	14	13
14	15	15	14	14	14	11	13	12	14
16	14	16	15	13	14	14	14	14	16

解：该问题的变量是离散型，每一个计数可以看成一类，R程序和结果如下：
```
>df<-read.csv('F:/data/ch2/example2.3.csv',T)
#利用函数table()生成频数分布表
>table(df$产蛋数)
    11   12   13   14   15   16   17
     2    4    7   19   10    4    4
#生成百分比表（即频率表）
>count<-table(df$产蛋数)
>prop.table(count)
    11    12    13    14    15    16    17
  0.04  0.08  0.14  0.38  0.20  0.08  0.08
```

解释：

从上面输出可以看出，每月产蛋数为14枚的来亨鸡频数（率）最高，其次是产蛋数为15枚，每月产蛋数为11枚的来亨鸡较少。

2. 二维频数表

在有两个分类变量的情况下，将一个分类变量放在行的位置，另一个放在列的位置，其中的频数表示两个分类变量交叉形成的频数，可以观察两个类别交叉频数的分布情况。

【例2.4】（数据：example2.4.csv）假定在例2.3中，在调查来亨鸡的产蛋数时，同时调查了对产蛋鸡的管理方式，具体如表2.2所示。试给出产蛋数和管理方式的频数（率）表。

表2.2 来亨鸡每月的产蛋数及其管理方式

产蛋数/枚	管理方式	产蛋数/枚	管理方式	产蛋数/枚	管理方式	产蛋数/枚	管理方式	产蛋数/枚	管理方式
11	a1	13	a2	14	a1	14	a2	15	a2
11	a1	13	a1	14	a1	14	a2	15	a2
12	a2	13	a1	14	a2	15	a2	16	a2
12	a1	14	a1	14	a2	15	a2	16	a1
12	a1	14	a2	14	a2	15	a2	16	a2
12	a1	14	a1	14	a2	15	a2	16	a2
13	a1	14	a1	14	a2	15	a2	17	a2
13	a1	14	a2	14	a2	15	a1	17	a2
13	a2	14	a1	14	a2	15	a1	17	a2
13	a1	14	a1	14	a1	15	a2	17	a1

解：该问题的两个分类变量为产蛋数和管理方式，R程序和结果如下：

```
>df<-read.csv('F:/data/ch2/example2.4.csv',T)
>head(df,3)                          #显示数据集df的前3行
      产蛋数    管理方式
1      11        a1
2      11        a1
3      12        a2
>count<-table(df$管理方式,df$产蛋数)  #table(x,y), x为行变量, y为列变量
>count
       11   12   13   14   15   16   17
   a1   2    3    5    8    2    1    1
   a2   0    1    2   11    8    3    3
>addmargins(count)                    #列联表增加边际频数
       11   12   13   14   15   16   17  sum
   a1   2    3    5    8    2    1    1   22
   a2   0    1    2   11    8    3    3   28
   Sum  2    4    7   19   10    4    4   50
```

```
>prop.table(count)         #百分比表
       11    12    13    14    15    16    17
   a1  0.04  0.06  0.10  0.16  0.04  0.02  0.02
   a2  0.00  0.02  0.04  0.22  0.16  0.06  0.06
>prop.table(count, 1)
      11         12         13         14         15         16         17
a1 0.09090909 0.13636364 0.22727273 0.36363636 0.909090909 0.04545455 0.04545455
a2 0.00000000 0.03571429 0.07142857 0.39285714 0.28571429  0.10714286 0.10714286
>round(addmargins(prop.table(count,1),2),3)   #按行求百分比（保
                                                留小数点后3位），并求行边际和
       11     12     13     14     15     16     17    sum
   a1  0.091  0.136  0.227  0.364  0.091  0.045  0.045  1
   a2  0      0.036  0.071  0.393  0.286  0.107  0.107  1
```

解释：

利用函数table()可以生成一个分类变量的频数表，也可以生成两个分类变量的频数表；函数prop.table(table)用于对table求百分比，prop.table(table, 1)是按行求百分比，prop.table(table, 2)是按列求百分比。addmargins(table, 2)给出table的列和，round(x, 3)表明对x保留小数点后3位数字。从百分比表可以看出，采用管理方式a1时，产蛋数少占的比例较大，而采用管理方式a2时产蛋数多占的比例较大。因此管理方式对来亨鸡的每月产蛋数有影响。

3. 多维频数表

多维频数表是由多个类别变量构成的频数表，通常是指3个变量生成的三维频数表。

【例2.5】（数据：example2.5.csv）考察两种疫苗的治疗效果，现分别对成人和儿童进行随机调查，具体数据如表2.3所示，利用R生成3个类别的交叉频数表，并增加边际频数和百分比。

表2.3 不同人群两种疫苗的治疗效果

组别	种类	疗效	组别	种类	疗效	组别	种类	疗效	组别	种类	疗效
儿童	甲	有效	儿童	甲	有效	儿童	乙	无效	儿童	乙	无效
儿童	甲	有效	儿童	甲	有效	儿童	乙	无效	儿童	乙	无效
成人	甲	有效	儿童	甲	有效	成人	乙	有效	成人	甲	无效
成人	甲	有效	儿童	甲	有效	成人	甲	有效	成人	甲	无效
成人	甲	有效	儿童	甲	无效	儿童	甲	无效	成人	甲	无效
成人	甲	有效	儿童	乙	有效	儿童	甲	无效	成人	甲	无效

（续表）

组别	种类	疗效	组别	种类	疗效	组别	种类	疗效	组别	种类	疗效
成人	甲	有效	成人	甲	无效	儿童	甲	无效	成人	甲	无效
成人	甲	无效	成人	乙	有效	成人	乙	有效	成人	乙	有效
成人	乙	有效	成人	乙	有效	成人	乙	无效	儿童	乙	无效
成人	乙	有效	成人	乙	有效	成人	乙	无效	儿童	乙	无效

解：R程序和结果如下：

```
>df<-read.csv('F:/data/ch2/example2.5.csv',T)
>head(df,3)                          #显示数据集df的前3行
          组别    种类    疗效
          儿童    甲      有效
          儿童    甲      有效
          成人    甲      有效
>ftable(df$组别,df$种类,df$疗效)
                 无效    有效
      成人  甲   7       6
            乙   2       8
      儿童  甲   4       6
            乙   6       1
#列联表增加边际频数
>ftable(addmargins(table(df$组别,df$种类,df$疗效)))
                 无效    有效    sum
            甲   7       6       13
      成人  乙   2       8       10
            sum  9       14      23
            甲   4       6       10
      儿童  乙   6       1       7
            sum  10      7       17
            甲   11      12      23
      sum   乙   8       9       17
            sum  19      21      40
#增加边际百分比
>mytable<-xtabs(~组别+种类+疗效,df)
>round(ftable(addmargins(prop.table(mytable,c(1,2)),3)),3)
```

		无效	有效	sum
成人	甲	0.538	0.462	1
	乙	0.200	0.800	1
儿童	甲	0.400	0.600	1
	乙	0.857	0.143	1

解释：

函数ftable(x, y, z)可以生成三维表，函数xtabs(~x+y+z, data)是根据公式创建三维表，其中x、y是行变量，z是列变量。从百分比表可以看出，成年人中疫苗乙比较有效，而儿童中疫苗甲比较有效。

4. 分组数据频数表

如果总体 X 是连续型随机变量，其取值无法一一列举出来，而且原数据取相同值的情况不会很多，因此直接考虑原始数据的频数意义不大，一个常见的数据整理方法是进行分组统计，按照某个标准将数据分成不同的组别，相当于把数据转化为分类数据，观察不同组别中频数的分布情况。

【例2.6】（数据：example2.6.csv）某林场培育一批良种树苗，一段时间后想了解其生长高度，从中随机选取120棵，测得样本值数据如表2.4所示。试考察树苗高度的分布情况。

表2.4　120棵树苗的高度　　　　　　　　　　　　　单位：cm

216	203	197	208	206	209	206	208	202	203
206	213	218	207	208	202	194	203	213	211
193	213	208	208	204	206	204	206	208	209
213	203	206	196	201	208	207	213	208	207
210	208	211	211	214	220	211	203	216	224
211	209	218	214	219	211	208	221	211	218
218	190	219	211	208	199	214	207	207	214
206	217	214	201	212	213	211	212	216	206
210	216	204	221	208	209	214	214	199	204
211	201	216	211	209	208	209	202	211	207
205	202	206	216	206	213	206	207	200	198
200	202	203	208	216	206	222	213	209	219

解： 根据样本容量n，确定划分区间的个数

样本量	30~60	61~100	101~200	201~500	500以上
分组数	5~8	7~10	9~12	12~17	17~30

本问题的样本容量为120，划分区间的个数为9~12，比如选择10，

生成频数表的R程序和结果如下：

```
>df<-read.csv('F:/data/ch2/example2.6.csv', T)
>table(cut(df$height, breaks=10, right=TRUE))
```

(190,193]	(193,197]	(197,200]	(200,204]	(204,207]
2	2	6	14	24
(207,210]	(210,214]	(214,217]	(217,221]	(221,224]
23	22	15	8	4

解释：

函数cut(x, breaks, right = TRUE)中，x为要分组的数值向量；breaks为组数；若right=TRUE（默认），分割为左开右闭区间；若right=FALSE，分割为左闭右开区间。从频数分布表看出，数据大部分在区间(200, 217]，小于200或者大于217的数据比较少。

2.2.3.2 分类数据的图形法

对分类数据通常用条形图进行描述，条形图的宽度是固定的且是分开排列，其高度表示每一类的频数，从图形上可以直观地观察到数据的频数分布。有两种类型的条形图：垂直条形图（类别放在横轴），水平条形图（类别放在纵轴）。

1. 简单条形图

数据集中只有一个分类变量，通常用一个坐标轴表示分类变量，另一个坐标轴表示每一类的频数（图2.1）。

以例2.3的数据为例，绘制条形图的R程序和结果如下：

```
#每个计数看成一类
>names<-c(11,12,13,14,15,16,17)
#每个类别的频数
>times<-c(2,4,7,19,10,4,4)
>bar<-barplot(times,names.arg=names,border='black',xlab='产蛋数',ylab='频数',main='频数图',ylim=c(0,25),horiz=FALSE)
#在条形图上标注频数
>text(bar,times+2,labels=times)
```

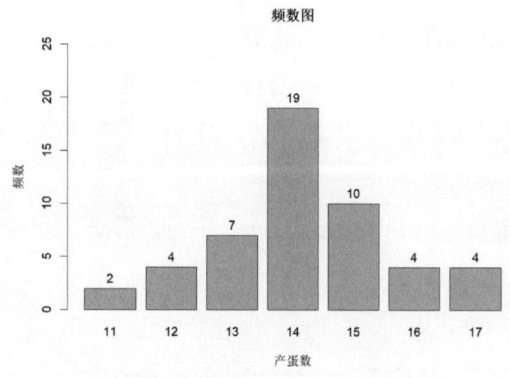

图2.1 来亨鸡的产蛋数（简单条形图）

解释：

函数barplot(x, names.arg, border, xlab, ylab, main, ylim)用来绘制条形图，x为条形的高度，names.arg定义条形的名称，border设置条形的轮廓颜色，xlab定义x轴的标签，ylab定义y轴的标签，main定义图形的主标题，ylim设置y轴的范围，horiz=FALSE绘制垂直条形图，horiz=TRUE绘制水平条形图，函数text()用来在条形图上添加文字。

2. 复式条形图

数据集中有两个分类变量时，可以绘制并列条形图或堆叠条形图（图2.2）。

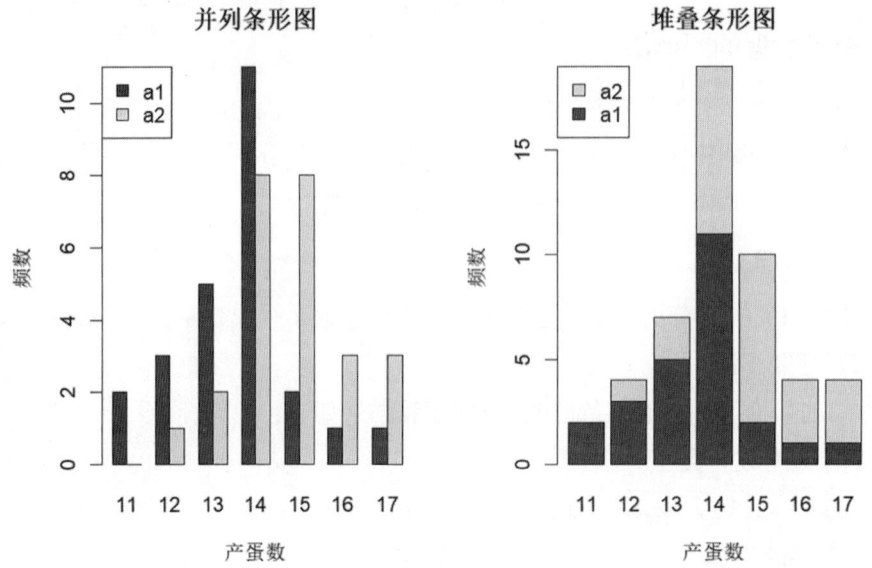

图2.2 不同管理方式下来亨鸡的产蛋数（复式条形图）

以例2.4的数据为例，该问题有管理方式和产蛋数两个分类变量，绘制条形图的R程序和结果如下：

```
>df<-read.csv('F:/data/ch2/example2.4.csv',T)
#交叉频数表
>count<-table(df$管理,df$产蛋数)
>par(mfrow=c(1,2))         #一行两个图排列
>barplot(count,xlab='产蛋数',ylab='频数',args.legend=list(x='topleft',cex=1),
    legend=row.names(count),main='并列条形图',beside=T)
>barplot(count,xlab='产蛋数',ylab='频数',args.legend=list(x='topleft',cex=1),
    legend=row.names(count),main='堆叠条形图',beside=F)
```

解释：

利用函数barplot(x, legend, args.legend, col, beside)绘制复式条形图，其中x为交叉频数表，legend用来设定图例，args.legend设置图例的位置，col用来设定条形的颜色，beside=T表明条形并列放置，beside=F表明条形堆叠放置，默认beside=F。

2.2.3.3 连续数据的可视化

1. 直方图（histogram）

直方图常用于以下情况：如果样本数据是连续型的，其取值无法一一列举出来，而且数据相同的样品一般不会很多。常见的数据整理方法是进行分组统计，由于数据有连续性，直方图的各矩形是连续排列的，各矩形的面积表示频数的大小，通过直方图可以观察数据分布是否对称，也可以估计总体概率密度函数 $f(x)$ 的近似图形，以例2.6的数据为例说明。

画直方图的R程序和结果如下：

```
#读入数据
>df<-read.csv('F:/data/ch2/example2.6.csv',T)
> head(df,3)
       height
1         216
2         206
3         193
#利用函数hist()画出直方图
>with(df,hist(height,breaks=15,freq=F,col='white'))
#在直方图中加入x的核密度曲线
>with(df,lines(density(height),col='black',lwd=1))
#在直方图中，add=T表示加入正态分布曲线，col和lwd分别指定曲线的颜色和粗细
>with(df,curve(dnorm(x,mean(height),sd(height)),add=T,col='red',lwd=2))
```

核密度估计（density estimation）是根据一定的核函数对数据的分布密度函数做出的估计，随着样本容量 n 的增大，分组越来越多，组距将越来越小，这条曲线会越来越接近总体的概率密度 $f(x)$ 的曲线。从图2.3和图2.4中可以直观看出，核密度曲线具有对称性，且和正态分布曲线比较接近，猜测其总体服从正态分布，究竟是否服从正态分布需要进一步分析。第四章将会介绍如何用假设检验进行统计推断。

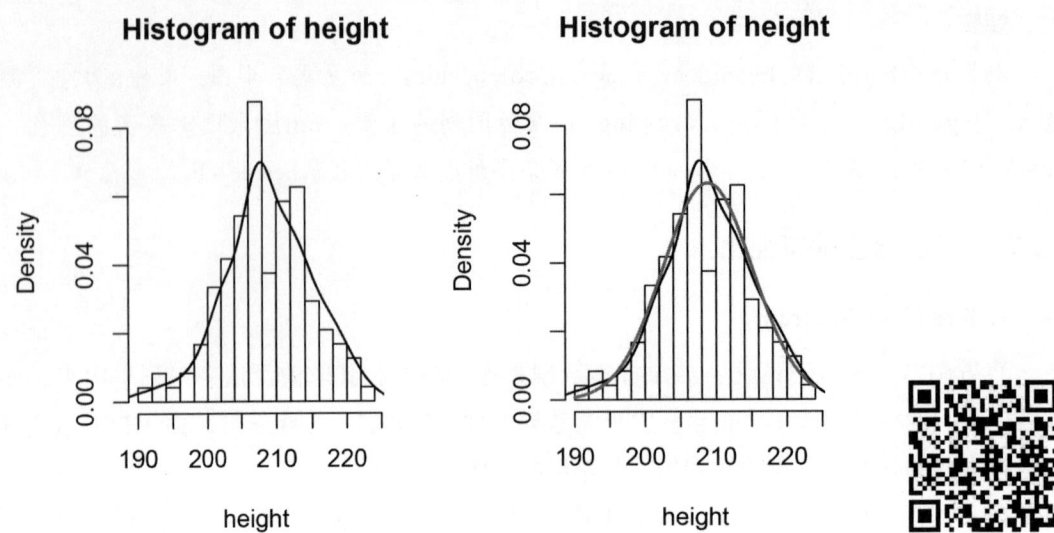

图2.3 直方图中加入核密度图　图2.4 直方图中加入核密度图和正态分布曲线　扫码看彩图

2. 箱线图（box plot）

箱线图也叫箱盒图、盒须图（图2.5），是展示连续型数据分布特征的一种图形，它可以观察数据的对称性、是否存在异常点等，也可以对多组数据的分布特征进行比较。箱线图由以下几个部分构成：首先将数据从小到大进行排序，位于25%位置的分位数Q_1，是箱体的下边；箱子的中部有一条横线，为中位数；位于75%位置的分位数Q_3，是箱体的上边。这3条线可以观察数据分布的分散情况，它可以帮助我们了解数据是关于中位数对称的，还是偏向某一侧。箱体的高度定义为IQR＝Q3-Q1，落在箱子上下两边1.5倍IQR以外的观测点，通常被定义为异常值，需要单独绘出，R中用圆点表示。从箱子上下两边延伸出的线(或称为须)可以到达数据中最远的非离群点处。

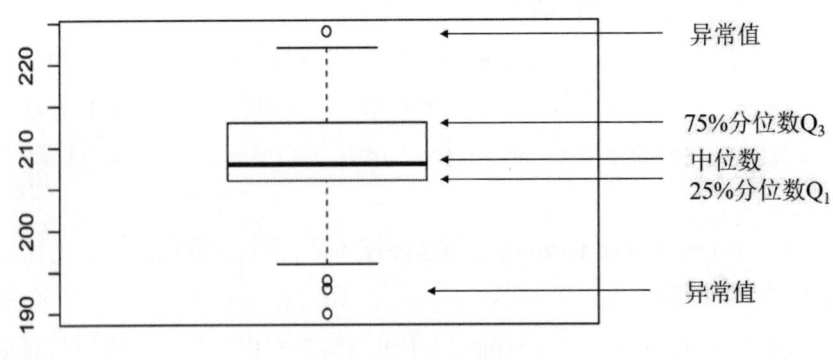

图2.5 箱线图示意图

以例2.6的数据说明箱线图的画法（图2.6），R程序和结果如下：

```
>head(df,3)
        height
1       216
2       206
3       193
>with(df,boxplot(height,col='white'))        #col定义箱盒内部的颜色
```

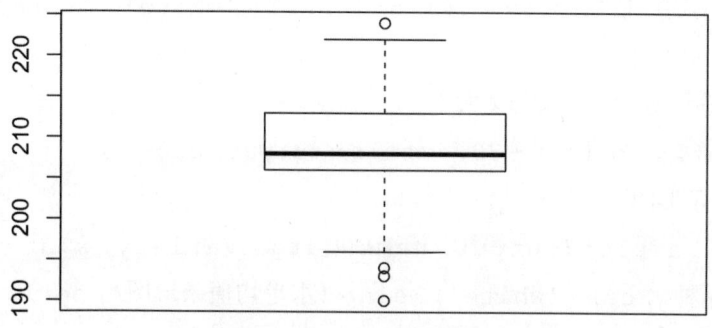

图2.6　例2.6数据的箱线图

```
#寻找异常值
>a<-with(df,boxplot(height,col='white'))
>a$out
[1] 193 190 194 224
#箱盒的高度
>IQR(df$height)
[1] 7
>summary(df$height)
   Min.   1st Qu  Median   Mean   3rd Qu   Max.
  190.0   206.0   208.0   208.8   213.0   224.0
```

2.2.3.4　混合型数据的可视化

既有分类变量，又有连续型变量的数据称为混合数据，也是科研中比较常见的情况，通常用一个坐标轴表示该分类变量，另一个坐标轴表示连续型变量，由于分类是不连续的，可用条形图表示数据的分类，此时条形的高度表示具体变量值的大小。另外也可以用多个箱线图表示混合型数据。

【例2.7】假设4个小麦品种a、b、c、d的每亩平均产量（kg）分别为435、600、550、580，试画出均值条形图。

解： R 程序和结果如下

```
>output<-c(435,600,550,580)
>variety<-c('a','b','c','d')
>par(mfrow=c(1,2),cex=0.8)
#绘制垂直条形图
>bar<-barplot(output,names.arg=variety,xlab='小麦品种',ylab='平均产量',ylim=c(0,650),col='white',main='垂直均值条形图',horiz=FALSE)
#y定义标签纵坐标，cex定义大小
>text(bar,y=output+20,labels=output,cex=1)
#绘制水平条形图
>bar1<-barplot(output,names.arg=variety,xlab='平均产量',ylab='小麦品种',col='white',main='水平均值条形图',horiz=TRUE)
#在条形图上加标签，x定义标签横坐标，cex定义大小
>text(bar1,x=output+20,labels=output,cex=1)
```

解释：

均值图展示了每个品种均值的大小，从图2.7中可以直观看出，品种a的平均产量低于其他品种，品种b的平均产量最高。

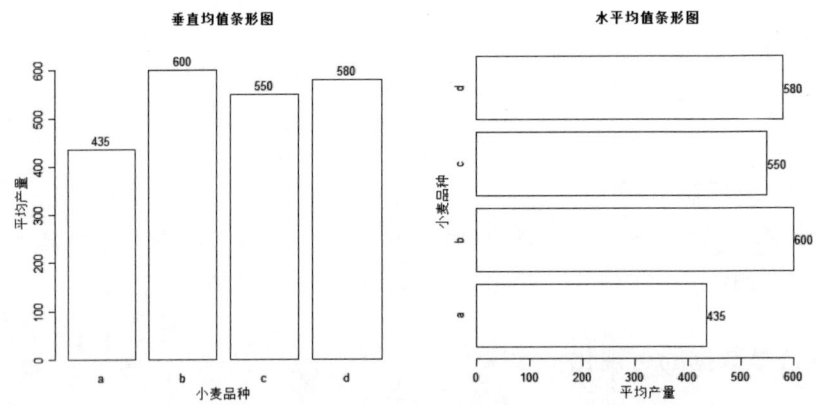

图2.7 反映小麦品种与平均产量关系的均值条形图

下面通过箱线图，了解每个类别数据的分布情况。

【例2.8】（数据：example2.8.csv）为某农作物选择合适的施肥方式，现设计A、B、C、D、E、F 6种施肥方案，各方案施肥成本相同，各小区农作物的产量如表2.5所示，用箱线图展示数据的分布情况。

表2.5　6种施肥方式下农作物的产量　　　　　　　　　　　　　　　单位：kg

施肥方式	各小区产量					
A	12.9	13.1	12.2	12.5	13.7	11.2
B	14	13.8	15.1	13.1	14.6	15.5
C	12.6	13.2	13.4	15	12.8	14.3
D	10.5	11.6	10.4	9.9	12.3	10.8
E	14.5	15.6	17	15	16.2	16.5
F	15.5	14.8	13.2	14.4	13.9	15.6

用R绘制箱线图的程序和结果如下：

```
>par(mfrow=c(1,2),cex=0.6)
>df<-read.csv('F:/data/ch2/example2.8.csv ',T)
#输出数据后3行
>tail(df,3)
        施肥方案  小区产量
    34     F      14.8
    35     F      14.4
    36     F      15.6
>library(ggplot2)
>ggplot(df,aes(x=施肥方案,y=小区产量))+
  stat_boxplot(geom='errorbar',linetype=1,width=0.3)+ #加胡
                                 须,linetype定义线型,width定义线宽
  geom_boxplot( )+                    #绘制箱线图
  geom_jitter(show.legend=F)+         #箱线图中加散点,不显示图例
  theme_classic()+                    #设置图形背景
  theme(axis.title.x=element_text(size=14),    #设置横轴标题大小
        axis.title.y=element_text(size=14),    #设置纵轴标题大小
        axis.text.x=element_text(size=12),     #设置横轴标签大小
        axis.text.y=element_text(size=12))     #设置纵轴标签大小
```

解释：

从图2.8中可以看出，施肥方式E的产量最高，施肥方式D的产量最低，施肥方式E和F的产量比较接近，施肥方式B和C的产量也比较接近，这仅仅是通过观察得到的描述性结果。不同施肥方式之间小麦产量的差异是否具有统计学意义，需要进一步分析。

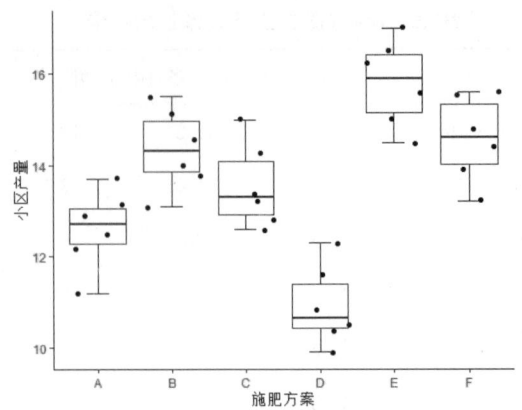

图2.8 不同施肥方案下农作物产量的箱线图

上面介绍了如何利用表格和图形直观地展示样本数据，这种展示是概括的、粗略的。在实际工作中，人们感兴趣的不仅是样本本身，更重要的是对样本所来自总体的认识，发现内在的规律，统计学的基本任务是通过对样本的量化分析来对总体进行推断。下面介绍统计推断中所涉及的基本概念和几个重要定理。

2.3 抽样分布

从总体中抽得的样本是进行统计推断的依据，样本中包含有总体的信息，但信息较为分散，所以在进行理论研究和实际应用时，要将分散在样本中某一方面的信息集中起来，因此需要对样本进行"加工"，即构造一个关于样本的适当函数且不包含未知参数，利用这个样本的函数进行统计推断，而这种不含任何未知参数的关于样本的函数称为统计量，它完全是由样本决定的量，由于样本具有随机性，因而统计量也是个随机变量，它们也有自己的概率分布，称之为抽样分布（sampling distribution）。

2.3.1 统计量

定义2.2 设$X_1, X_2, \cdots, X_n$是总体X的一个样本，$g(X_1, X_2, \cdots, X_n)$为$X_1, X_2, \cdots, X_n$的函数，且不含有未知参数，则称随机变量$g(X_1, X_2, \cdots, X_n)$为统计量。若$x_1, x_2, \cdots, x_n$是一组样本值，则$g(x_1, x_2, \cdots, x_n)$是统计量$g(X_1, X_2, \cdots, X_n)$的一个样本值。

引入统计量的目的是推断变量的分布特征，所以不能含有未知参数，如果含有，将样本值代入后，统计量仍然是不确定的，那么就无法对总体的特征进行推断。

统计量在数理统计中占有极其重要的地位，它相当于随机变量在概率论中的地位，它是进行统计推断的基础。

【例2.9】 设总体 $X \sim N(\mu, \sigma^2)$，μ、σ^2 是未知参数，$X_1, X_2, \cdots, X_n$ 是来自该总体的样本，试判断下列函数哪些是统计量：

① $\bar{X} = \dfrac{1}{n}\sum_{i=1}^{n}X_i$； ② $S^2 = \dfrac{1}{n-1}\sum_{i=1}^{n}(X_i - \bar{X})^2$； ③ $\dfrac{1}{2}(X_1 + X_3)$； ④ $\dfrac{1}{\sigma^2}\sum_{i=1}^{n}(X_i - \mu)^2$；

⑤ $\dfrac{(n-1)S^2}{\sigma^2}$； ⑥ $\max(X_1, X_2, \cdots, X_n)$。

解： ①、②、③、⑥都是统计量，这是因为函数中没有未知参数；而④和⑤中含有未知参数 μ、σ^2，故它们不是统计量。

常用统计量有以下3类。

1. 描述数据的集中趋势的统计量

（1）算术平均数（arithmetic mean，$\bar{X}$）。

$$\bar{X} = \frac{1}{n}\sum_{i=1}^{n}X_i \tag{2.1}$$

算术平均数虽然是较常用的统计量，当样本中有极端值存在时，算术平均数不能代表样本的绝大多数情况。算术水平均数也常被称为样本均值。

（2）中位数（median）。

将所有样本观测值由小到大排序，当样本数为奇数时，位于中间的那个数据为中位数；当样本数为偶数时，中间那两个数据的平均值为中位数。当数据出现了极端值时，中位数的代表性要比算术平均数好。

（3）众数（mode）。

一组样本观测值中，出现次数最多的那个数值称为众数。

2. 描述数据的分散趋势的统计量

（1）极差（range）。

极差指样本中最大值和最小值之间的差值，又称作"全距"。极差没有利用全部观测值的信息，它容易受到极端值的影响。

（2）样本方差（sample variance，S^2）。

$$S^2 = \frac{1}{n-1}\sum_{i=1}^{n}(X_i - \bar{X})^2 \tag{2.2}$$

样本方差为各数据与样本均值差的平方的平均数。这里分母之所以用 $n-1$ 而不用 n，是因为当用 $n-1$ 时，所得到的样本方差是总体方差的无偏估计，这将在第三章说明。

（3）样本标准差（sample standard deviation，S）。

$$S = \sqrt{\frac{1}{n-1}\sum_{i=1}^{n}(X_i - \bar{X})^2} \qquad (2.3)$$

在计算样本方差时，由于对每个离均差进行了平方，因此将实际的离散程度夸大了，而样本标准差克服了这个不足。样本方差的量纲是原数据量纲的平方，而样本标准差的量纲和原数据一致。

（4）变异系数（coefficient of variation，CV）。

$$CV = \frac{S}{\bar{X}} \qquad (2.4)$$

变异系数不受数据量纲的影响，因此常用来对量纲不同的变量的变异性进行比较。

（5）标准误（standard error，SE）。

$$SE = \frac{S}{\sqrt{n}} \qquad (2.5)$$

标准误是样本均值的标准差，它反映了样本均值的离散程度。在实际抽样中，常用样本均值来估计总体均值，随着样本量的增加，样本均值的离散程度减小，当样本量足够大时，SE有向0靠近的趋势。

3. 对偏离正态分布度量的统计量

（1）偏度（skewness，α）。

$$\alpha = \frac{\sum_{i=1}^{n}(X_i - \bar{X})^3}{nS^3} \qquad (2.6)$$

偏度是与正态分布相比较而言的统计量：当$\alpha>0$时，分布为右偏，长尾在右，峰尖偏左；当$\alpha<0$时，分布为左偏，长尾在左，峰尖偏右；当$\alpha=0$时，为对称分布。

（2）峰度（kurtosis，β）。

$$\beta = \frac{\sum_{i=1}^{n}(X_i - \bar{X})^4}{nS^4} - 3 \qquad (2.7)$$

峰度是与正态分布相比较而言的统计量：当$\beta>0$时，图形较尖，比正态分布陡峭；当$\beta<0$时，图形较平坦，比正态分布平坦；当$\beta=0$时，则分布为正态峰。

【例2.10】某奶牛场10头牛的产奶量（kg）分别为43、34、33、35、44、33、35、36、41、35，求产奶量的描述性统计量。

利用R实现的程序如下：
```
>library(psych)
>x<-c(43,34,33,35,44,33,35,36,41,35)
>psych::describe(x)
```
运行结果如下：

mean	sd	median	trimmed	mad	min	max	range	skew	kurtosis	se
36.9	4.15	35	36.5	2.22	33	44	11	0.69	-1.39	1.31

```
>var(x)
[1] 17.21111
>library(modeest)
>mfv(x)
[1] 35
```

解释：

利用R包psych中函数describe()计算变量的各统计量，具体含义为：mean，均值；sd，标准差；median，中位数；trimmed，删除两端各10%数据后的均值；mad，和中位数差的绝对值的中位数；min，最小值；max，最大值；range，最大值减去最小值；skew，偏度；kurtosis，峰度；se，标准误。函数var()计算变量的方差，函数mfv()计算变量的众数。

2.3.2 几种常见的抽样分布

样本是随机变量，有一定的概率分布，而统计量是样本的函数，它也有概率分布。统计量的概率分布称为该统计量的抽样分布。统计推断正是基于统计量而进行的，因此通常需要知道统计量的抽样分布，常见的抽样分布类型主要有正态分布、卡方分布、t分布和F分布。

2.3.2.1 正态分布

1. 正态分布（normal distribution）

正态分布的概率密度函数为

$$f(x)=\frac{1}{\sigma\sqrt{2\pi}}e^{-\frac{(x-\mu)^2}{2\sigma^2}}, -\infty<x<\infty \tag{2.8}$$

式中，μ和σ^2分别为总体均值和总体方差。

这个函数的曲线如图2.9所示，称为正态分布曲线。

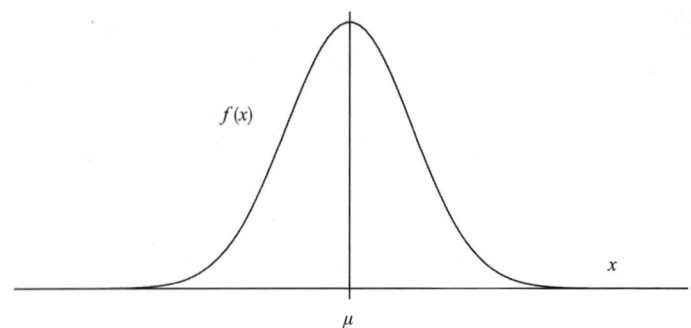

图2.9 正态分布曲线

正态分布曲线有如下性质。

①曲线有1个峰,峰值位于$x=\mu$处。

②曲线关于$x=\mu$对称,曲线以x轴为渐近线向左右无限延伸。

③曲线在$x=\mu+\sigma$和$x=\mu-\sigma$处各有1个拐点。

④曲线是由参数μ和σ决定。μ决定曲线在x轴上的位置;σ决定曲线的形状。σ大时,曲线形状又矮又宽;σ小时,曲线形状又高又窄,如图2.10所示。

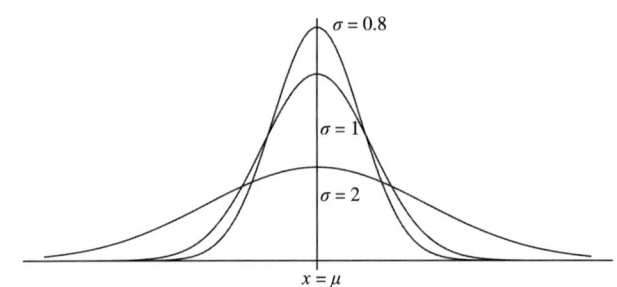

图2.10 不同标准差的正态分布曲线

2. 标准正态分布

若随机变量$X \sim N(\mu, \sigma^2)$,X的线性变换$Z = \dfrac{X-\mu}{\sigma}$也服从正态分布,这个变换称作标准化,$Z$的期望和方差分别为

$$E(Z) = E\left(\frac{X-\mu}{\sigma}\right) = \frac{1}{\sigma}E(X-\mu) = \frac{1}{\sigma}[E(X)-\mu] = 0 \quad (2.9)$$

$$D(Z) = D\left(\frac{X-\mu}{\sigma}\right) = \frac{1}{\sigma^2}D(X-\mu) = \frac{1}{\sigma^2}D(X) = 1 \quad (2.10)$$

此时Z服从均值为0,方差为1的正态分布,它是一种特殊的正态分布,称为标准正态分布,记作$Z \sim N(0,1)$,其概率密度函数为

$$f(z)=\frac{1}{\sqrt{2\pi}}e^{-z^2/2}, \quad -\infty<z<\infty \tag{2.11}$$

3. 绘制正态分布密度函数曲线

图2.11的R程序如下：

```
#利用函数seq()，在-5和5之间，生成100个数
>x<-seq(-5,5,length.out=100)
#绘制均值为0，标准差为0.8的正态曲线
>plot(x,dnorm(x,0,0.8),type='l',axes=F,xlab=' ',ylab=' ',
lwd=1.5)
>lines(x,dnorm(x,1,1),lwd=1.5)       #加均值为1，标准差为1的正态曲线
>lines(x,dnorm(x,-1,1.5),lwd=1.5)    #加均值为-1，标准差为1.5的正
                                       态曲线
>abline(h=0,v=0,lwd=1)               #加水平线和垂线
>abline(v=-1,lwd=1,lty=2)            #加垂线
>abline(v=1,lwd=1,lty=2)             #加垂线
```

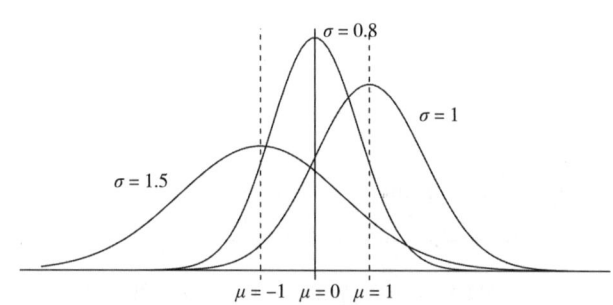

图2.11 不同标准差和均值的正态分布曲线

解释：

利用函数plot()作散点图，横坐标为x，纵坐标为dnorm(x, μ, σ)，即给定均值μ和标准差σ下对应每个x的正态分布密度函数值，参数type='l'定义点之间用线连接，axes=F表示不显示坐标轴，xlab=' '和ylab=' '表示不显示坐标轴标签，lwd定义线宽。函数lines()和abline()是在已有的函数plot()绘制的图上加线。

2.3.2.2 卡方（chi-square，χ^2）分布

定义2.3 若$X_1,X_2,\cdots,X_n$相互独立，且均服从标准正态分布$N(0,1)$，则称随机变量$Y=X_1^2+X_2^2+\cdots X_n^2$服从自由度为n的$\chi^2$分布，记为$Y\sim\chi^2(n)$。自由度（degree of freedom）通常记作df。

1. χ^2分布的密度函数

$$f(y,n) = \begin{cases} \dfrac{1}{2^{n/2}\Gamma(n/2)} y^{\frac{n}{2}-1}, & y \geqslant 0 \\ 0, & y < 0 \end{cases} \quad (2.12)$$

式中，伽玛函数$\Gamma(y)$通过积分$\Gamma(y) = \int_0^\infty e^{-t} t^{y-1} \mathrm{d}t, y > 0$来定义。

2. χ^2分布的性质

①设$X_1, X_2, \cdots, X_n$相互独立，均服从正态分布$N(\mu, \sigma^2)$，则

$$Y = \frac{1}{\sigma^2} \sum_{i=1}^n (X_i - \mu)^2 \sim \chi^2(n) \quad (2.13)$$

②χ^2分布的可加性：设$Y_1 \sim \chi^2(n_1)$、$Y_2 \sim \chi^2(n_2)$，且Y_1、Y_2相互独立，则$Y_1 + Y_2 \sim \chi^2(n_1 + n_2)$。

③若$Y \sim \chi^2(n)$，则$E(Y) = n$、$D(Y) = 2n$。

④χ^2分布是非对称分布，其分布曲线随自由度df的大小而改变，自由度越大，分布越趋向于对称分布（图2.12）。

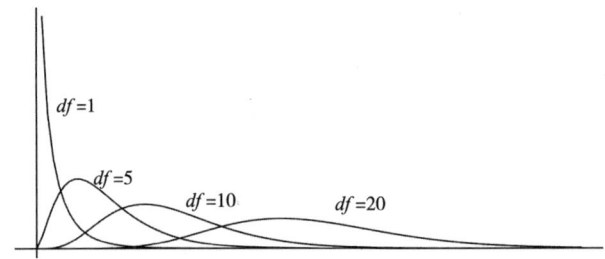

图2.12 不同自由度下的χ^2分布曲线

3. 绘制χ^2分布密度函数曲线

图2.12的R程序如下：

```
#利用函数seq()，在0和40之间，生成100个数
>x<-seq(0,40,length.out=100)
#横坐标是x，纵坐标是自由度为1的对应每个x的卡方密度函数值的线图
>plot(x,dchisq(x,1),type='l',axes=F,lwd=1.5,xlab=' ',ylab=' ')
#在已有的函数plot()绘制的图上添加自由度分别为5,10,20的卡方分布曲线
>lines(x,dchisq(x,5),lwd=1.5)
>lines(x,dchisq(x,10),lwd=1.5)
>lines(x,dchisq(x,20),lwd=1.5)
```

```
>abline(h=0,v=0,lwd=1)        #在已有的图形上加水平线和垂线
```

2.3.2.3 t 分布

定义2.4 设 $X \sim N(0,1)$、$Y \sim \chi^2(n)$，且 X 与 Y 相互独立，则称随机变量 $T = \dfrac{X}{\sqrt{Y/n}}$ 服从自由度为 n 的 t 分布，记为 $T \sim t(n)$。

1. t 分布的密度函数

$$f(t,n) = \frac{\Gamma[(n+1)/2]}{\Gamma(n/2)\sqrt{n\pi}}\left(1+\frac{t^2}{n}\right)^{-\frac{n+1}{2}}, \quad -\infty < t < +\infty \tag{2.14}$$

2. t 分布的性质

①若 $T \sim t(n)$，则

$$E(T) = 0, n>1; \quad D(T) = n/(n-2), n>2 \tag{2.15}$$

② t 分布的密度函数是偶函数，图像关于 $t=0$ 对称。

③由于 $\lim\limits_{n \to \infty} f(t,n) = \dfrac{1}{\sqrt{2\pi}} e^{-t^2/2}$，即当 n 充分大时，t 分布近似 $N(0,1)$ 分布。

3. t 分布密度函数曲线

R程序和结果如下：
```
#1行3个图排列
>par(mfrow=c(1,3))
#绘制图2.13（左）
#添加标准正态分布曲线
>curve(dnorm(x,0,1),from=-4,to=4,ylab='f(x)',lty=1,lwd=1.8)
#添加自由度为2的t分布曲线
>curve(dt(x,2),from=-4,to=4,lty=2,lwd=1.8,add=T)
#在点(0,0)和点(0,4)间画一条线
>segments(0,0,0,0.4,col='black',lty=3,lwd=1.5)
#加入图例
>legend(x='topright',legend=c('N(0,1)','t(2)'),lty=c(1,2),cex=0.8)
#绘制图2.13（中）
#添加标准正态分布曲线
>curve(dnorm(x,0,1),from=-4,to=4,ylab='f(x)',lty=1,lwd=1.6)
#添加自由度为5的t分布曲线
>curve(dt(x,5),from=-4,to=4,lty=2,lwd=1.6,add=T)
```

#在点(0, 0)和点(0, 4)间画一条线
>segments(0, 0, 0, 0.4, col='black', lty=3, lwd=1.5)
#加入图例
>legend(x='topright', legend=c('N(0,1)','t(5)'), lty=c(1,2), cex=0.8)
#绘制图2.13（右）
#添加标准正态分布曲线
>curve(dnorm(x, 0, 1), from=-4, to=4, ylab='f(x)', lty=1, lwd=1.6)
#添加自由度为30的t分布曲线
>curve(dt(x, 30), from=-4, to=4, lty=2, lwd=1.6, add=T)
#在点(0, 0)和点(0, 4)间画一条线
>segments(0, 0, 0, 0.4, col='black', lty=3, lwd=1.5)
#加入图例
>legend(x='topright', legend=c('N(0,1)','t(30)'), lty=c(1,2), cex=0.8)

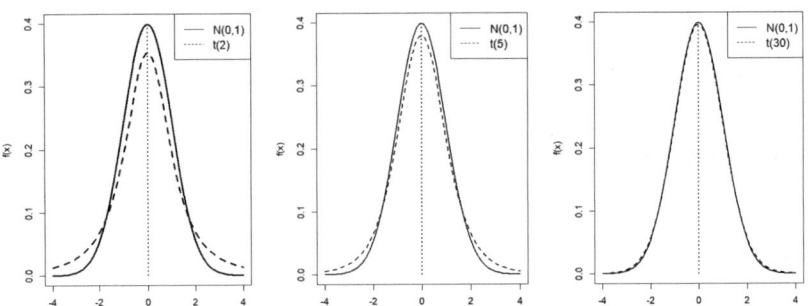

图2.13 标准正态分布曲线和不同自由度下的t分布曲线

解释：

利用函数curve(expr, from, to, ylab, lyt, main)绘制曲线，expr表示一个关于x的函数，它的计算结果与x的长度相同，from和to分别定义x的起点和终点，ylab给y轴加标签，lty定义线的类型，main定义图形的标题。从图2.13可以看出，t分布的密度函数图像具有对称性，和标准正态分布相比，t分布的顶部偏低，尾部偏高。随着自由度的增加，t分布曲线和标准正态分布曲线越来越接近，当自由度为30时两条曲线几乎重合。

2.3.2.4 F分布

定义2.5 设 $X \sim \chi^2(n_1)$、$Y \sim \chi^2(n_2)$，且X与Y相互独立，则称随机变量 $F = \dfrac{X/n_1}{Y/n_2}$ 服从第一自由度df_1为n_1、第二自由度df_2为n_2的F分布，记作 $F \sim F(n_1, n_2)$。

1. F分布的密度函数

若 $X \sim F(n_1, n_2)$，则X的概率密度为

$$f(x; n_1, n_2) = \begin{cases} \dfrac{\Gamma\left(\dfrac{n_1+n_2}{2}\right)}{\Gamma\left(\dfrac{n_1}{2}\right)\Gamma\left(\dfrac{n_2}{2}\right)} \left(\dfrac{n_1}{n_2}\right)\left(\dfrac{n_1}{n_2}x\right)^{\frac{n_1}{2}-1} \left(1+\dfrac{n_1}{n_2}x\right)^{-\frac{n_1+n_2}{2}}, & x \geqslant 0 \\ 0, & x < 0 \end{cases} \quad (2.16)$$

2. F分布的性质

① 若 $X \sim F(n_1, n_2)$，则 $1/X \sim F(n_2, n_1)$。

② 若 $X \sim t(n)$，则 $X^2 \sim F(1, n)$。

3. F分布的密度函数曲线

图2.14的R程序和结果如下：

#绘制自由度为15和20的F分布曲线

>curve(df(x, 15, 20), from=0, to=5, lty=1, lwd=1, col=1, main='F Distributions')

#添加自由度为5和8的F分布曲线

>curve(df(x, 5, 8), from=0, to=5, add=T, lty=2, col=1, lwd=1)

#添加自由度为3和5的F分布曲线

>curve(df(x, 3, 5), from=0, to=5, add=T, lty=3, col=1, lwd=1)

>abline(h=0, v=0)   #添加水平线和垂线

>legend(x='topright', legend=c('F(15,20)', 'F(5,8)', 'F(3,5)'), lty=1:3, cex=0.8)   #添加图例

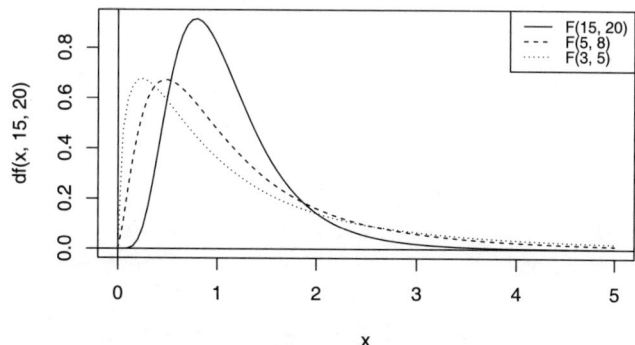

图2.14　不同自由度下的F分布曲线

解释：

函数curve()的用法和前面类似，这里需要注意的是函数legend()中lty的定义顺序，应该和函数curve()中一致。F分布的概率密度曲线是非对称图形（图2.14），呈右偏态分布，整个函数曲线位于第一象限内，它受两个参数的影响，即第一自由度和第二自由度。

2.3.3 概率分布的上侧分位数

2.3.3.1 正态分布的上侧分位数

定义2.6 设$X \sim N(0,1)$，若$P\{X > z_\alpha\} = \alpha$，则$z_\alpha$被称为标准正态分布的上侧分位数，即为当给定上尾概率为α时，该分布在横坐标上的临界值（图2.15），z_α可通过查标准正态分布表得到，也可以利用计算机软件得到。

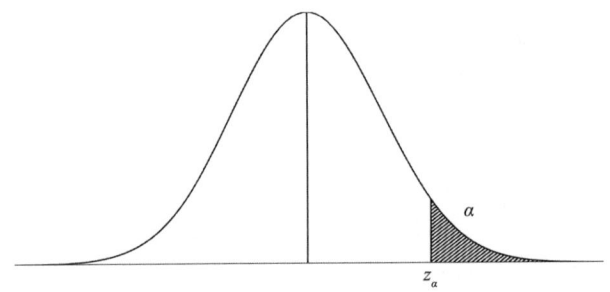

图2.15 正态分布的上侧分位数示意图

由标准正态分布的对称性，不难证明

$$P\{|X| > z_{\alpha/2}\} = \alpha, \quad z_\alpha = -z_{1-\alpha}$$

其中$z_{\alpha/2}$也被称为双侧分位数（图2.16），如：$z_{0.05} = -z_{1-0.05} = 1.65$、$z_{0.025} = -z_{1-0.025} = 1.96$、$z_{0.005} = -z_{1-0.005} = 2.58$。

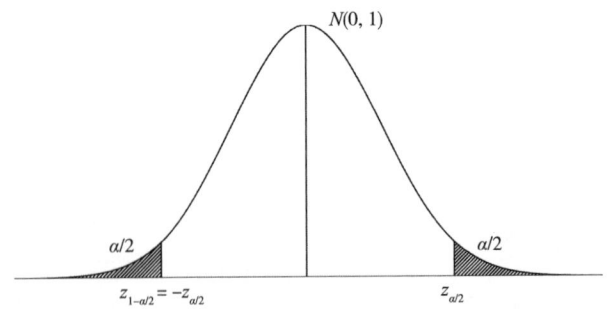

图2.16 标准正态分布的上侧和下侧分位数示意图

【例2.11】利用R计算：

①$X \sim N(8, 6^2)$，求$P\{X \leq 10\}$、$P\{X \geq 2\}$和$P\{2 \leq X \leq 10\}$；

②$X \sim N(0,1)$，求$P\{X \leq 1.96\}$、$P\{X \geq 1.96\}$和$P\{-1 \leq X \leq 1.25\}$；

③$X \sim N(0,1)$，求左尾概率为0.95的分位数。

R程序和结果如下：

```
>pnorm(10,mean=8,sd=6)                              #P{X≤10}
[1] 0.6305587
> 1-pnorm(2,mean=8,sd=6)                            #P{X≥2}
[1] 0.8413447
>pnorm(10,mean=8,sd=6)-pnorm(2,mean=8,sd=6)  #P{2≤X≤10}
[1] 0.4719034
>pnorm(1.96,mean=0,sd=1)    #等同pnorm(1.96)，默认服从标准正态分布
[1] 0.9750021
>pnorm(1.96,mean=0,sd=1,lower.tail=FALSE)
#等同1-pnorm(1.96)
[1] 0.0249979
>pnorm(1.25)-pnorm(-1)                              #P{-1≤X≤1.25}
[1] 0.735695
>qnorm(0.95,mean=0,sd=1)   #输出左尾概率为0.95，均值为0，标准差为1
                                                    时的分位数
[1] 1.644854
```

解释：

函数pnorm(q, mean, sd)输出服从N(mean, sd)且临界值为q的左侧累积概率值，即$P\{X \leq q\}$；如果计算$P\{X \geq q\}$，可利用1 - pnorm(q, mean, sd)，或者pnorm(q, mean, sd, lower.tail=FALSE)。qnorm(p, mean, sd)输出服从N(mean, sd)，当左侧累积概率为p时的分位数。

2.3.3.2　t分布的上侧分位数

设随机变量$X \sim t(n)$，对于$0 < \alpha < 1$，若$P\{X > t_\alpha(n)\} = \alpha$，则称$t_\alpha(n)$为自由度为$n$的$t$分布的上侧分位数（图2.17）。

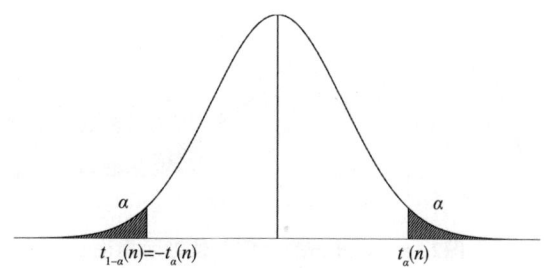

图2.17　t分布的上侧和下侧分位数示意图

当$n \leq 45$时，$t_\alpha(n)$的值可直接查附表二；当$n > 45$时，t分布近似于标准正态分布，即$t_\alpha(n) \approx z_\alpha$。如：$t_{0.01}(22) = -t_{0.99}(22) = -2.5083$，$t_{0.025}(8) = 2.306$，$t_{0.05}(50) = z_{0.05} = 1.65$。

【例2.12】利用R计算：

①$X \sim t(10)$，求$P\{X \leq 1.5\}$、$P\{X \geq 2\}$和$P\{1 \leq X \leq 2\}$；

②$X \sim t(10)$，求左尾概率为0.95的分位数、右尾概率为0.025的分位数。

R程序和结果如下：

```
>pt(1.5, df = 10)                              #P{X≤1.5}
[1] 0.9177463
>1 - pt(2, df = 10)                            #P{X≥2}
[1] 0.03669402
>pt(2, df = 10) - pt(1, df = 10)               #P{1≤X≤2}
[1] 0.1337525
>qt(0.95, df = 10)                             #左尾概率为0.95的分位数
[1] 1.812461
>qt(0.025, df = 10, lower.tail = FALSE)        #右尾概率为0.025的分位数
[1] 2.228139
```

解释：

对于t分布，pt(q, df)给出当分位数为q时，$P\{X \leq q\}$的概率值；如果想计算$P\{X \geq q\}$的值，可以用1 - pt(q, df)，或者pt(q, df, lower.tail = FALSE)。函数qt(p, df)给出左尾概率为P时，自由度为df的t分布的分位数。

2.3.3.3 χ^2分布的上侧分位数

设$Y \sim \chi^2(n)$，若$P\{Y > \chi_\alpha^2(n)\} = \alpha$，则称数$\chi_\alpha^2(n)$为自由度为$n$的$\chi^2$分布的上侧分位数（图2.18）。

当$n \leq 45$时，$\chi_\alpha^2(n)$可直接查附表三。例如：$\chi_{0.05}^2(10) = 18.307$，即$P\{Y > 18.30\} = 0.05$。

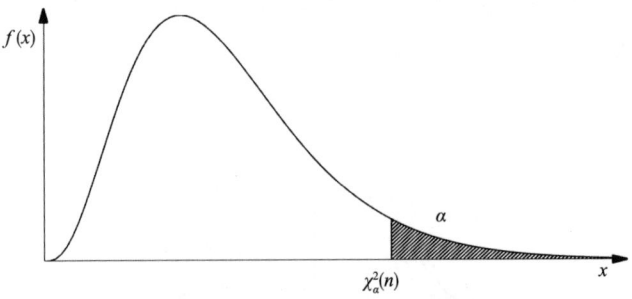

图2.18 χ^2分布的上侧分位数示意图

当 $n>45$ 时，则

$$\chi_\alpha^2(n) \approx \frac{1}{2}\left(z_\alpha + \sqrt{2n-1}\right)^2 \qquad (2.17)$$

证明略。例如：$\chi_{0.05}^2(50) = \frac{1}{2}\left(z_{0.05} + \sqrt{2\times 50-1}\right)^2 = \frac{1}{2}\left(1.645+\sqrt{99}\right)^2 \approx 67.22$。

【例2.13】利用R计算：

① $X \sim \chi^2(15)$，求 $P\{X\leqslant 110\}$、$P\{X\geqslant 12\}$。

② $X \sim \chi^2(15)$，求左尾概率为0.95的分位数、右尾概率为0.025的分位数。

R程序和结果如下：

```
>pchisq(10, df = 15)                          #P{X≤10}
[1] 0.1802601
>1 - pchisq(12, df = 15)                      #P{X≥12}
[1] 0.6790291
>qchisq(0.95, df = 15)                        #左尾概率为0.95时的分
                                               位数
[1] 24.99579
>qchisq(0.025, df = 15, lower.tail = F)       #右尾概率为0.025时的分位数
[1] 27.48839
```

2.3.3.4 F 分布的上侧分位数

设 $F \sim F(m, n)$，若 $P\{F > F_\alpha(m, n)\} = \alpha$，则称数 $F_\alpha(m, n)$ 为 F 分布的上侧分位数（图2.19）。

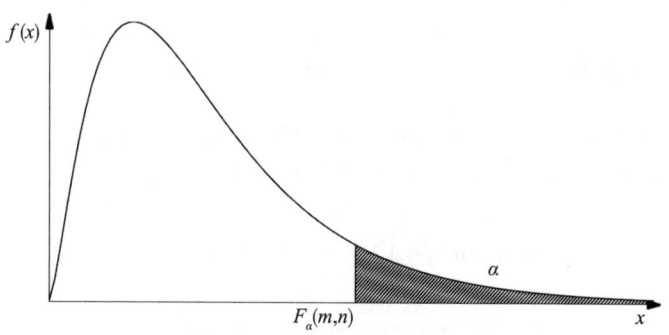

图2.19 F 分布的上侧分位数示意图

F 分布的分位数可直接查附表四，表中没有的分位数可以通过下面公式计算：

$$F_\alpha(m, n) = \frac{1}{F_{1-\alpha}(n, m)} \qquad (2.18)$$

【例2.14】利用R计算F分布的概率及分位数：

①$X \sim F(6,8)$，求$P\{X \leqslant 10\}$、$P\{X \geqslant 12\}$。

②$X \sim F(6,8)$，求左尾概率为0.95的分位数、右尾概率为0.025的分位数。

R程序和结果如下：

```
>pf(10, df1 = 6, df2 = 8)                        #P{X≤10}
[1] 0.9976409
>1-pf(12, df1 = 6, df2 = 8)                      #P{X≥12}
[1] 0.00127
>qf(0.95, df1 = 6, df2 = 8)                      #左尾概率为0.95的分位数
[1] 3.58058
>qf(0.025, df1 = 6, df2 = 8, lower.tail = FALSE) #右尾概率为0.025的分位数
[1] 4.651696
```

【例2.15】生成服从下列分布的随机数。

R程序如下：

```
#生成100个服从mean为6、sd为8的正态分布的随机数
>rnorm(100, mean = 6, sd = 8)
#生成100个服从mean为10、自由度为6的t分布的随机数
>rt(100, mean = 10, df2 = 6)
#生成100个服从df1为6、df2为8的F分布的随机数
>rf(100, df1 = 6, df2 = 8)
#生成100个服从自由度为6的卡方分布的随机数
>rchisq(100, df = 6)
```

2.3.4 抽样分布定理

定理2.1 设总体X（不管服从什么分布）的均值为μ，方差为σ^2，$X_1, X_2, \cdots, X_n$是来自该总体的一个样本，$\bar{X}$和S^2是样本均值和样本方差，则有

$$E(\bar{X}) = \mu, \quad D(\bar{X}) = \frac{\sigma^2}{n}, \quad E(S^2) = \sigma^2 \tag{2.19}$$

证明：

$$E(\bar{X}) = E\left(\frac{1}{n}\sum_{i=1}^{n} X_i\right) = \frac{1}{n}E\left(\sum_{i=1}^{n} X_i\right) = \frac{1}{n}\left[\sum_{i=1}^{n} E(X_i)\right] = \mu$$

$$D(\bar{X}) = D\left(\frac{1}{n}\sum_{i=1}^{n} X_i\right) \xrightarrow{独立} \frac{1}{n^2}\sum_{i=1}^{n} D(X_i) \xrightarrow{同分布} \frac{1}{n^2}\sum_{i=1}^{n} \sigma^2 = \frac{\sigma^2}{n}$$

$$E(S^2) = E\left[\frac{1}{n-1}\sum_{i=1}^{n}(X_i-\bar{X})^2\right] = \frac{1}{n-1}E\left[\sum_{i=1}^{n}(X_i-\bar{X})^2\right]$$

$$= \frac{1}{n-1}E\left(\sum_{i=1}^{n}X_i^2 - n\bar{X}^2\right) = \frac{1}{n-1}\left[\sum_{i=1}^{n}E(X_i^2) - nE(\bar{X}^2)\right]$$

$$= \frac{1}{n-1}\left\{\sum_{i=1}^{n}[D(X_i)+E^2(X_i)] - n[D(\bar{X})+E^2(\bar{X})]\right\}$$

$$= \frac{1}{n-1}\left[\sum_{i=1}^{n}(\sigma^2+\mu^2) - n\left(\frac{\sigma^2}{n}+\mu^2\right)\right] = \sigma^2$$

【例2.16】 设总体X为服从参数为2.4的泊松分布，$X_1, X_2, \cdots, X_{12}$是来自该总体的样本，求$E(\bar{X})$、$D(\bar{X})$、$E(S^2)$。

解： 由于$X \sim \pi(2.4)$，则$E(X) = D(X) = 2.4$。

由定理2.1可知 $E(\bar{X}) = E(X) = 2.4$，$D(\bar{X}) = \frac{D(X)}{n} = \frac{2.4}{12} = 0.2$，$E(S^2) = D(X) = 2.4$。

定理2.2 设$X_1, X_2, \cdots, X_n$是来自正态总体$N(\mu, \sigma^2)$的样本，$\bar{X}$和S^2分别为样本均值和样本方差，则有

$$\bar{X} \sim N\left(\mu, \frac{\sigma^2}{n}\right), \frac{\bar{X}-\mu}{\sigma/\sqrt{n}} \sim N(0,1) \tag{2.20}$$

$$\frac{(n-1)S^2}{\sigma^2} = \frac{\sum_{i=1}^{n}(X_i-\bar{X})^2}{\sigma^2} \sim \chi^2(n-1) \tag{2.21}$$

且$\bar{X}$和S^2互相独立。

证明略。

推论： 设$X_1, X_2, \cdots, X_n$是来自正态总体$N(\mu, \sigma^2)$的样本，$\bar{X}$和S^2分别为样本均值和样本方差，则有

$$\frac{\bar{X}-\mu}{S/\sqrt{n}} \sim t(n-1) \tag{2.22}$$

证明： 由定理2.2可知$U = \frac{\bar{X}-\mu}{\sigma/\sqrt{n}} \sim N(0,1)$、$V = \frac{(n-1)S^2}{\sigma^2} \sim \chi^2(n-1)$，且$\bar{X}$和$S^2$独立，因此$U$和$V$独立。由$t$分布的定义可知$\frac{U}{\sqrt{V/(n-1)}} \sim t(n-1)$，即

$$\frac{\frac{\bar{X}-\mu}{\sigma/\sqrt{n}}}{\sqrt{\frac{(n-1)S^2}{\sigma^2(n-1)}}} = \frac{\bar{X}-\mu}{S/\sqrt{n}} \sim t(n-1)$$

【例2.17】 从总体$N(52, 6.3^2)$中随机抽取一个容量为36的样本，求样本均值$\bar{X}$落在50.8与53.8之间的概率。

解：由定理2.2知$\bar{X} \sim N\left(52, \dfrac{6.3^2}{36}\right)$，故

$$P\{50.8 < \bar{X} < 53.8\} = P\left\{\dfrac{50.8-52}{6.3/6} < \dfrac{\bar{X}-52}{6.3/6} < \dfrac{53.8-52}{6.3/6}\right\}$$

$$= P\left\{-1.1429 < \dfrac{\bar{X}-52}{6.3/6} < 1.7143\right\} = 0.8239$$

定理2.3 （林德伯格－莱维中心极限定理）设总体X的均值和方差分别为μ和σ^2，$X_1, X_2, \cdots, X_n$为独立同分布的随机序列，则

$$\lim_{n \to \infty} P\left\{\dfrac{\sum_{i=1}^{n} X_i - n\mu}{\sqrt{n}\sigma} \leqslant x\right\} = \int_{-\infty}^{x} \dfrac{1}{\sqrt{2\pi}} e^{-\frac{t^2}{2}} dt = \varphi(x) \quad (2.23)$$

这个定理是说，无论总体是什么分布，只要样本量足够大，具有独立同分布的随机变量之和近似服从正态分布，即$\sum_{i=1}^{n} X_i \overset{近似}{\sim} N(n\mu, n\sigma^2)$，或者$\dfrac{\sum_{i=1}^{n} X_i - n\mu}{\sqrt{n}\sigma} \overset{近似}{\sim} N(0,1)$，由此可得

$$\bar{X} = \dfrac{\sum_{i=1}^{n} X_i}{n} \overset{近似}{\sim} N\left(\mu, \dfrac{\sigma^2}{n}\right)$$

也就是说，当样本量充分大时，样本均值近似服从正态分布，该定理对于统计学非常重要，因为很多统计推断的方法都是以正态分布为基础的，它保证了这些统计推断方法的广泛适用性。

【例2.18】 以F分布为例，假设df_1和df_2分别为6和10，当样本量n分别为2、5、10、30时，绘制样本均值的直方图，随着样本量的增加，观察样本均值的分布情况。

R程序和结果如下：

```
>set.seed(50)
>par(mfrow=c(2,2))          #创建2行2列作图界面
>x1.bar<-rep(0,1000);x2.bar<-rep(0,1000);x3.bar<-rep(0,1000);x4.bar<-rep(0,1000)
#从总体中分别抽取容量为2,5,10,30的样本，重复1000次，每次计算其样本均值
>for (i in 1:1000){
```

```
x1.bar[i]<-mean(rf(2,6,10))
x2.bar[i]<-mean(rf(5,6,10))
x3.bar[i]<-mean(rf(10,6,10))
x4.bar[i]<-mean(rf(30,6,10)) }
```
#绘制当样本容量为2,5,10,30时,均值的直方图
```
>hist(x1.bar,30,freq=F,col='white',main='n=2')
>hist(x2.bar,30,freq=F,col='white',main='n=5')
>hist(x3.bar,30,freq=F,col='white',main='n=10')
>hist(x4.bar,30,freq=F,col='white',main='n=30')
```

从图2.20可以看出,当 n 为2时,样本均值呈偏右态分布,随着样本容量的增加,样本均值的分布逐步趋于对称,当 n 为30时,样本均值的分布基本趋于对称。

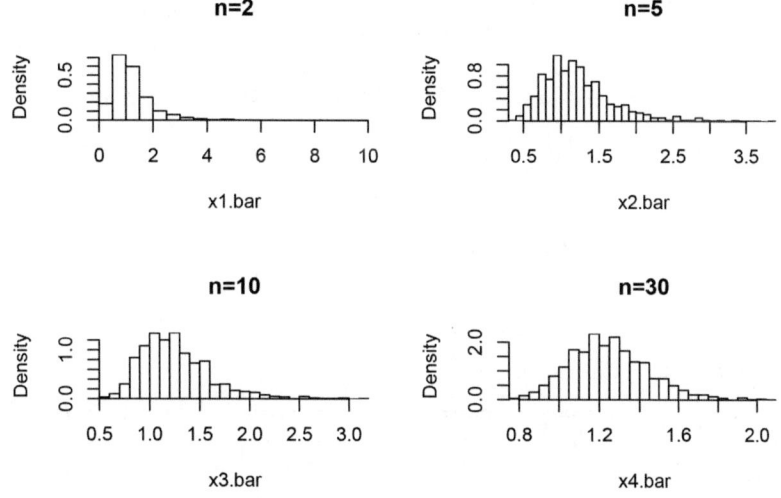

图2.20 F 分布不同样本容量下均值的直方图

定理2.4 设总体 $X \sim N(\mu_1, \sigma_1^2)$,$X_1, X_2, \cdots, X_{n_1}$ 是其样本;设 $Y \sim N(\mu_2, \sigma_2^2)$,$Y_1, Y_2, \cdots, Y_{n_2}$ 是其样本,两个总体互相独立。$\bar{X}$ 和 $\bar{Y}$ 分别是这两个样本的样本均值,S_1^2 和 S_2^2 分别是这两个样本的样本方差,则

$$\frac{\bar{X} - \bar{Y} - (\mu_1 - \mu_2)}{\sqrt{\frac{\sigma_1^2}{n_1} + \frac{\sigma_2^2}{n_2}}} \sim N(0,1) \qquad (2.24)$$

若方差 $\sigma_1^2 = \sigma_2^2 = \sigma^2$(方差齐性),则有

$$\frac{\bar{X} - \bar{Y} - (\mu_1 - \mu_2)}{S_w \sqrt{\frac{1}{n_1} + \frac{1}{n_2}}} \sim t(n_1 + n_2 - 2)$$

式中，$S_w = \sqrt{\dfrac{(n_1-1)S_1^2 + (n_2-1)S_2^2}{n_1+n_2-2}}$。

证明： 由定理2.2可知 $\bar{X} \sim N\left(\mu_1, \dfrac{\sigma_1^2}{n_1}\right)$、$\bar{Y} \sim N\left(\mu_2, \dfrac{\sigma_2^2}{n_2}\right)$。

因为 $\bar{X}$ 和 $\bar{Y}$ 独立，由正态分布的性质可知 $\bar{X} - \bar{Y} \sim N(\mu_1 - \mu_2, \dfrac{\sigma_1^2}{n_1} + \dfrac{\sigma_2^2}{n_2})$。

标准化可得 $\dfrac{\bar{X} - \bar{Y} - (\mu_1 - \mu_2)}{\sqrt{\dfrac{\sigma_1^2}{n_1} + \dfrac{\sigma_2^2}{n_2}}} \sim N(0,1)$。

由定理2.2可知 $\dfrac{(n_1-1)S_1^2}{\sigma_1^2} \sim \chi^2(n_1-1)$、$\dfrac{(n_2-1)S_2^2}{\sigma_2^2} \sim \chi^2(n_2-1)$，且 S_1^2 和 S_2^2 独立。

故由 χ^2 分布的可加性可知 $V = \dfrac{(n_1-1)S_1^2}{\sigma_1^2} + \dfrac{(n_2-1)S_2^2}{\sigma_2^2} \sim \chi^2(n_1+n_2-2)$。

当 $\sigma_1 = \sigma_2 = \sigma$ 时，有 $U = \dfrac{\bar{X} - \bar{Y} - (\mu_1 - \mu_2)}{\sigma\sqrt{\dfrac{1}{n_1} + \dfrac{1}{n_2}}} \sim N(0,1)$，且 U 和 V 独立，由 t 分布的定义可知

$$\dfrac{U}{\sqrt{V/(n_1+n_2-2)}} \sim t(n_1+n_2-2)$$

即

$$\dfrac{[\bar{X} - \bar{Y} - (\mu_1 - \mu_2)]\Big/ \sigma\sqrt{\dfrac{1}{n_1} + \dfrac{1}{n_2}}}{\sqrt{\left[\dfrac{(n_1-1)S_1^2}{\sigma^2} + \dfrac{(n_2-1)S_2^2}{\sigma^2}\right]\Big/(n_1+n_2-2)}} = \dfrac{\bar{X} - \bar{Y} - (\mu_1 - \mu_2)}{S_w\sqrt{\dfrac{1}{n_1} + \dfrac{1}{n_2}}} \sim t(n_1+n_2-2)$$

式中，$S_w = \sqrt{\dfrac{(n_1-1)S_1^2 + (n_2-1)S_2^2}{n_1+n_2-2}}$。

定理2.5 $X \sim N(\mu_1, \sigma_1^2)$，$Y \sim N(\mu_2, \sigma_2^2)$，且 X 与 Y 互相独立。它们的样本分别为 $X_1, X_2, \cdots, X_{n_1}$ 和 $Y_1, Y_2, \cdots, Y_{n_2}$，样本均值分别为 $\bar{X}$ 和 $\bar{Y}$，样本方差分别为 S_1^2 和 S_1^2，则有

$$\dfrac{S_1^2/\sigma_1^2}{S_2^2/\sigma_2^2} \sim F(n_1-1, n_2-1) \tag{2.25}$$

证明： 由定理2.2可知

$$\dfrac{(n_1-1)S_1^2}{\sigma_1^2} = W \sim \chi^2(n_1-1), \quad \dfrac{(n_2-1)S_2^2}{\sigma_2^2} = V \sim \chi^2(n_2-1)$$

因为 S_1^2 和 S_2^2 独立，故 W 与 V 独立。

由F分布的定义可知

$$\frac{W/(n_1-1)}{V/(n_2-1)} = \frac{(n_1-1)S_1^2/\sigma_1^2(n_1-1)}{(n_2-1)S_2^2/\sigma_2^2(n_2-1)} = \frac{S_1^2/\sigma_1^2}{S_2^2/\sigma_2^2} \sim F(n_1-1, n_2-1)$$

特别的，当$\sigma_1^2 = \sigma_2^2$时，有$\dfrac{S_1^2}{S_2^2} \sim F(n_1-1, n_2-1)$。

习题

1. 从总体X中得到一组容量为10的样本值，4.5、2、1、1.5、3.4、4.5、6.5、5、3.5、4，试求样本均值$\bar{X}$和样本方差S^2。

2. 设$X_1, X_2, \cdots, X_n$是总体X的样本，$\bar{X} = \dfrac{1}{n}\sum_{i=1}^{n}X_i$，$S^2 = \dfrac{1}{n-1}\sum_{i=1}^{n}(X_i - \bar{X})^2$，若：

①$X \sim N(\mu, \sigma^2)$；

②X服从参数为λ的泊松分布；

③X服从参数为p的两点分布；

④X服从参数为λ的指数分布。

分别求$E(\bar{X})$、$D(\bar{X})$、$E(S^2)$。

3. 设总体$X \sim N(12, 2^2)$，$X_1, X_2, \cdots, X_{36}$是X的一个样本，试求：

①$\bar{X}$的分布；

②$P\{\bar{X} > 13\}$。

4. 在总体$X \sim N(50, 4.5^2)$中随机抽取一个容量为25的样本，求样本均值$\bar{X}$落在49与52之间的概率。

5. 设总体$X \sim N(0, 0.3^2)$，从中抽取一个样本$X_1, X_2, \cdots, X_{10}$，求$P\left\{\sum_{i=1}^{10}X_i^2 > 1.44\right\}$。

6. 利用R计算：

①设$X \sim N(100, 5^2)$，求$P\{X \leq 200\}$、$P\{X \geq 110\}$和$P\{110 \leq X \leq 200\}$；

②设$X \sim N(0, 1)$，求左尾概率为0.99时的分位数；

③$X \sim t(8)$，求$P\{X \leq -1.5\}$和右尾概率为0.025时的t值；

④$X \sim \chi^2(8)$，求$P\{X \geq 12\}$和左尾概率为0.975时的卡方值；

⑤$X \sim F(15, 10)$，求$P\{X \geq 2\}$和右尾概率为0.025时的F值。

7. 设总体X与Y互相独立，且$X \sim N(0, 16)$、$Y \sim N(0, 9)$，$X_1, X_2, \cdots, X_9$与$Y_1, Y_2, \cdots, Y_{16}$分别是取自总体X与Y的样本。试问统计量$\left(\sum_{i=1}^{9}X_i\right)^2 \Big/ \sum_{k=1}^{16}Y_k^2$服从什么分布。

8. 为研究运动场所饮料市场的销售情况，某调查公司在一个自动贩卖机旁边观察记录了51位顾客的购买情况，具体如下：

饮料类型	人群	性别	饮料类型	人群	性别	饮料类型	人群	性别
可口可乐	中青年	男	运动饮料	中青年	男	雪碧	青少年	男
百事可乐	青少年	男	运动饮料	青少年	女	运动饮料	青少年	女
绿茶	中青年	女	矿泉水	中老年	男	运动饮料	中青年	女
百事可乐	青少年	男	可口可乐	中老年	女	矿泉水	中老年	女
运动饮料	中老年	男	矿泉水	中青年	女	橙汁	青少年	女
可口可乐	中老年	男	矿泉水	中青年	男	运动饮料	中青年	女
绿茶	中老年	女	运动饮料	青少年	男	百事可乐	青少年	男
雪碧	青少年	女	可口可乐	中青年	男	运动饮料	中青年	女
矿泉水	中青年	女	可口可乐	中青年	男	可口可乐	中青年	男
可口可乐	中青年	女	运动饮料	中青年	女	运动饮料	中青年	女
雪碧	青少年	男	绿茶	中老年	男	百事可乐	青少年	女
矿泉水	中青年	男	运动饮料	中青年	男	雪碧	青少年	女
橙汁	中老年	女	矿泉水	中青年	男	运动饮料	青少年	女
运动饮料	中青年	男	橙汁	青少年	女	运动饮料	青少年	男
可口可乐	中青年	男	百事可乐	中青年	女	矿泉水	中青年	男
雪碧	青少年	男	运动饮料	中青年	男	矿泉水	中老年	男
可口可乐	中青年	男	矿泉水	中老年	女	运动饮料	中青年	女

其中年龄≤25定义为青少年，26≤年龄≤45定义为中青年，年龄≥46定义为中老年，利用R：

①生成饮料类型、人群和性别的一维频数表，并绘制条形图；

②生成饮料类型和人群、饮料类型和性别的交叉频数表，并绘制复式条形图；

③生成饮料类型、人群和性别的三维频数表。

9. 某种饲料喂养鲢鱼100天后，从中抽取150尾的一个样本，测其体长（cm）如下：

66	36	67	38	38	40	41	42	43	45
45	46	46	46	46	46	46	47	48	48
48	48	48	48	49	49	50	51	51	51
52	52	52	52	52	52	52	52	52	52
52	53	53	53	53	54	54	54	54	54

（续表）

54	54	54	55	55	55	55	55	56	56
56	56	56	56	56	56	57	57	57	57
57	58	58	58	58	58	58	58	58	58
58	58	58	58	59	59	59	59	59	60
60	60	61	61	61	62	62	62	62	62
62	62	63	63	63	63	63	63	64	64
65	65	65	65	65	65	65	65	66	66
66	66	68	68	69	69	70	70	71	72
72	73	75	75	75	76	76	76	77	78
78	78	82	83	85	86	45	55	65	56

利用R：

①求样本的基本统计量：均值、标准差、标准误、变异系数、峰度、偏度。

②画出直方图，并加入核密度曲线。

10. 现从某种农作物的3个品种A、B、C中，各抽取10个样品，测其亩产量（kg）如下：

A	81	79	86	66	71	76	89	71	90	81
B	72	72	69	82	72	79	89	72	79	82
C	69	46	77	79	70	77	69	56	77	69

利用R画出3个品种的箱线图和均值条形图。

第三章　参数估计

数理统计学的基本问题是统计推断，即由样本推断总体的特性。统计推断的基本问题可分为两大类：一是参数估计；二是假设检验。本章先介绍第一类问题。

参数是描述总体特征的量，要了解总体特征就必须知道与该总体有关的参数。由于总体往往非常庞大，甚至是无限的，所以不可能直接由总体的每个个体去计算参数，而只能通过样本去估计。参数估计是利用从总体抽样得到的样本，来估计总体分布中的未知参数或未知参数的函数。参数估计包括点估计和区间估计。

3.1　点估计

定义3.1　设$X_1, X_2, \cdots, X_n$为来自总体的一个样本，未知参数是θ（θ可以是单参数，也可以是参数向量），通常需要构造出适当的样本的函数$\hat{\theta}(X_1, X_2, \cdots X_n)$作为参数$\theta$的点估计量，当有了样本观测值$x_1, x_2, \cdots, x_n$时，代入该函数中算出一个值作为$\theta$的点估计值，记作$\hat{\theta}(x_1, x_2, \cdots, x_n)$。在不引起混淆的情况下，估计量和估计值统称为估计，简称为点估计，记作$\hat{\theta}$。

注意，被估计的参数θ是未知常数，而估计量$\hat{\theta}(X_1, X_2, \cdots X_n)$是样本的函数，是个统计量，当取定了样本值$x_1, x_2, \cdots, x_n$后，则估计值$\hat{\theta}(x_1, x_2, \cdots, x_n)$是个已知的数值。

本书介绍常用的点估计法：矩估计法（moment estimation）和最大似然估计法（maximum likelihood estimation，MLE）。

3.1.1　矩估计法

总体与样本k阶矩的公式如下。

总体的k阶原点矩为$E(X^k)$；总体的k阶中心矩为$E[X-E(X)]^k$。

样本的k阶原点矩为

$$A_k = \frac{1}{n}\sum_{i=1}^{n} X_i^k \tag{3.1}$$

样本的k阶中心矩为

$$B_k = \frac{1}{n}\sum_{i=1}^{n}(X_i - \bar{X})^k \quad (3.2)$$

定义3.2 用样本的各阶矩去替换总体的相应的各阶矩的方法称为矩估计法。用矩估计法确定的估计量称为矩估计量，相应的估计值称为矩估计值，这里的矩可以是原点矩也可以是中心矩。矩估计量和矩估计值统称为矩估计。

矩估计法是由英国统计学家皮尔逊（K. Pearson）于1900年提出的。矩估计法的方便之处在于，当总体分布形式未知时，可以对其参数做出估计。不足之处是在求未知参数的矩估计时，根据矩估计法，可以利用样本的原点矩或者样本的中心矩对总体的未知参数做出估计。因此参数的矩估计量是不唯一的。这里主要介绍用样本的各阶原点矩去估计总体的各阶原点矩。

【例3.1】 设总体X的概率密度为

$$f(x) = \begin{cases} (\alpha+1)x^\alpha, & 0 < x < 1 \\ 0, & 其他 \end{cases}$$

式中，$\alpha > -1$是未知参数，$X_1, X_2, \cdots, X_n$是取自X的一个样本，求参数α的矩估计。

解：①总体的一阶矩为

$$E(X) = \int_{-\infty}^{+\infty} xf(x)\mathrm{d}x = \int_0^1 x(\alpha+1)x^\alpha \mathrm{d}x = (\alpha+1)\int_0^1 x^{\alpha+1}\mathrm{d}x = \frac{\alpha+1}{\alpha+2}$$

解得$\alpha = \dfrac{1-2E(X)}{E(X)-1}$。

②用样本的一阶原点矩（样本均值）估计总体均值，即$\hat{E}(X) = \bar{X}$。

③得到α的矩估计为$\hat{\alpha} = \dfrac{1-2\bar{X}}{\bar{X}-1}$。

注：若对参数的函数$g(\theta_1, \theta_2, \cdots, \theta_k)$进行矩估计，则可用矩估计$\hat{\theta}_i$代替$\theta_i$得到$g(\hat{\theta}_1, \hat{\theta}_2, \cdots, \hat{\theta}_k)$作为$g(\theta_1, \theta_2, \cdots, \theta_k)$的矩估计量。例如，求$\mu^2$的矩估计量，由于$\bar{X}$是均值$E(X) = \mu$的矩估计，即$\hat{\mu} = \bar{X}$，则$\hat{\mu}^2 = \bar{X}^2$。

如果要求的问题是两个未知参数，则需要将两个方程联立求解。

【例3.2】 设总体$X \sim N(\mu, \sigma^2)$，求参数μ和σ^2的矩估计。

解：①总体的一阶原点矩和二阶原点矩分别为

$$E(X) = \mu$$
$$E(X^2) = D(X) + [E(X)]^2 = \sigma^2 + \mu^2$$

②样本一阶原点矩和二阶原点矩分别为

$$A_1 = \frac{1}{n}\sum_{i=1}^{n} X_i$$

$$A_2 = \frac{1}{n}\sum_{i=1}^{n} X_i^2$$

③用样本原点矩估计总体原点矩，得参数的矩估计量

$$\hat{\mu}_1 = A_1 = \frac{1}{n}\sum_{i=1}^{n} X_i = \overline{X}$$

$$\hat{\sigma}^2 = \frac{1}{n}\sum_{i=1}^{n} X_i^2 - \overline{X}^2 = \frac{1}{n}\left(\sum_{i=1}^{n} X_i^2 - n\overline{X}^2\right) = \frac{1}{n}\sum_{i=1}^{n}(X_i - \overline{X})^2 \xrightarrow{\text{记作}} S_n^2$$

一般地，不论总体服从什么分布，只要总体期望μ与方差σ^2存在，则它们的矩估计量为

$$\begin{cases} \hat{\mu} = \overline{X} \\ \hat{\sigma}^2 = \frac{1}{n}\sum_{i=1}^{n}(X_i - \overline{X})^2 = S_n^2 \end{cases}$$

这个估计结果可以作为公式用。

【例3.3】12块面积相同的某农作物的产量（kg）如下：232.47、232.5、232.48、232.15、232.53、232.24、232.3、232.3、232.48、232.05、232.45、232.6。求该农作物产量的均值μ和方差σ^2的矩估计值。

解：μ的矩估计为

$$\hat{\mu} = \overline{x} = \frac{1}{12}\sum_{i=1}^{12} x_i = 232.38$$

σ^2的矩估计为

$$\hat{\sigma}^2 = s_n^2 = \frac{1}{12}\sum_{i=1}^{12}(x_i - \overline{x})^2 = 0.026$$

矩估计法的优点是简单易行，并不一定需要事先知道总体是什么分布。当总体分布已知时，矩估计则没有充分利用分布所提供的信息，而且矩估计量也不具有唯一性。

3.1.2 最大似然估计法

最大似然估计是在总体分布类型已知的条件下使用的一种参数估计方法，它首先是由德国数学家高斯（Gauss）于1821年提出，英国统计学家费希尔（R. A. Fisher）于1922年再次提出了这一方法，并做了进一步研究。最大似然估计法充分利用了分布提供的信息，是一种非常重要的点估计法。

3.1.2.1 最大似然估计法的基本思想

【例3.4】某位同学与一位猎人一起外出打猎，一只野兔从前方窜过，只听一声枪响，野兔应声倒下，发现野兔身中一弹。如果要你猜想，你猜这是谁打中的呢？

一般地，我们会有这样的想法：因为野兔只中一枪，猎人命中的概率一般大于这位同学命中的概率，看来这一枪是猎人射中的。这种思想，实际就是最大似然思想。

设X为打一枪的中弹数，则$X \sim B(1, p)$，p未知。设想我们事先知道p只有两种可能：$p = 0.9$或$p = 0.1$。两人中有一人打枪且击中野兔，估计这一枪是谁打的，即估计总体X的参数p的值。当兔子中弹，即事件$\{X=1\}$发生了。"兔子中弹"事件，相当于试验得到的样本观测值为$x=1$，什么样的参数估计使得该样本值出现的可能性最大呢？

由上述讨论可知当参数$p = 0.9$时，使其样本值出现的概率最大，所以选择参数估计为$\hat{p} = 0.9$，因此认为该枪是猎人打的。

【例3.5】假设一个口袋中装有很多白球和黑球，但不知道是黑球多还是白球多，只知道两种球的数量之比是1∶3，如果用有放回抽样的方法从口袋中抽取$n=3$个球，发现有1个是黑球。试估计从口袋中任取一球是黑球的概率p是1/4还是3/4。

解：由试验知道从袋中有放回地抽取3个球，黑球个数是随机变量X，且知$X \sim B(3, p)$，即$P\{X=k\} = C_3^k p^k (1-p)^{3-k}$，$k = 0, 1, 2$。

因为3次独立试验中有1次是黑球，则$P\{X=1\} = C_3^1 p(1-p)^2$。

当$p = 1/4$时，$P\{X=1\} = 27/64$；当$p = 3/4$时，$P\{X=1\} = 9/64$。

由于当$p = 1/4$时，$P\{X=1\}$的值最大，即3次独立实验中抽到1次黑球这个事件发生的概率最大，所以取$\hat{p} = 1/4$合理。

总结一下，最大似然估计的基本思想：在已经得到某观测值的情况下，使这个观测结果出现的概率最大的参数的取值，作为参数的估计值，这就是最大似然估计法。该观测值出现的概率，一般依赖于某参数θ，将该概率看成θ的函数，用$L(\theta)$表示，称为似然函数。

设$X_1, X_2, \cdots, X_n$为取自总体的样本，样本观测值为$x_1, x_2, \cdots, x_n$。离散型总体和连续型总体下的似然函数分别如下：

①对于离散型总体，设其分布律为$P\{X=x\} = p(x, \theta)$，θ为未知参数，其似然函数为

$$L(\theta) = P\{X_1 = x_1, X_2 = x_2, \cdots, X_n = x_n\} = \prod_{i=1}^{n} p(x_i, \theta) \quad (3.3)$$

②对于连续型总体，设密度函数为$f(x_i, \theta)$，θ为未知参数，其似然函数为

$$L(\theta) = L(x_1, x_2, \cdots, x_n, \theta) = \prod_{i=1}^{n} f(x_i, \theta) \quad (3.4)$$

定义3.3 若对任意的样本观测值$x_1, x_2, \cdots, x_n$，存在$\hat{\theta} = \hat{\theta}(x_1, x_2, \cdots, x_n)$，使

$$L(\hat{\theta}) = \max_{\theta} L(\theta) \qquad (3.5)$$

则称 $\hat{\theta} = \hat{\theta}(x_1, x_2, \cdots, x_n)$ 为 θ 的最大似然估计值，称相应的估计量 $\hat{\theta}(X_1, X_2, \cdots, X_n)$ 为 θ 的最大似然估计量，它们统称为参数 θ 的最大似然估计。

这样，求总体未知参数最大似然估计的问题，实际就是求似然函数 $L(\theta)$ 的最大值点的问题。

3.1.2.2 求最大似然估计的一般步骤

①由总体分布写出似然函数 $L(\theta)$。

②若似然函数 $L(\theta)$ 关于 θ 是可微的，可利用微积分中求最值的方法求解，令 $\dfrac{\partial L(\theta)}{\partial \theta} = 0$（似然方程）或 $\dfrac{\partial \ln L(\theta)}{\partial \theta} = 0$（对数似然方程），求驻点 $\hat{\theta}$。

③判断 $\hat{\theta}$ 是否为 θ 的最大似然估计，将样本值带入 $\hat{\theta}$ 的表达式中，求出参数的最大似然估计值。

④若似然函数 $L(\theta)$ 关于 θ 是不可微的，或似然方程无解时，则可以利用最大似然估计的定义求出最大值点。

【例3.6】设总体 X 的密度函数为

$$f(x) = \begin{cases} \theta x^{\theta-1}, & 0 < x < 1 \\ 0, & \text{其他} \end{cases}$$

式中，$\theta > 0$ 是未知参数，$x_1, x_2, \cdots, x_n$ 是来自该总体的一组样本值，求 θ 的最大似然估计。

解：①似然函数为 $L(\theta) = \prod\limits_{i=1}^{n} f(x_i) = \prod\limits_{i=1}^{n} \theta x_i^{\theta-1} = \theta x_1^{\theta-1} \theta x_2^{\theta-1} \cdots \theta x_n^{\theta-1} = \theta^n \left(\prod\limits_{i=1}^{n} x_i\right)^{\theta-1}$，对数似然函数为 $\ln L(\theta) = n \ln \theta + (\theta - 1) \sum\limits_{i=1}^{n} \ln x_i$。

②求导并令其为0，$\dfrac{\mathrm{d} \ln(\theta)}{\mathrm{d} \theta} = \dfrac{n}{\theta} + \sum\limits_{i=1}^{n} \ln x_i = 0$。

③从中解得 $\hat{\theta} = -\dfrac{n}{\sum\limits_{i=1}^{n} \ln x_i}$，又因为 $\dfrac{\mathrm{d}^2 \ln L(\theta)}{\mathrm{d} \theta^2} = -\dfrac{n}{\theta^2} < 0$，所以 $\hat{\theta}$ 为 θ 的最大似然估计。

【例3.7】设总体 X 服从参数为 λ 的指数分布，即

$$X \sim f(x, \lambda) = \begin{cases} \lambda e^{-\lambda x}, & x > 0 \\ 0, & x \leqslant 0 \end{cases}$$

其中 $\lambda > 0$ 是未知参数，$x_1, x_2, \cdots, x_n$ 是来自该总体的一组样本值，求参数 λ 的最大似然估计。

解：① 似然函数为 $L(\lambda) = \prod\limits_{i=1}^{n} f(x_i, \lambda) = \prod\limits_{i=1}^{n} \lambda e^{-\lambda x_i} = \lambda^n e^{-\lambda \sum\limits_{i=1}^{n} x_i}$，对数似然函数为

$\ln L(\lambda) = n \ln \lambda - \lambda \sum\limits_{i=1}^{n} x_i$。

② 求导并令其为 0，$\dfrac{\mathrm{d} \ln L(\lambda)}{\mathrm{d} \lambda} = \dfrac{n}{\lambda} - \sum\limits_{i=1}^{n} x_i = 0$。

③ 解方程得 $\hat{\lambda} = \dfrac{n}{\sum\limits_{i=1}^{n} x_i} = \dfrac{1}{\overline{x}}$ 是唯一驻点。又因为 $\dfrac{\mathrm{d}^2 \ln L(\lambda)}{\mathrm{d} \lambda^2} = -\dfrac{n}{\lambda^2} < 0$，因此 $\hat{\lambda}$ 为 λ 的最大似然估计。

【**例3.8**】设总体 $X \sim N(\mu, \sigma^2)$，$x_1, x_2, \cdots, x_n$ 是 X 的一组样本值，求 μ、σ^2 的最大似然估计。

解：① 似然函数为 $L(\mu, \sigma^2) = \prod\limits_{i=1}^{n} \dfrac{1}{\sqrt{2\pi} \sigma} e^{-\dfrac{(x_i - \mu)^2}{2\sigma^2}} = \dfrac{1}{(2\pi)^{n/2} (\sigma^2)^{n/2}} e^{-\sum\limits_{i=1}^{n} \dfrac{(x_i - \mu)^2}{2\sigma^2}}$，对数似然

函数为 $\ln L(\mu, \sigma^2) = -\sum\limits_{i=1}^{n} \dfrac{(x_i - \mu)^2}{2\sigma^2} - \dfrac{n}{2} \ln(2\pi) - \dfrac{n}{2} \ln(\sigma^2)$。

② 求偏导数并令偏导函数为 0，得方程组为

$$\begin{cases} \left(\dfrac{\partial}{\partial \mu} \ln L\right) = \dfrac{1}{\sigma^2} \sum\limits_{i=1}^{n} (x_i - \mu) = 0 \\ \left(\dfrac{\partial}{\partial (\sigma^2)} \ln L\right) = \dfrac{1}{2(\sigma^2)^2} \sum\limits_{i=1}^{n} (x_i - \mu)^2 - \dfrac{n}{2\sigma^2} = 0 \end{cases}$$

③ 解方程组得唯一驻点，可得 μ、σ^2 的最大似然估计值为

$$\hat{\mu} = \dfrac{1}{n} \sum\limits_{i=1}^{n} x_i = \overline{x}$$

$$\hat{\sigma}^2 = \dfrac{1}{n} \sum\limits_{i=1}^{n} (x_i - \overline{x})^2 = s_n^2$$

μ 和 σ^2 的最大似然估计量为

$$\hat{\mu} = \dfrac{1}{n} \sum\limits_{i=1}^{n} X_i = \overline{X}$$

$$\hat{\sigma}^2 = \dfrac{1}{n} \sum\limits_{i=1}^{n} (X_i - \overline{X}_i)^2 = S_n^2$$

【例3.9】设一批种子的发芽率为$p(0<p<1)$，从中随机抽取85粒做发芽试验，发现有10粒不发芽，试求发芽率p的最大似然估计值。

解：由题意知总体$X \sim B(1,p)$，样品试验结果用X_i表示，$i=1,2,\cdots,n$，则

$$X_i = \begin{cases} 1, & \text{发芽} \\ 0, & \text{不发芽} \end{cases}$$

设$x_1, x_2, \cdots, x_n$是$X_1, X_2, \cdots, X_n$的一组样本观测值，X的分布律为

$$P\{X = x_i\} = p^{x_i}(1-p)^{1-x_i}; \quad x_i = 0,1; \quad i = 1, 2, \cdots, n$$

① 似然函数为

$$L(p) = P\{X=x_1\}P\{X=x_2\}\cdots P\{X=x_n\}$$

$$= p^{x_1}(1-p)^{1-x_1} p^{x_2}(1-p)^{1-x_2} \cdots p^{x_n}(1-p)^{1-x_n}$$

$$= \prod_{i=1}^{n} p^{x_i}(1-p)^{1-x_i} = p^{\sum_{i=1}^{n} x_i}(1-p)^{n-\sum_{i=1}^{n} x_i}$$

对数似然函数为 $\ln L(p) = \sum_{i=1}^{n} x_i \ln p + (n - \sum_{i=1}^{n} x_i) \ln(1-p)$。

② 对p求导为 $\dfrac{\mathrm{d}\ln L(p)}{\mathrm{d}p} = \dfrac{1}{p}\sum_{i=1}^{n} x_i - \dfrac{1}{1-p}(n - \sum_{i=1}^{n} x_i) = 0$。

③ 解方程得驻点$\hat{p} = \dfrac{1}{n}\sum_{i=1}^{n} x_i = \bar{x}$、$\dfrac{\mathrm{d}^2 \ln L(p)}{\mathrm{d}p^2} < 0$，故 $\hat{p} = \bar{x}$ 为p的最大似然估计。

现已知$n=85$、$\sum_{i=1}^{n} x_i = 75$，故次品率p的最大似然估计值为$\hat{p} = \dfrac{75}{85} \approx 0.88$。

【例3.10】设总体$X \sim \pi(\lambda)$（X服从泊松分布），设$x_1, x_2, \cdots, x_n$是来自总体X的一组样本值，求λ的最大似然估计。若已知一组样本值（1,2,2,3,4,4,5），求λ的最大似然估计值。

解：由于$X_i \sim \pi(\lambda)$，则

$$P\{X = x\} = \dfrac{\lambda^x e^{-\lambda}}{x!}, \quad x = 0, 1, 2, \cdots$$

① 似然函数为 $L(\lambda) = \prod_{i=1}^{n} \dfrac{\lambda^{x_i} e^{-\lambda}}{x_i!} = \dfrac{\lambda^{\sum_{i=1}^{n} x_i} e^{-n\lambda}}{\prod_{i=1}^{n} x_i!}$，对数似然函数为

$$\ln L(\lambda) = \sum_{i=1}^{n} x_i \ln \lambda - n\lambda - \sum_{i=1}^{n} \ln x_i!$$

② 似然方程为 $\dfrac{\mathrm{d}\ln L(\lambda)}{\mathrm{d}\lambda} = \dfrac{\sum_{i=1}^{n} x_i}{\lambda} - n = 0$。

③ $\hat{\lambda} = \dfrac{1}{n}\sum_{i=1}^{n} x_i = \bar{x}$ 是唯一驻点，$\dfrac{\mathrm{d}^2\ln L(\lambda)}{\mathrm{d}\lambda^2} = -\dfrac{\sum_{i=1}^{n} x_i}{\lambda^2} < 0$，由此可判断 $\hat{\lambda}$ 是 λ 的最大似然估计量。又因为 $\bar{x} = \dfrac{1}{7}(1+2+2+3+4+4+5) = 3$，所以 $\hat{\lambda} = \bar{x} = 3$ 是 λ 的最大似然估计值。

【例3.11】 设总体 $X \sim U[0,b]$（X 服从均匀分布），$b>0$ 未知。若 $x_1, x_2, \cdots, x_n$ 是来自该总体的一组样本值，求 b 的最大似然估计；若已知组样本值（1，2，1，3，5），求 b 的最大似然估计值。

解：X 的概率密度为

$$f(x,b) = \begin{cases} \dfrac{1}{b}, & 0 \leqslant x \leqslant b,\ b>0 \\ 0, & \text{其他} \end{cases}$$

则似然函数为

$$L(b) = \prod_{i=1}^{n} f(x_i, b) = \begin{cases} \dfrac{1}{b^n}, & b \geqslant \max(x_1, x_2, \cdots, x_n) \\ 0, & 0 < b < \max(x_1, x_2, \cdots, x_n) \end{cases}$$

对数似然函数为 $\ln L(b) = -n\ln b$，$\dfrac{\mathrm{d}\ln L}{\mathrm{d}b} = -\dfrac{n}{b} \neq 0$ 无解，所以要用定义求解该问题。

由似然函数 L 可知，b 取 $\hat{b} = \max(x_1, x_2, \cdots, x_n)$ 时，可使 L 最大，所以 $\hat{b} = \max(x_1, x_2, \cdots, x_n)$ 是 b 的最大似然估计。

若已知一组样本值（1，2，1，3，5），由上面结论可得 $\hat{b} = 5$ 是 b 的最大似然估计值。

3.1.2.3 未知参数的函数的最大似然估计

设总体 X 的分布类型已知，其概率密度（或概率函数）为 $f(x, \theta_1, \theta_2, \cdots, \theta_k)$，未知参数的函数为 $g(\theta_1, \theta_2, \cdots, \theta_k)$，若 $\hat{\theta}_1, \hat{\theta}_2, \cdots, \hat{\theta}_k$ 分别是 $\theta_1, \theta_2, \cdots, \theta_k$ 的最大似然估计，则规定 $g(\hat{\theta}_1, \hat{\theta}_2, \cdots, \hat{\theta}_k)$ 为 $g(\theta_1, \theta_2, \cdots, \theta_k)$ 的最大似然估计。

【例3.12】 已知某农作物亩产量 $X \sim N(\mu, \sigma^2)$，参数未知，若抽得一组样本值为1067、919、1196、785、1126、936、918、1156、920、948，求 μ、σ^2、$P\{X>1300\}$ 的最大似然估计。

解：由例3.8知，$\hat{\mu} = \bar{X}$、$\hat{\sigma}^2 = S_n^2$ 分别是 μ、σ^2 的最大似然估计量。将样本值代入，

可知 $\hat{\mu} = \frac{1}{10}\sum_{i=1}^{10} X_i = 997.1$、$\hat{\sigma}^2 = S_n^2 = \frac{1}{10}\sum_{i=1}^{10}(X_i - \overline{X})^2 = 15\,574.3$，分别是 μ、σ^2 的最大似然估计值，可知 $\hat{\sigma} = 124.6$ 是 σ 的最大似然估计值。

易知 $P\{X > 1300\} = 1 - P\{X \le 1300\} = 1 - \Phi\left(\dfrac{1300 - \mu}{\sigma}\right)$，所以

$$\hat{P}\{X > 1300\} = 1 - \Phi\left(\dfrac{1300 - \hat{\mu}}{\hat{\sigma}}\right)$$

$$= 1 - \Phi(2.427) = 1 - 0.9924 = 0.0076$$

0.0076 是 $P\{X > 1300\}$ 的最大似然估计值。

一般来说，同一个参数用矩估计法和最大似然估计法求得的估计量未必相同，也就是说用不同的估计方法可能会得到不同的估计量，那么哪一个估计量更好呢？下面讨论估计量优良的评价标准。

3.2 估计量的评选标准

评价一个估计量的好坏，不能仅仅依据一次试验的结果，而必须由多次试验结果来衡量，一个好的估计应该在多次重复试验中体现出良好的稳健性。下面将介绍衡量估计量的3个评价标准：无偏性、有效性和相合性。

3.2.1 无偏性

估计量是随机变量，不同的样本值会得到不同的估计值。我们希望相应的估计值在未知参数的真值附近摆动，它的均值与未知参数的真值的偏差越小越好。如果大量重复独立试验，得到的估计值平均起来等于未知参数的真值，表明这种估计量没有系统偏差，这种性质称为无偏性。

定义3.4 设 $\hat{\theta}(X_1,\cdots,X_n)$ 是未知参数 θ 的估计量，若 $E(\hat{\theta}) = \theta$，则称 $\hat{\theta}$ 为 θ 的无偏估计量。否则称为有偏估计，其偏差 $b_n = E(\hat{\theta}) - \theta$。如果 $\lim\limits_{n\to\infty} E(\hat{\theta}) = \theta$，则称 $\hat{\theta}$ 为 θ 的渐近无偏估计量。

【**例3.13**】设 $X_1, X_2, \cdots, X_n$ 是来自总体 X 的样本，且 $E(X) = \mu$，问：$\hat{\mu}_1 = \dfrac{1}{2}X_1 + \dfrac{3}{8}X_2 + \dfrac{1}{8}X_3$、$\hat{\mu}_2 = \dfrac{1}{3}X_1 + \dfrac{3}{4}X_2 - \dfrac{1}{12}X_3$ 两个估计是否为 μ 的无偏估计？

解： $$E(\hat{\mu}_1) = E\left(\frac{1}{2}X_1 + \frac{3}{8}X_2 + \frac{1}{8}X_3\right) = \frac{1}{2}E(X_1) + \frac{3}{8}E(X_2) + \frac{1}{8}E(X_3)$$
$$= \frac{1}{2}\mu + \frac{3}{8}\mu + \frac{1}{8}\mu = \mu$$

故 $\hat{\mu}_1$ 是 μ 的无偏估计。同理可得 $E(\hat{\mu}_2) = \mu$。因此可知 $\hat{\mu}_2$ 也是 μ 的无偏估计。

【例3.14】 设总体 X 的二阶矩存在，$E(X) = \mu$、$D(X) = \sigma^2$ 存在，试证明：

① 样本均值 $\bar{X}$ 是 μ 的无偏估计；

② 样本方差 S^2 是 σ^2 的无偏估计；

③ 样本二阶中心矩 $B_2 = S_n^2$ 不是 σ^2 的无偏估计，是 σ^2 的渐近无偏估计。

证明： ① 因为 $E(\bar{X}) = E\left(\frac{1}{n}\sum_{i=1}^{n} X_i\right) = \frac{1}{n}\sum_{i=1}^{n} E(X_i) = \frac{1}{n}\sum_{i=1}^{n} \mu = \mu$，所以 $\bar{X}$ 是 μ 的无偏估计。

② 因为
$$E\left(\sum_{i=1}^{n}(X_i - \bar{X})^2\right) = E\left(\sum_{i=1}^{n} X_i^2 - n\bar{X}^2\right) = \sum_{i=1}^{n} E(X_i^2) - nE(\bar{X}^2)$$
$$= \sum_{i=1}^{n}(\sigma^2 + \mu^2) - n\left(\frac{\sigma^2}{n} + \mu^2\right) = (n-1)\sigma^2$$

$$E(S^2) = E\left(\frac{1}{n-1}\sum_{i=1}^{n}(X_i - \bar{X})^2\right) = \frac{1}{n-1}E\left(\sum_{i=1}^{n}(X_i - \bar{X})^2\right) = \frac{1}{n-1}(n-1)\sigma^2 = \sigma^2$$

所以 S^2 是 σ^2 的无偏估计。

③ 因为 $E(S_n^2) = E\left(\frac{1}{n}\sum_{i=1}^{n}(X_i - \bar{X})^2\right) = \frac{1}{n}(n-1)\sigma^2 \neq \sigma^2$，所以 S_n^2 不是 σ^2 的无偏估计；

又因为 $\lim_{n \to \infty} E(S_n^2) = \lim_{n \to \infty} E\left(\frac{1}{n}\sum_{i=1}^{n}(X_i - \bar{X})^2\right) = \lim_{n \to \infty} \frac{1}{n}(n-1)\sigma^2 = \sigma^2$，所以 S_n^2 是 σ^2 的渐近无偏估计。

在实际应用中，当 n 很大时，有时用 S_n^2 估计 σ^2，有时用 S^2 估计 σ^2。

注意： 若 $\hat{\theta}$ 为 θ 的无偏估计，$g(\theta)$ 是 θ 的函数，则 $g(\hat{\theta})$ 不一定是 $g(\theta)$ 的无偏估计。例如，$\bar{X}$ 是 $E(X) = \mu$ 的无偏估计，$\bar{X}^2$ 不是 μ^2 的无偏估计，原因为

$$E(\bar{X}^2) = D(\bar{X}) + E^2(\bar{X}) = \frac{\sigma^2}{n} + \mu^2 \neq \mu^2$$

【例3.15】 从均值为60、标准差为10的正态总体中，随机抽取10000个样本容量为99的样本，分别计算每个样本的均值和方差，观察这些值与总体参数的接近程度。

R实现的程序和结果如下：

#创建向量
```
>m<-vector()
>s2<-vector()
>set.seed(123)
```
#随机产生10000个样本,每个样本的容量为99且服从均值为60、标准差为10的正态分布,并计算每个样本的均值和方差
```
>for(i in 1:10000){
                x<-rnorm(99,60,10)
                m<-append(m,mean(x))
                s2<-append(s2,var(x))}
```
#计算所有样本均值和方差的平均值
```
>data.frame(mean(m),mean(s2))
    mean.m.      mean.s2.
 1  59.99486     99.97439
```

解释:

函数set.seed()产生随机数,其中的种子数字可以是任意一个整数,其作用是设置随机数的起点,每次生成随机数时都将按照这个起点进行计算,所以只要每次使用相同的种子数字,就可以保证生成的随机数是相同的,计算结果也是相同的。函数append()是往向量中添加元素。

从上面的结果可以看出,10000个样本的均值比较接近总体参数的真值60,样本方差的平均值为99.97439,与真值100非常接近。

如例3.13中,若$\hat{\theta}_1$和$\hat{\theta}_2$都是参数θ的无偏估计量,哪个估计量更有效呢?应该选择对θ估计波动程度较小的估计量,可以通过比较$D(\hat{\theta}_2)$和$D(\hat{\theta}_1)$的大小来决定二者谁更优,这就是有效性标准。

3.2.2 有效性

定义3.5 设$\hat{\theta}_1 = \theta_1(X_1,\cdots,X_n)$和$\hat{\theta}_2 = \theta_2(X_1,\cdots,X_n)$均是参数$\theta$的无偏估计量,若$D(\hat{\theta}_1) < D(\hat{\theta}_2)$,则称$\hat{\theta}_1$较$\hat{\theta}_2$有效,即参数的无偏估计量中,离散程度较小的估计量是较有效的。

【**例3.16**】设$X_1,X_2,\cdots,X_n$是来自总体X的样本,且$E(X)=\mu$,比较$\hat{\mu}_1 = \frac{1}{2}X_1 + \frac{3}{8}X_2 + \frac{1}{8}X_3$与$\hat{\mu}_2 = \frac{1}{3}X_1 + \frac{3}{4}X_2 - \frac{1}{12}X_3$两个估计量哪个更有效。

解： 可以证明 $E(\hat{\mu}_1) = E(\hat{\mu}_2) = \mu$，即 $\hat{\mu}_1$，$\hat{\mu}_2$ 都是 μ 的无偏估计。

$$D(\hat{\mu}_1) = D\left(\frac{1}{2}X_1 + \frac{3}{8}X_2 + \frac{1}{8}X_3\right) = \left(\frac{1}{4} + \frac{9}{64} + \frac{1}{64}\right)D(X) = 0.4062D(X)$$

$$D(\hat{\mu}_2) = D\left(\frac{1}{3}X_1 + \frac{3}{4}X_2 - \frac{1}{12}X_3\right) = \left(\frac{1}{9} + \frac{9}{16} + \frac{1}{144}\right)D(X) = 0.6806D(X)$$

因为 $D(\hat{\mu}_1) < D(\hat{\mu}_2)$，所以 $\hat{\mu}_1$ 比 $\hat{\mu}_2$ 有效。

定义3.6 设 $\hat{\theta}_1(X_1, \cdots, X_n)$ 与 $\hat{\theta}_2(X_1, \cdots, X_n)$ 是参数 θ 的两个估计量，如果 $E(\hat{\theta}_1 - \theta)^2 \leq E(\hat{\theta}_2 - \theta)^2$ 且存在不等式严格成立的情况，那么称在均方误差意义下，$\hat{\theta}_1$ 优于 $\hat{\theta}_2$，称 $E(\hat{\theta}_i - \theta)^2$ 为 $\hat{\theta}$ 的均方误差，常记作 MSE（mean square error），其开方后得到均方根误差，记作 RMSE（root mean square error）。

可以证明：$MSE(\hat{\theta}) = D(\hat{\theta}) + [E(\hat{\theta}) - \theta]^2$，当 $\hat{\theta}$ 是 θ 的无偏估计时，均方误差就是方差；当 $\hat{\theta}$ 不是 θ 的无偏估计时，均方误差不仅和估计量的方差有关，还和其偏差大小有关，因此均方误差是评价点估计的一般标准，通常希望均方误差越小越好。

另外，我们希望随着样本容量的增大，一个估计量的值稳定于待估计的参数（真值），这是符合统计规律的，由此引出估计量的相合性要求。

3.2.3　相合性

定义3.7 设 $\hat{\theta}$ 为未知参数 θ 的估计量，若对任意给定的 $\varepsilon > 0$，都有 $\lim\limits_{n \to \infty} p\{|\hat{\theta} - \theta| < \varepsilon\} = 1$，则称 $\hat{\theta}$ 为参数 θ 的相合估计量，即随着样本量的无限增大，估计量与真值逐渐"合"在一起了。

通俗地讲，一个大样本得到的估计量更接近于总体参数。前面已经讨论过，样本均值是总体均值的估计量，样本的标准误为 $S_{\bar{x}} = S/\sqrt{n}$，随着样本容量的增加，$S_{\bar{x}}$ 的值就越小，样本均值就更接近于总体的均值，因此样本均值是总体均值的相合估计量。相合性是对一个估计量的基本要求，若估计量不具有相合性，那么样本容量即使取得再大，也不能较准确地估计参数，这样的估计量是不可取的。

【例3.17】 样本均值对总体均值估计的相合性的模拟。

R程序和结果如下：

```
>set.seed(1)              #用于设定随机数种子
>N<-rnorm(1000,60,10)     #生成样本容量为1000的服从正态分布的样本
>mu<-mean(N)              #将N看成总体，求总体的均值
#从N中无放回抽取10个样品，求样本均值
```

```
>x.10<-mean(sample(N,10,replace=F))
#从N中无放回抽取100个样品，求样本均值
>x.100<-mean(sample(N,100,replace=F))
#从N中无放回抽取500个样品，求样本均值
>x.500<-mean(sample(N,500,replace=F))
#从N中无放回抽取900个样品，求样本均值
>x.900<-mean(sample(N,900,replace=F))
>data.frame(均值=c(mu,x.10,x.100,x.500,x.900) )
```

mu	x.10	x.100	x.500	x.900
59.88352	67.21366	58.99243	59.64257	59.80140

```
#与总体参数的差值
>data.frame(d10=abs(x.10-mu),d100=abs(x.100-mu),d500=abs(x.500-mu),d900=abs(x.900-mu))
```

d10	d100	d500	d900
7.330083	-0.8910887	-0.2409461	-0.08211471

解释：

从上面输出结果可以看出，样本量为10、100、500和900时均值分别为67.2137、58.99243、59.64257和59.80140，总体的均值为59.88352；随着样本量的增加，样本均值更加接近于总体均值，当样本量增加到900时，样本均值和总体均值最为接近，绝对误差仅有0.08211471。

3.3 区间估计

矩估计法和最大似然估计法是两种经典的点估计法，点估计仅是参数的近似值，这种结果使用起来把握不大，它有可能比真值大，也有可能比真值小。我们希望在得到参数点估计的基础上，根据样本确定一个范围，同时给出这个范围包含参数真值的可信程度，这样的估计显然更有实用价值。因此本节要引入另一类估计法——区间估计。在区间估计理论中，被广泛应用的是波兰统计学家奈曼（J. Neymann）于1934年提出的置信区间。

3.3.1 置信区间的定义

定义3.8 设$X_1, X_2, \cdots, X_n$为来自总体X的一个样本，θ为总体的未知参数。若对于给定$\alpha(0<\alpha<1)$，存在统计量$\hat{\theta}_1 = \hat{\theta}_1(X_1, X_2, ..., X_n)$和$\hat{\theta}_2 = \hat{\theta}_2(X_1, X_2, ..., X_n)$，使$P\{\hat{\theta}_1 < \theta < \hat{\theta}_2\} = 1-\alpha$，则称随机区间$(\hat{\theta}_1, \hat{\theta}_2)$为参数$\theta$的置信度为$1-\alpha$的置信区间，$\hat{\theta}_1$、$\hat{\theta}_2$分别为置信

下限和上限，$1-\alpha$为置信度或置信水平，$\hat{\theta}_2 - \hat{\theta}_1 \stackrel{记}{=} L$为区间长度。

3.3.2 构造置信区间的方法

3.3.2.1 枢轴变量法

①从未知参数θ的较优点估计$\hat{\theta}$出发。

②围绕$\hat{\theta}$构造一个依赖于样本和θ的函数$U = U(X_1, X_1, \cdots, X_n; \theta)$，$U$的分布已知，这个函数称为枢轴变量。

③给定置信度$1-\alpha$，确定c和d，使$P\{c < U < d\} = 1-\alpha$。

④对不等式作恒等变形后化为：$P\{\hat{\theta}_1 < \theta < \hat{\theta}_2\} = 1-\alpha$，此时，称$(\hat{\theta}_1, \hat{\theta}_2)$为参数$\theta$的置信度为$1-\alpha$的置信区间。

3.3.2.2 确定c和d

设U的概率密度函数为$f(x)$，需要确定两个数c和d，使得曲线$f(x)$下的面积为$1-\alpha$，由此可以确定一个置信度为$1-\alpha$的置信区间。我们总是希望置信区间的长度尽可能短。

若U的概率密度函数为单峰且对称，如标准正态分布和t分布，当$c = -d$时求得的置信区间的长度为最短，为

$$P\{c < U < d\} = P\{-d < U < d\} = P\{|U| < d\} = 1-\alpha$$

即$P\{U \geqslant d\} = \alpha/2, P\{U \leqslant -d\} = \alpha/2$，假设$U$服从标准正态分布，则$d = z_{\alpha/2}$，如图3.1所示。

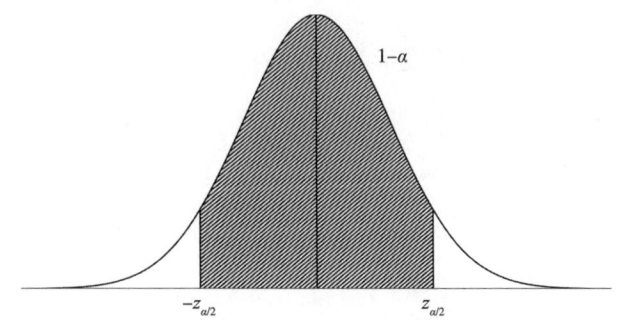

图3.1 标准正态分布置信区间的示意图

当U的概率密度函数为不对称的情形时，如χ^2分布和F分布，习惯按下面的方法确定c、d的值：

例如，若$U \sim \chi^2(n)$、$P\{c < U < d\} = 1-\alpha$，往往也选取取$P\{U \geqslant d\} = \alpha/2$且$P\{U \leqslant c\} = \alpha/2$，可得$d = \chi^2_{\alpha/2}(n)$、$c = \chi^2_{1-\alpha/2}(n)$，如图3.2所示。

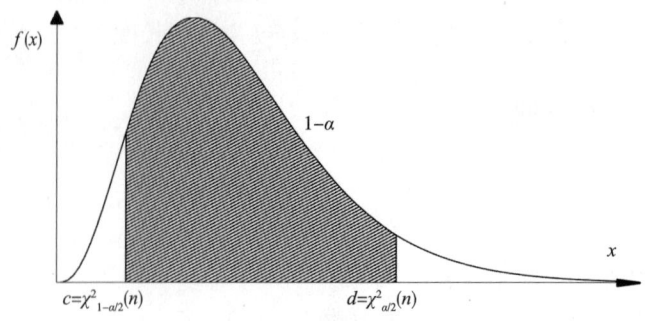

图3.2 χ^2分布置信区间示意图

下面介绍求置信区间的思路和有关概念。

【例3.18】某地为调查某种农作物的平均亩产量,随机访问了100位农户,得知平均亩产量 $\bar{x} = 80$(kg)。假定该作物的亩产量服从正态分布 $N(\mu, 12^2)$,求该农作物平均亩产量 μ 的置信度为0.95的置信区间。

解:设该农作物亩产量为 X,且 $X \sim N(\mu, 12^2)$。

① 找 μ 的点估计为 $\hat{\mu} = \bar{X}$。

② 为使 $P\{|\bar{X} - \mu| < k\} = 1 - \alpha = 95\%$,要找关于 $\bar{X}$ 与 μ 的函数且知其分布。由于 $\dfrac{\bar{X} - \mu}{\sigma/\sqrt{n}} \sim N(0,1)$,当 σ^2 已知时,选择 $U = \dfrac{\bar{X} - \mu}{\sigma/\sqrt{n}}$ 为枢轴变量。对于给定的 $1 - \alpha = 0.95$,易知 $P\left\{\dfrac{|\bar{X} - \mu|}{\sigma/\sqrt{n}} < z_{\alpha/2}\right\} = 1 - \alpha$。

③ 将不等式 $\dfrac{|\bar{X} - \mu|}{\sigma/\sqrt{n}} < z_{\alpha/2}$ 等价变形为

$$\bar{X} - z_{\alpha/2} \sigma/\sqrt{n} < \mu < \bar{X} + z_{\alpha/2} \sigma/\sqrt{n}$$

记作 $\bar{X} - z_{\alpha/2} \sigma/\sqrt{n} = \hat{\theta}_1$,$\bar{X} + z_{\alpha/2} \sigma/\sqrt{n} = \hat{\theta}_2$。$\hat{\theta}_1$、$\hat{\theta}_2$ 是样本的函数,区间 $(\hat{\theta}_1, \hat{\theta}_2)$ 为置信区间,$z_{\alpha/2} \sigma/\sqrt{n} = d$ 为区间半径。

若给一个样本值,代入则可得到一个置信区间,如本例 $\hat{\theta}_1 = 80 - z_{0.025} \dfrac{12}{\sqrt{100}} = 77.6$(kg),$\hat{\theta}_2 = 80 + z_{0.025} \dfrac{12}{\sqrt{100}} = 82.4$(kg),即该农作物平均亩产量的置信度为0.95的置信区间为(77.6, 82.4)。

下面进一步说明置信度的含义和区间估计的精度。

1. 置信度的含义

频率观点的解释:假设置信度为0.95,若进行100次抽样,且每次的样本容量相同,可获得100个置信区间，这些区间要么包含参数的真值，要么不包含，则这100个区间中约有95个包含真值μ。

2. 区间估计的精度

区间估计的精度可以用置信度和区间长度两个量来衡量，置信区间的区间长度L反映了估计的精度，L越小，估计的精度就越高；置信度$1-\alpha$反映了估计的可靠性，增加$1-\alpha$，估计的可靠性提高。

以正态总体（方差σ^2已知）均值μ的置信区间为例：

$\left(\bar{X}-z_{\alpha/2}\sigma/\sqrt{n}, \bar{X}+z_{\alpha/2}\sigma/\sqrt{n}\right)$的区间长度$L$为$\dfrac{2\sigma}{\sqrt{n}}z_{\alpha/2}$，如取$1-\alpha=0.95$，

$z_{\alpha/2}=z_{0.025}=1.96$，$L_1=2\times 1.96\dfrac{12}{\sqrt{100}}$；

若取$1-\alpha=0.99$，$z_{\alpha/2}=z_{0.005}=2.58$，$L_2=2\times 2.58\dfrac{12}{\sqrt{100}}$。

当$1-\alpha$从0.95增加到0.99时，置信区间的区间长度由L_1增加到L_2，即随着$1-\alpha$的增加（可靠性增加），估计的精度会降低。

因此在不改变置信水平的条件下，要想减小置信区间的区间长度，就只有增大样本容量。在求参数的置信区间时，一般先保证可靠性，在保证可靠性的基础上，再通过增大样本容量提高估计精度。

3.3.3 正态总体参数的区间估计

3.3.3.1 单个正态总体参数的区间估计

①$X\sim N(\mu,\sigma^2)$，方差σ^2已知，μ的置信度为$1-\alpha$的置信区间为

$$\left(\bar{X}-z_{\alpha/2}\dfrac{\sigma}{\sqrt{n}},\ \bar{X}+z_{\alpha/2}\dfrac{\sigma}{\sqrt{n}}\right) \tag{3.6}$$

选取的枢轴变量为$\dfrac{\bar{X}-\mu}{\sigma/\sqrt{n}}$。

②$X\sim N(\mu,\sigma^2)$，若方差σ^2未知，易知μ的置信度为$1-\alpha$的置信区间为

$$\left(\bar{X}-t_{\alpha/2}(n-1)\dfrac{S}{\sqrt{n}},\ \bar{X}+t_{\alpha/2}(n-1)\dfrac{S}{\sqrt{n}}\right) \tag{3.7}$$

选取的枢轴变量$\dfrac{\bar{X}-\mu}{S/\sqrt{n}}$。

③$X \sim N(\mu, \sigma^2)$，方差σ^2的置信度为$1-\alpha$的置信区间为

$$\left(\frac{(n-1)S^2}{\chi^2_{\alpha/2}(n-1)}, \frac{(n-1)S^2}{\chi^2_{1-\alpha/2}(n-1)}\right) \quad (3.8)$$

求解步骤如下：

选取σ^2的无偏估计$\hat{\sigma}^2 = S^2$；

取枢轴变量$\frac{(n-1)S^2}{\sigma^2} \sim \chi^2(n-1)$；

给定置信度$1-\alpha$，由$p\{\chi^2_{1-\alpha/2}(n-1) < \frac{(n-1)S^2}{\sigma^2} < \chi^2_{\alpha/2}(n-1)\} = 1-\alpha$可得$\sigma^2$的置信度为$1-\alpha$的置信区间为

$$\left(\frac{(n-1)S^2}{\chi^2_{\alpha/2}(n-1)}, \frac{(n-1)S^2}{\chi^2_{1-\alpha/2}(n-1)}\right)$$

【例3.19】假定仔鼠的体重服从正态分布$N(\mu, \sigma^2)$，现从中随机抽取12只，测得体重（g）为：16.1、13.5、8.8、9、13.1、14、12.2、10.5、12、11、10、12.9。

①若$\sigma^2 = 4$，求μ的置信度为0.95的置信区间；
②若σ^2未知，求μ的置信度为0.95的置信区间；
③求方差σ^2的置信度为0.95的置信区间。

解：①由给定样本值数据计算得$\bar{x} = \frac{1}{12}\sum_{i=1}^{12}x_i = 11.925$；由$1-\alpha = 0.95$知$\alpha = 0.05$，查附表一得$z_{\alpha/2} = z_{0.025} = 1.96$。

由式3.6可得，μ的置信度为0.95的置信区间为$\left(\bar{X} - z_{0.025}\frac{\sigma}{\sqrt{n}}, \bar{X} + z_{0.025}\frac{\sigma}{\sqrt{n}}\right)$，代入数据得$\left(11.925 - 1.96 \times \frac{2}{3.464}, 11.925 + 1.96 \times \frac{2}{3.464}\right)$，化简可得(10.793, 13.057)。

②由样本数据得$\bar{x} = 11.925$，$s^2 = \frac{1}{11}\sum_{i=1}^{12}(x_i - \bar{x})^2 = 4.686$, $s = 2.165$；方差未知，选取枢轴变量为$T = \frac{\bar{X} - \mu}{S/\sqrt{6}} \sim t(11)$，查附表二得$t_{0.025}(11) = 2.201$。

由式3.7可得，μ的置信度为0.95的置信区间为$\left(\bar{X} - \frac{S}{\sqrt{12}}t_{0.025}(11), \bar{X} + \frac{S}{\sqrt{12}}t_{0.025}(11)\right)$，代入数据化简可得(10.550, 13.300)。

③选取枢轴量 $K = \dfrac{11S^2}{\sigma^2} \sim \chi^2(11)$；查附表三得 $\chi^2_{0.025}(11) = 21.920$，$\chi^2_{0.975}(11) = 3.816$，$S^2 = 4.686$。

由式3.8可得，σ^2的置信度为0.95的置信区间为 $\left(\dfrac{11S^2}{\chi^2_{0.025}(11)}, \dfrac{11S^2}{\chi^2_{0.975}(11)}\right)$，代入数据化简可得(2.351, 13.508)。

该问题的R程序和结果为：

#方差已知，单个正态总体均值的置信区间
>library(BSDA)
>weight<-c(16.1,13.5,8.8,9,13.1,14,12.2,10.5,12,11,10,12.9)
#conf.level定义置信度
>z.test(weight,sigma.x=2,conf.level=0.95)$conf.int
    [1] 10.79341 13.05659
    attr(,'conf.level')
    [1] 0.95

#方差未知，单个正态总体均值的置信区间
>t.test(weight)$conf.int
    [1] 10.54965 13.30035
    attr(,'conf.level')
    [1] 0.95

#单个正态总体方差的置信区间
>library(TeachingDemos)
>sigma.test(weight,conf.level=0.95)$conf.int
    [1] 2.351386 13.507836
    attr(,'conf.level')
    [1] 0.95

3.3.3.2 两个正态总体均值差和方差比的区间估计

假设两个独立的总体 $X \sim N(\mu_1, \sigma_1^2)$ 和 $Y \sim N(\mu_2, \sigma_2^2)$，$X_1, X_2, \cdots, X_{n_1}$ 和 $Y_1, Y_2, \cdots, Y_{n_2}$ 分别为来自两个总体的样本，$\bar{X}$ 和 $\bar{Y}$ 分别为两个样本的均值，S_1^2 和 S_2^2 分别为两个样本的方差，下面讨论两个正态总体均值差和方差比的置信区间。

1. 两个独立正态总体均值差的置信区间

（1）σ_1^2、σ_2^2 已知。

由于 $\hat{\mu}_1 = \bar{X}$、$\hat{\mu}_2 = \bar{Y}$、$\hat{\mu}_1 - \hat{\mu}_2 = \bar{X} - \bar{Y}$，由第二章知

$$U = \frac{(\bar{X} - \bar{Y}) - (\mu_1 - \mu_2)}{\sqrt{\frac{\sigma_1^2}{n_1} + \frac{\sigma_2^2}{n_2}}} \sim N(0,1)$$

给定置信度 $1 - \alpha$，易知 $P\{|U| < z_{\alpha/2}\} = 1 - \alpha$，可得 $\mu_1 - \mu_2$ 的置信度为 $1 - \alpha$ 的置信区间为

$$\left((\bar{X} - \bar{Y}) - z_{\alpha/2} \sqrt{\frac{\sigma_1^2}{n_1} + \frac{\sigma_2^2}{n_2}}, \ (\bar{X} - \bar{Y}) + z_{\alpha/2} \sqrt{\frac{\sigma_1^2}{n_1} + \frac{\sigma_2^2}{n_2}} \right) \quad (3.9)$$

（2）$\sigma_1^2 = \sigma_2^2 = \sigma^2$ 未知。

由第二章知

$$T = \frac{\bar{X} - \bar{Y} - (\mu_1 - \mu_2)}{S_w \sqrt{\frac{1}{n_1} + \frac{1}{n_2}}} \sim t(n_1 + n_2 - 2)$$

式中，$S_w = \sqrt{\dfrac{(n_1 - 1) S_1^2 + (n_2 - 1) S_2^2}{n_1 + n_2 - 2}}$。

给定置信度 $1 - \alpha$，根据 t 分布的对称性知 $P\{|T| < t_{\alpha/2}\} = 1 - \alpha$，可得 $\mu_1 - \mu_2$ 的置信度为 $1 - \alpha$ 的置信区间为

$$\left((\bar{X} - \bar{Y}) - t_{\alpha/2}(n_1 + n_2 - 2) S_w \sqrt{\frac{1}{n_1} + \frac{1}{n_2}}, \ (\bar{X} - \bar{Y}) + t_{\alpha/2}(n_1 + n_2 - 2) S_w \sqrt{\frac{1}{n_1} + \frac{1}{n_2}} \right) \quad (3.10)$$

两个正态总体均值差的置信区间 (A, B) 的实际意义也可用于比较 μ_1、μ_2 的大小：

若 $A > 0$，则以 $1 - \alpha$ 置信度认为 $\mu_1 > \mu_2$；

若 $B < 0$，则以 $1 - \alpha$ 置信度认为 $\mu_1 < \mu_2$；

若 (A, B) 包含 0，则无法比较 μ_1 和 μ_2 的大小。

【例3.20】为比较甲、乙两个小麦品种的产量，现选取18块条件相似的试验田，采取相同的耕作方法做试验，甲、乙两品种分别播种了8块和10块试验田，每亩产量（kg）分别为：

甲品种：628、583、510、554、612、523、530、615。

乙品种：535、433、398、470、567、480、498、560、503、426。

假设两个小麦品种的产量均服从正态分布，且满足方差齐性，试求两个品种平均产量差的置信度为0.95的置信区间。

解：设甲品种总体为 $X \sim N(\mu_1, \sigma_1^2)$，乙品种总体为 $Y \sim N(\mu_2, \sigma_2^2)$。

由题设条件知 $n_1 = 8$，$n_2 = 10$、$\sigma_1^2 = \sigma_2^2 = \sigma^2$ 未知、$1 - \alpha = 0.95$，可知 $\alpha = 0.05$、

$n_1 + n_2 - 2 = 16$、$t_{0.025}(16) = 2.1199$。

经计算得 $\bar{x} = 569.375$，$\bar{y} = 487.00$，$S_x^2 = 2140.55$，$S_y^2 = 3256.22$，以及

$$s_w = \sqrt{\frac{1}{16}[(8-1) \times 2140.55 + (10-1) \times 3256.22]} = 52.613$$

故 $\mu_1 - \mu_2$ 的置信度为 0.95 的置信区间为

$$\left((\bar{x} - \bar{y}) \pm s_w t_{a/2}(n_1 + n_2 - 2) \sqrt{\frac{1}{n_1} + \frac{1}{n_2}} \right)$$

代入数据得

$$\left(569.375 - 487.00 \pm 52.613 \times 2.1199 \times \sqrt{\frac{1}{8} + \frac{1}{10}} \right)$$

即 $\mu_1 - \mu_2$ 的置信度为 0.95 的置信区间为 (29.47, 135.28)。因为 $\mu_1 - \mu_2$ 的置信下限 29.47 > 0，故以 0.95 的置信度认为 $\mu_1 > \mu_2$。

该问题的R程序和结果为：

```
>x<-c(628,583,510,554,612,523,530,615)
>y<-c(535,433,398,470,567,480,498,560,503,426)
#方差满足齐性
>t.test(x,y,var.equal=T)$conf.int
[1] 29.46961 135.28039
attr(,'conf.level')
[1] 0.95
```

我们可以画出每个变量的均值条形图，并将置信区间作为误差棒的上下边沿，通过观察置信区间是否有重叠，可以判断两组数据的均值在一定置信度下的差异性。

该问题的R程序和结果为：

```
#首先计算标准差和标准误
>library(psych)
>describe(x)
  n   mean    sd  median trimmed   mad  min  max range skew kurtosis    se
  8 569.38 46.27  568.5  569.38 65.98  510  628   118    0    -1.94 16.36
>describe(y)
  n  mean   sd median trimmed   mad min max range  skew kurtosis    se
 10  487 57.06    489  488.12 75.61 398 567  1169 -0.04    -1.49 18.05
```

```r
>library(ggplot2)
#构造绘图所用的数据集，ci_low为置信下限，ci_up为置信上限
>da<-data.frame(mean=c(569.375,487),
  ci_low=c(569.375-16.36*qt(0.975,7),487-18.05*qt(0.975,9)),
  ci_up=c(569.375+16.36*qt(0.975,7),487+18.05*qt(0.975,9)),
  group=c('甲','乙'))
#绘制均值条形图，误差棒用置信区间表示（图3.3）
>ggplot(da,aes(x=group,y=mean,fill=factor(group)))+
  geom_bar(stat='identity',width=0.5,show.legend=F,col='black')+
  labs(x='小麦品种',y='平均产量',size=15,hjust=0.5)+
  scale_y_continuous(expand=c(0,0),limits=c(0,650))+
  geom_errorbar(aes(ymin=ci_low,ymax=ci_up),width=0.1,position=
  position_dodge(0.5))+labs(title='mean plot')+#加标题
  theme(plot.title=element_text(size=15,face='bold'))+
  #标题字的大小、类型
  geom_hline(aes(yintercept=538),col='black',linetype='dashed')+
  #画水平虚线
  theme_classic()+#设置背景
  theme(plot.title=element_text(hjust=0.5))#标题居中
```

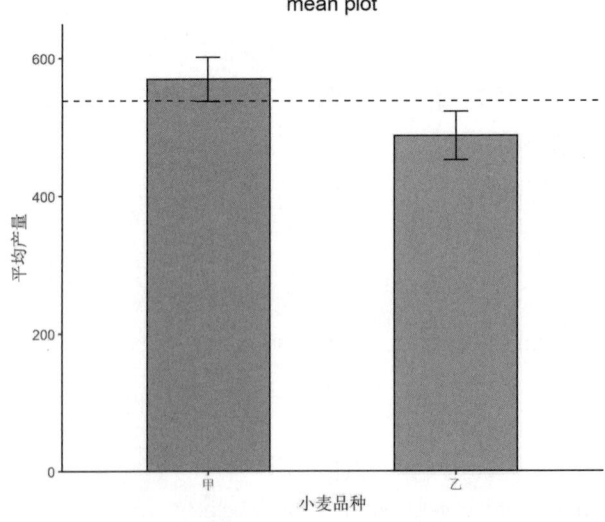

图3.3 均值条形图

程序说明：

本问题利用ggplot2包中的函数geom_bar()画条形图，条形图的高度通常表示下面两种情况之一：每组中的数据的个数，或数据框中变量的值。stat = 'count'表示每个条的高度等于每组中数据的个数，此时不能设置映射函数aes()中的y参数。stat = 'identity'表示条形的高度是数据的值，此时数据的值是由aes()函数的y参数决定的。width指条形的宽度，show.legend指是否显示图例，col指条形的边界颜色。函数labs(x, y)用来修改x轴和y轴的标题，也可以用来设置标题、子标题和字幕。

输出结果分析：

通常误差棒的上下边沿的表示法有两种：一是mean±sd可以描述数据的离散程度；二是mean±ci；显示置信区间，可以观察均值的差异性。从图3.3来看，两个变量的置信度为0.95的置信区间没有重叠部分，且甲品种的置信下限大于乙品种的置信上限，因此以0.95的置信度认为$\mu_甲 > \mu_乙$。如果用mean±sd表示误差棒的上下边沿，可以表示数据的离散程度，程序部分在函数geom_errorbar()中做相应改动，设置ymin = mean - sd，ymax = mean + sd即可。

2. 方差比σ_1^2/σ_2^2的置信度为$1-\alpha$的置信区间

选择枢轴变量$F = \dfrac{S_1^2/\sigma_1^2}{S_2^2/\sigma_2^2} = \dfrac{S_1^2/S_2^2}{\sigma_1^2/\sigma_2^2} \sim F(n_1-1, n_2-1)$；

给定置信度$1-\alpha$，使$P\{F_{1-\alpha/2}(n_1-1,\ n_2-1) < F < F_{\alpha/2}(n_1-1,\ n_2-1)\} = 1-\alpha$；

解不等式$F_{1-\alpha/2}(n_1-1,\ n_2-1) < \dfrac{S_1^2/S_2^2}{\sigma_1^2/\sigma_2^2} < F_{\alpha/2}(n_1-1,\ n_2-1)$，即可得方差比的置信区间

$$\left(\frac{S_1^2}{S_2^2} \times \frac{1}{F_{\alpha/2}(n_1-1,\ n_2-1)},\ \frac{S_1^2}{S_2^2} \times \frac{1}{F_{1-\alpha/2}(n_1-1,\ n_2-1)}\right) \quad (3.11)$$

两个正态总体方差比的置信区间(A, B)的实际意义也用于可以比较σ_1^2与σ_2^2的大小：

若$A > 1$，则以$1-\alpha$的置信度认为$\sigma_1^2 > \sigma_2^2$；

若$B < 1$，则以$1-\alpha$的置信度认为$\sigma_1^2 < \sigma_2^2$；

若区间(A, B)包含1，则无法比较σ_1^2与σ_2^2的大小。

【例3.21】 在例3.20中，试估计两种小麦产量的方差σ_1^2与σ_2^2之比的置信度为0.95的置信区间。

解： 由题设条件可知：$n_1 = 8$，$n_2 = 10$，$1-\alpha = 0.95$，$\alpha = 0.05$，$1-\alpha/2 = 0.975$，查附表四得知$F_{\alpha/2}(7, 9) = F_{0.025}(7, 9) = 4.197$。

$F_{1-\alpha/2}(7, 9) = F_{0.975}(7, 9) = \dfrac{1}{F_{0.025}(9, 7)} = \dfrac{1}{4.823}$，也可以利用R函数qf(0.025, 7, 9) = 0.2073，

计算得 $S_1^2 = 2140.55$、$S_2^2 = 3256.22$。

因此 σ_1^2/σ_2^2 的置信度为0.95的置信区间为

$$\left(\frac{S_1^2}{S_2^2} \times \frac{1}{F_{\alpha/2}(n_1-1, n_2-1)}, \frac{S_1^2}{S_2^2} \times \frac{1}{F_{1-\alpha/2}(n_1-1, n_2-1)} \right)$$

代入数据 $\left(\frac{2140.55}{3256.22} \times \frac{1}{4.197}, \frac{2140.55}{3256.22} \times 4.823 \right)$，计算可得$(0.157, 3.171)$。

方差比的置信度为0.95的置信区间为$(0.157, 3.171)$，该置信区间包含1，所以这两种小麦产量的方差在置信度0.95下无法确定大小关系。

#该问题的R程序和结果为：
```
>x<-c(628, 583, 510, 554, 612, 523, 530, 615)
>y<-c(535, 433, 398, 470, 567, 480, 498, 560, 503, 426)
>var.test(x, y)$conf.int
[1] 0.1566276 3.1706542
attr(, 'conf.level')
[1] 0.95
```

3.3.4 总体比例p的区间估计

在实际应用中，有时需要估计总体中具有某种属性的个体所占的百分比 p，如产品的不合格率、种子的发芽率、药剂的杀虫率、政策的支持率等。这类问题中总体X的分布不是正态总体。以种子的发芽率为例，用X表示一粒种子的发芽数，$X=1$表示种子发芽，$X=0$表示种子不发芽。假设种子的发芽率为 p，则$X \sim B(1,p)$，且$E(X)=p$、$D(X)=p(1-p)$。为估计参数p，可以从两点分布总体中抽样，获得容量为n 的样本$X_1, X_2, \cdots, X_n$，由于总体 X不是正态分布，不可直接用之前讲述的公式求解。

大样本比例问题的估计方法

由第三章知道样本均值$\bar{X}$ 是p的最大似然估计，当n足够大时，由中心极限定理知$U = \frac{\bar{X}-p}{\sqrt{p(1-p)/n}}$ 近似服从标准正态分布，可以将U取作枢轴变量，对参数p作区间估计，由

$$P\left\{ \frac{|\bar{X}-p|}{\sqrt{p(1-p)/n}} < z_{\alpha/2} \right\} \approx 1-\alpha$$

求解不等式 $\frac{|\bar{X}-p|}{\sqrt{p(1-p)/n}} < z_{\alpha/2}$ 可得到 p 的范围，有点复杂，在实际应用中常选用近似的方法，用 $\frac{\hat{p}(1-\hat{p})}{n}$ 估计 $\frac{p(1-p)}{n}$，这里 $\hat{p} = \bar{X}$、$S_{\hat{p}} = \sqrt{\frac{\hat{p}(1-\hat{p})}{n}} = \sqrt{\frac{\bar{X}(1-\bar{X})}{n}}$，给定 $1-\alpha$，使 $P\left\{\frac{|\bar{X}-p|}{S_{\hat{p}}} < z_{\alpha/2}\right\} \approx 1-\alpha$，解不等式

$$\frac{|\hat{p}-p|}{S_{\hat{p}}} < z_{\alpha/2} \Rightarrow \hat{p} - z_{\alpha/2} S_{\hat{p}} < p < \hat{p} + z_{\alpha/2} S_{\hat{p}}$$

所以 p 的置信度为 $1-\alpha$ 的近似置信区间为

$$(\hat{p} - z_{\alpha/2} S_{\hat{p}}, \ \hat{p} + z_{\alpha/2} S_{\hat{p}}) \tag{3.12}$$

注意：大样本的样本量是个相对的概念，它取决于具体的研究问题。对于总体比例的估计，确定样本量是否足够大的经验规则是

$$n\hat{p} \geqslant 10, \ n(1-\hat{p}) \geqslant 10$$

【例3.22】调查200株玉米，受玉米螟危害的植株为40株，求玉米螟危害率 p 的置信度为0.95的置信区间。

解： 设总体 X 为任取一株玉米受玉米螟危害的个数，$X \sim B(1, p)$；$X_1, X_2, \cdots, X_{200}$ 为来自总体的样本，$X_i \sim B(1, p)$。

$\hat{p} = \frac{\sum_{i=1}^{n} X_i}{n} = \frac{40}{200} = 0.2$，$n\hat{p} = 40 \geqslant 10, n(1-\hat{p}) = 160 \geqslant 10$，符合大样本量的条件；又

$s_{\hat{p}} = \sqrt{\frac{0.2 \times 0.8}{200}} = 0.0283$，$z_{0.025} = 1.96$。

利用式3.12可得 p 的置信度为95%的近似置信区间为(0.2 - 1.96 × 0.0283, 0.2 + 1.96 × 0.0283)，即(0.145, 0.255)。

该问题的R程序和结果为：

```
>n<-200;x<-40;p<-x/n
>library(Hmisc)
>binconf(x, n, alpha=0.05, method='asymptotic')
        PointEst  Lower      Upper
        0.2       0.1445638  0.2554362
```

解释：

大样本比例问题的置信区间，可通过R包Hmisc中的函数binconf(x, n, alpha)实现，x为某种事件发生的次数，n为样本容量，该问题的点估计为0.2，置信度为0.95的近似置信区间为(0.145, 0.255)。

3.3.5 单侧置信区间

前面我们讨论的置信区间都有上、下限，即置信区间用$(\hat{\theta}_1, \hat{\theta}_2)$表示，称为双侧置信区间。但是在许多实际问题中，我们对单侧置信限感兴趣。例如对一批灯泡的使用寿命来说，显然平均寿命越长越好，对于这种情况，可将置信上限取为$+\infty$，而更关心其置信下限$\hat{\theta}_1$，这时下限是个重要的指标；又如对某种农药含毒量的估计，其含毒量越低越好，这时药物毒性的上限变成了重要了指标，下面给出定义。

定义3.9 对于给定值$\alpha(0<\alpha<1)$，存在统计量$\hat{\theta}_1 = \hat{\theta}_1(X_1, X_2, \cdots, X_n)$，使得$P\{\theta > \hat{\theta}_1\} = 1-\alpha$，则称随机区间$(\hat{\theta}_1, +\infty)$是$\theta$的置信度为$1-\alpha$的单侧置信区间，$\hat{\theta}_1$为单侧置信下限。若存在统计量$\hat{\theta}_2 = \hat{\theta}_2(X_1, X_2, \cdots, X_n)$，使$P\{\theta < \hat{\theta}_2\} = 1-\alpha$，则称随机区间$(-\infty, \hat{\theta}_2)$是$\theta$的置信度为$1-\alpha$的单侧置信区间、$\hat{\theta}_2$为单侧置信上限。

下面通过一个例子说明单侧置信区间的求法。

【例3.23】（数据：example3.23.csv）从一批大白菜中随机抽取40棵，测量其维生素C的含量（mg/g），测量数据如表3.1所示：

表3.1 抽取的40棵大白菜的维生素C含量　　　　　　　　　　单位：mg/g

39.01	34.23	30.82	32.13	43.03	36.71	28.74	36.03	33.03	34.75
37.93	34.38	34.52	34.87	34.93	30.95	30.15	32.21	30.81	29.58
33.49	30.07	38.52	41.27	38.91	26.86	34.57	32.02	32.27	31.55
39.08	35.01	37.21	35.34	39.01	35.67	32.12	36.88	30.56	29.89

设大白菜中维生素C的含量服从正态分布，求这批大白菜的平均维生素C含量的置信度为0.95的单侧置信下限。

解： 对于方差未知正态总体，设$X_1, X_2, \cdots, X_n$是一个样本，由$\dfrac{\overline{X} - \mu}{S/\sqrt{n}} \sim t(n-1)$，根据定义可得$P\left\{\dfrac{\overline{X} - \mu}{S/\sqrt{n}} < t_\alpha(n-1)\right\} = 1-\alpha$。

于是可得μ的一个置信度为0.95的单侧置信区间

$$\left(\overline{X} - \frac{S}{\sqrt{n}} t_{0.05}(n-1), +\infty\right) \qquad (3.13)$$

本问题 $\bar{X} = 34.23$、$S = 3.64$、$t_{0.05}(39) = 1.685$，代入计算可得置信下限为33.26。因此这批大白菜的平均维生素C含量的置信度为0.95的单侧置信区间为（33.26, +∞）。

本问题的R程序和结果如下：

```
>da <- read.csv('F:/data/ch3/example3.23.csv',T)
>t.test(da$vc,conf.level=0.95,alternative='greater')$conf.int
[1]  33.25679      Inf
>attr(,'conf.level')
[1] 0.95
```

解释：

在利用函数t.test()求置信区间时，alternative=c('less', 'greater')分别表示求置信上限和置信下限，默认求双侧置信区间。这批大白菜的维生素C平均含量的置信度为0.95的置信下限为33.26，也就是以95%的可信度认为这批大白菜平均维生素C含量大于33.26。

习题

1.设总体X服从正态分布$N(\mu, \sigma^2)$，采用随机抽样得到一组样本值为：22、23、20、24、20、23、21、19、23、22、20、20、22、25、21。

①求未知参数μ和方差σ^2的最大似然估计；

②求$p\{X > 26\}$的最大似然估计。

2.从一批树苗中随机选取10棵，测得它们的高度（cm）如下：72.1、75.5、74.3、73.1、76.0、73.9、74.6、78.0、72.6、76.6。试求总体均值μ和方差σ^2的矩估计和最大似然估计。

3.设X_1、X_2、X_3为取自总体$X \sim N(\mu, 1)$的子样，试证统计量$\hat{\theta}_1 = \frac{1}{5}X_1 + \frac{3}{10}X_2 + \frac{1}{2}X_3$、$\hat{\theta}_2 = \frac{1}{4}X_1 + \frac{1}{3}X_2 + \frac{5}{12}X_3$、$\hat{\theta}_3 = \frac{1}{6}X_1 + \frac{1}{2}X_2 + \frac{1}{3}X_3$都是$\mu$的无偏估计，并判定哪一个更有效。

4.设某糯玉米鲜穗重服从正态分布$X \sim N(\mu, 45^2)$，随机抽样得到容量为8的一个样本，测其鲜穗重（g）为：255.0、185.0、252.0、290.0、159.9、190.0、212.7、278.5。试分别在置信度为0.99和0.95下求均值μ的置信区间。

5.将某晚稻种植到9个小区，测得其千粒重（g）为：32.5、28.6、28.4、24.7、29.1、27.2、29.8、33.3、29.7。分别求均值μ和方差σ^2的置信区间［设千粒重服从正态分布$N(\mu, \sigma^2)$，置信度为0.95］。

6.研究两种小麦的蛋白质含量率（%）。设两者都服从正态分布，并且已知蛋白质含量率的标准差均近似为0.05,取样本容量为$n_1 = n_2 = 20$,得含量率的样本均值分别为$\bar{x}_1 = 18$、$\bar{x}_2 = 24$,设两个样本独立。求两种小麦的蛋白质含量率的均值差$\mu_1 - \mu_2$的置信度为0.95的置信区间。

7.现研究A、B两个地瓜品种的亩产量(kg)。设两者都服从正态分布,并且方差相同。现选取12块大小、条件相似的地块,每个品种种植6块,测其产量如下:

| A | 2722.2 | 2866.7 | 2675.9 | 2169.2 | 2253.9 | 2415.1 |
| B | 951.4 | 1417.0 | 1275.3 | 2228.5 | 2462.6 | 2715.4 |

求两个地瓜产量均值差$\mu_1 - \mu_2$的置信度为0.95的置信区间。

8.设两位化验员A、B独立地对某种农药含毒量用相同的方法各作10次测定,其测定值的样本方差依次为$s_A^2 = 0.541$、$s_B^2 = 0.606$,设σ_A^2、σ_B^2分别为A、B所测定的测定值总体的方差,设总体均为正态分布,相互独立。求方差比σ_A^2/σ_B^2的置信度为0.95的置信区间。

9.在某农作物种子的发芽率试验中,随机选取100粒,经试验有16粒不发芽,试求该种子发芽率的置信度为0.95的置信区间。

第四章 假设检验

统计推断需要解决两方面的问题：参数估计和假设检验。第三章介绍的参数估计是借助于已知的样本构造适当的函数对总体的未知参数进行估计。在实际应用中，另一类问题是要求对总体参数的特性、总体分布的类型等作判断。如检验新旧农作物品种的产量是否有显著差异？某产品的质量是否合格？某动物的增重是否服从正态分布等。这类问题的处理方法和估计理论不同，通常首先假设参数具有某种特性或总体具有某种分布，再利用样本提供的信息，构造适当的统计量，然后根据样本值，判断假设是否合理，若不合理便否定原来的假设。用数理统计的方法判断假设是否合理，称为假设检验。

下面考虑几个例子。

【例4.1】生产流水线上的袋装糖果的重量服从正态分布$N(\mu, 0.015^2)$，按规定袋装糖果重量的均值应为0.5（kg）。对一批袋装糖果出厂前先进行抽样检查，现抽查了9袋，重量（kg）分别为：0.497、0.506、0.518、0.498、0.511、0.520、0.515、0.512、0.522。问这一批袋装糖果是否合格？

本例关心生产流水线是否正常工作，即机器包装的袋装糖果重量的均值是否为0.5kg。可把这个问题归结为一个理论问题：总体服从正态分布$X \sim N(\mu, 0.015^2)$，参数μ未知。要根据抽得的样本值，检验机器是否工作正常，即$\mu = \mu_0 = 0.5$。

【例4.2】今有一批种子，按规定发芽率不得低于90%，现做随机试验，发现100粒中有88粒发芽。问这批种子是否合格？

本例关心如何根据样品的发芽率$f/n = 88/100$，来推断整批种子的发芽率是否满足要求。即要检验发芽率$p \geq p_0 = 90\%$是否成立。

【例4.3】在一个实验中，每隔一定时间观察一次计数器上记录的某种铀放射出的α粒子的个数X，独立观察100次的数据如表4.1所示。试问X是否服从泊松分布。

表4.1 某种铀放射出的α粒子个数观察

i	0	1	2	3	4	5	6	7	8	9	10	11
f_i	1	5	16	17	26	11	9	9	2	1	2	1

注：f_i是观察到有i个α粒子的个数。

本例关心总体X是否服从泊松分布。

假设检验包括参数假设检验和非参数假设检验。前者是指总体的分布已知，针对其中的未知参数提出的假设进行检验，如例4.1和例4.2；后者是指对总体信息知道得很少，对总体分布不做任何限制性假设的统计检验方法，如例4.3。

4.1 假设检验的基本概念

4.1.1 假设检验的基本思想

假设检验的理论根据是小概率原理，认为概率很小的事件在一次试验中几乎不会发生。小概率原理是人们在长期大量实践中总结出来的广泛被采用的原理。概率小到什么程度才叫小概率事件呢？在假设检验中，一般把概率不超过0.10、0.05、0.01或0.001等的事件，称为小概率事件。

假设检验是用了反证法的思想但又不同于确定性数学中的反证法，是具有概率性质的反证法。在进行假设检验时，首先提出原假设（null hypothesis）和备择假设（alternative hypothesis），分别用H_0和H_1表示。为了检验H_0是否成立，首先假定H_0成立，再由一次抽样所提供的信息，看是否有不合理的事情发生。如果在H_0为真的条件下，小概率事件发生了，这就产生了不合理现象，说明假设H_0为真这个命题就可能不正确，这时拒绝H_0，称为统计上显著。如果小概率事件没有发生，没有产生不合理的现象，那么就没有充分的理由否定H_0，就不能拒绝H_0，这时称为统计上不显著。

假设检验的基本思想是找到证据"驳斥"原假设，这样做的原因是假设检验背后的哲学基础：想要肯定什么很难，要否定就相对容易得多。因此往往把可能被证据证明为错误的陈述放在原假设，把认为正确的或想要证实的结果放在备择假设中，假设检验的基本思路就是通过证明原假设不可能为真，进而推测备择假设可能为真。

4.1.2 假设检验的基本步骤

4.1.2.1 假设检验的步骤

下面通过一个例子来说明什么是假设检验以及如何进行假设检验。

【例4.4】已知某农作物的亩产量服从正态分布$N(800, 64^2)$。现种植一新品种（气候、肥力、管理和以前相同），设亩产量仍服从正态分布，标准差依然为64 kg，现随机抽取100个农户，计算可得平均亩产量为816 kg，想知道新旧品种平均亩产量有无显著差异。

设新品种亩产量$X \sim N(\mu, 64^2)$，$X_1, X_2, \cdots, X_{100}$为来自总体$X$的一个样本。

假设检验的做法可分为以下几个步骤来叙述。

1. 建立假设

一般把需要检验的假设称为原假设，本问题写出原假设（零假设）H_0：$\mu = \mu_0 = 800$。

当拒绝H_0后，这时面临如下3个命题的选择：①H_1：$\mu \neq \mu_0 = 800$；②H_1：$\mu > \mu_0 = 800$；③H_1：$\mu < \mu_0 = 800$。

H_1是在拒绝原假设后，可供选择的一个命题，称为备择假设，它可以是原假设对立面的全体，也可以是其中的一部分。一般常把没有把握不能轻易肯定的命题作为H_1。我们这里采用H_1与H_0对立面的设法，在例4.4中，可表示为

$$H_0: \mu = \mu_0 = 800, \quad H_1: \mu \neq \mu_0 = 800$$

2. 寻找检验统计量

由于样本$X_1, X_2, \cdots, X_n$所含信息较分散，因此需要构造一个统计量$T(X_1, X_2, \cdots, X_n)$来综合样本的信息做判断，称其为检验统计量。检验H_0是否为真，关键是要找个小概率事件A，使$P\{A\} \leq \alpha$，由于这里涉及概率，所以要寻找统计量的分布。

我们知道样本均值$\bar{X}$是μ的无偏估计，若假设H_0为真，则$\bar{X}$的样本值$\bar{x}$应该比较集中在$\mu_0 = 800$附近，如果$\bar{x}$远离800，那么就有理由怀疑H_0不真。现今样本均值$\bar{x} = 816$，那么816是否算远离800，或者说$\bar{x}$与$\mu_0 = 800$差别多远，才能拒绝H_0。这就需要一个界限，记为c。当$|\bar{x} - 800| \geq c$时，拒绝H_0；当$|\bar{x} - 800| < c$时，不拒绝H_0。

这里c是检验的临界值，我们把使原假设H_0被拒绝的样本观测值所组成的区域称为检验的拒绝域（也称为H_0的拒绝域），即$W_0 = \{(x_1, x_2, \cdots, x_n) : |\bar{x} - 800| \geq c\}$为拒绝域。

在假设检验中，人们总是关心拒绝域，这是因为我们现在手中只有一个样本。用一个样本去证明一个命题是正确的，这在逻辑上是不充分的，但用一个反例（如样本）去推翻一个命题，理由是比较充分的，这就是具有"概率性质的反证法"。

3. 显著水平与临界值

由于是依据一个样本对H_0真假与否做出的判断，当实际H_0为真时仍有可能做出拒绝H_0的判断，这是一种错误。我们无法排除犯这类错误的可能性，因此自然希望将犯这类错误的概率控制在一定的限度内，即给出一个较小的数α，使得$P(拒绝H_0 | H_0 为真) \leq \alpha$，$\alpha$称为检验的显著水平。

一般的，我们通过$P(拒绝H_0 | H_0 为真) = \alpha$，确定检验的临界值。

本例中，当H_0成立时，$\dfrac{\bar{X} - \mu_0}{\sigma/\sqrt{n}} = \dfrac{\bar{X} - 800}{64/\sqrt{100}} \sim N(0,1)$。

根据标准正态分布双侧分位数的概念

$$P\left\{|\bar{X} - 800| \geq c\right\} = P\left\{\dfrac{|\bar{X} - 800|}{64/\sqrt{100}} \geq \dfrac{c}{64/\sqrt{100}}\right\} = \alpha$$

可知 $\dfrac{c}{64/\sqrt{100}} = z_{\alpha/2}$。

当 $\dfrac{|\bar{x}-800|}{64/10} \geqslant z_{\alpha/2}$ 时，拒绝 H_0；当 $\dfrac{|\bar{x}-800|}{64/10} < z_{\alpha/2}$ 时，不拒绝 H_0。

本例中 H_0 的拒绝域为

$$W_0 = \left\{(x_1, x_2, \cdots, x_n) : \dfrac{|\bar{x}-800|}{64/\sqrt{100}} \geqslant z_{\alpha/2}\right\}$$

简记为 W_0：$\dfrac{|\bar{x}-800|}{64/\sqrt{100}} \geqslant z_{\alpha/2}$，$W_0$ 的边界点 $z_{\alpha/2}$ 称为检验的临界点。

例4.4中，若给定显著水平 $\alpha = 0.05$，查附表一得：$z_{\alpha/2} = z_{0.025} = 1.96$，计算 $|U| = \dfrac{|\bar{x}-800|}{64/\sqrt{100}} = \dfrac{|816-800|}{64/\sqrt{100}} = 2.5$，由于 $|U| = 2.5 > 1.96$，即样本值落在拒绝域内，也就是小概率事件发生了，拒绝 H_0，认为在显著水平0.05下，新品种与旧品种均值有显著差异。

由上述讨论，假设检验的一般步骤总结如下。

①根据问题提出假设：原假设 H_0，备择假设 H_1。

②写出检验统计量：根据 H_0 的内容选取适当的统计量，且能确定其分布。

③写出拒绝域 W_0：按问题的具体要求，对于给定的显著性水平 α，根据统计量的分布和 H_1 的形式确定对应于 α 的临界值，从而得到原假设 H_0 的拒绝域。

④由样本值算出检验统计量的值。

⑤若落入拒绝域 W_0 内，则拒绝 H_0，否则，不能拒绝 H_0。

这里要注意以下3个问题。

①由于样本具有随机性，所以判断结果也会有不同。如例4.4，如果又重新抽取样本容量为100的一个样本，计算得 $\bar{x} = 809$，这样 $|U| = \dfrac{|809-800|}{64/\sqrt{100}} = 1.406$；给定 $\alpha = 0.05$，$z_{0.025} = 1.96$，因为 $|U| = 1.406 < 1.96$，即没有落入拒绝域，则不能拒绝 H_0。

②检验结果与显著性水平有关。如例4.4中，样本值仍是 $\bar{x} = 816$，若给定 $\alpha = 0.01$，则 $z_{0.005} = 2.58$，因为 $|U| = 2.5 < 2.58$，这时样本值未落入拒绝域，故不能拒绝 H_0。

③假设检验依据小概率原理，即概率很小的事件在一次试验中基本上不会发生，而实际上并不是绝对不会发生，难免会做出错误的判断。

4.1.2.2 假设检验的两类错误

如果 H_0 为真，但由于样本的随机性，样本观测值落入了拒绝域，从而做出拒绝 H_0 的结论，也就是将正确的判断成错误的，犯了"拒真"的错误，这类错误称为第Ⅰ类错误，记

α为犯第Ⅰ类错误的概率，即：$P($拒绝$H_0|H_0$为真$)=\alpha$。犯这种错误的原因在于我们根据小概率事件原理来确定拒绝域。

如果原假设H_0为假，但由于样本的随机性，样本观测值落入接受域，从而做出不拒绝H_0的结论，犯了"存伪"的错误，也就是将错误的判断成正确的，这类错误称为第Ⅱ类错误，记β为犯第Ⅱ类错误的概率，即$P($不拒绝$H_0|H_0$为假$)=\beta$。两类错误如表4.2所示。

表4.2 假设检验的两类错误

决策	原假设H_0	
	真	假
不拒绝H_0	正确（$1-\alpha$）	第Ⅱ类错误（β）
拒绝H_0	第Ⅰ类错误（α）	正确（$1-\beta$）

说明：

①一个好的检验法总是希望犯两类错误的概率α和β都很小。但在一般场合很难实现。这是由于β的计算与α有关，可以证明，当样本容量固定时，减少α会导致β变大，反之，减少β必导致α变大。

②要同时降低犯两类错误的概率，或者要在第Ⅰ类的错误概率α不变的条件下，降低第Ⅱ类的错误概率β，需要增加样本容量。

③由于犯第Ⅰ类错误的概率α比较容易控制，假设检验中通常采用控制犯第Ⅰ类错误的概率，一般α取0.1、0.05或者0.01；但α取多少为宜，有时还要看检验问题的背景，视犯错后带来的危害大小情况而定。如在检验药品的毒性问题时，毒性过大会导致病人死亡，此时必须严格控制β，可以通过增大α来实现，此时α可以取0.15或0.2。

4.2 参数假设检验

4.2.1 单个正态总体均值的假设检验

4.2.1.1 正态总体方差σ^2已知，关于均值的检验

已知$X \sim N(\mu,\sigma^2)$，σ^2已知，$X_1,X_2,\cdots,X_n$是来自总体X的一个样本。

由于这种检验法所选取的检验统计量服从正态分布，故称这类检验法为Z检验法。

1. 双侧检验

①假设H_0：$\mu=\mu_0$，H_1：$\mu\neq\mu_0$。

②选取检验统计量$U=\dfrac{\overline{X}-\mu_0}{\sigma/\sqrt{n}} \sim N(0,1)$。

③给定显著水平α，H_0的拒绝域为

$$W_0: \frac{|\overline{X}-\mu_0|}{\sigma/\sqrt{n}} \geqslant z_{\alpha/2} \quad (4.1)$$

④查附表一得$z_{\alpha/2}$，计算U。

⑤判断：若$|U| \geqslant z_{\alpha/2}$，则拒绝$H_0$，认为$\mu \neq \mu_0$；否则，不拒绝$H_0$，即统计上不显著。拒绝域如图4.1所示。

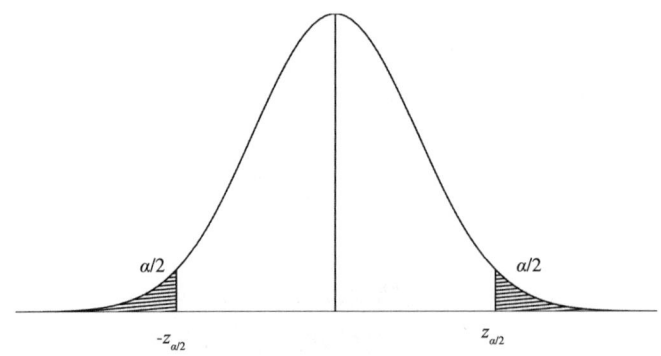

图4.1 双侧检验法示意图

【例4.5】某玉米品种平均穗重300 g，标准差为9.5 g，喷药后，随机抽取9个玉米穗，重量（g）分别为：308、305、311、298、315、300、321、294、320。假定果穗重量服从正态分布$N(\mu, 9.5^2)$，问喷药前后果穗重量有无显著差异（$\alpha=0.05$）？

解：①假设$H_0: \mu=\mu_0=300$，$H_1: \mu \neq \mu_0=300$。

②选取检验统计量，当H_0成立时，$U=\dfrac{\overline{X}-\mu_0}{\sigma_0/\sqrt{n}} \sim N(0,1)$。

③H_0的拒绝域为$W_0: \dfrac{|\overline{x}-\mu_0|}{\sigma_0/\sqrt{n}} \geqslant z_{\alpha/2}$。

④查附表一得$z_{0.025}=1.96$，计算得$\dfrac{|\overline{x}-\mu_0|}{\sigma_0/\sqrt{n}}=\dfrac{|308-300|}{9.5/\sqrt{9}}=2.5263$。

⑤因为$|U|=2.5263>1.96$，在显著水平0.05下，拒绝原假设，认为喷药前后玉米的果穗重量有显著差异。

该问题的R程序和结果如下：

```
>library(BSDA)
>x<-c(308,305,311,298,315,300,321,294,320)
>z.test(x,mu=300,sigma.x=9.5,alternative='two.sided',conf.level=0.95)
```

```
One-sample z-Test data: x  z=2.5263,p-value=0.01153
alternative hypothesis: true mean is not equal to 300
95 percent confidence interval: 301.7934  314.2066
```

程序说明：

当变量服从正态分布且总体方差已知时，函数z.test()用于对均值进行检验，参数mu设置总体均值，参数sigma.x设置总体标准差，参数alternative='two.sided'，是指双侧检验，conf.level为置信度。

输出结果分析：

检验统计量的值为2.5263，p值为$0.01153<0.05$，因此在0.05水平下拒绝原假设，认为喷药前后平均穗重有显著差异，结合置信区间可知，喷药后平均穗重显著高于喷药前。

从例4.5可以看出，在手动计算的时候，首先求出统计量的值，然后根据给定的显著水平，查附表一得到临界值，通过比较统计量的值和临界值的大小判断是否拒绝原假设，该方法称为临界值法。另一种方法是p值法，主要是利用统计软件强大的数据处理能力，根据输出的p值和显著水平α相比较，若$p<\alpha$，则拒绝原假设，否则，不拒绝原假设。两种比较法本质上是一致的。

前面的检验，拒绝域在两侧，称为双侧检验。有时我们只关心均值是否增大，或者减小，这类检验称为单侧检验。

2. 右侧检验

已知$X \sim N(\mu, \sigma^2)$，σ^2已知，$X_1, X_2, \cdots, X_n$是来自总体X的一个样本。

① 假设H_0：$\mu \leq \mu_0$，H_1：$\mu > \mu_0$。

② 选取检验统计量。H_0：$\mu = \mu_0$是简单假设，H_0：$\mu \leq \mu_0$是复合假设。μ取值是在$(-\infty, \mu_0]$范围。由于总体$X \sim N(\mu, \sigma^2)$，所以$\dfrac{\bar{X}-\mu}{\sigma/\sqrt{n}}$服从标准正态分布$N(0,1)$，它的分布是已知的，但由于它含有未知参数$\mu$，故它不是统计量。而$\dfrac{\bar{X}-\mu_0}{\sigma/\sqrt{n}}$是统计量，但它的分布是未知的。在这种情况下，就不易选取检验统计量，我们就直接寻找H_0拒绝域。

③ 寻找H_0拒绝域。由前面的讨论知道，$\bar{X}$是μ的无偏估计，当H_0：$\mu \leq \mu_0$为真时，直观上，$\bar{X}$比μ_0大的可能性小，当$\bar{X}$比μ_0大到一定程度，它就是一个小概率事件，即$P\{\bar{X}-\mu_0 \geq c | H_0 \text{ 成立时}\} \leq \alpha$。当$H_0$为真时，有$\dfrac{\bar{X}-\mu}{\sigma_0/\sqrt{n}} \geq \dfrac{\bar{X}-\mu_0}{\sigma_0/\sqrt{n}}$，推知$\left\{\dfrac{\bar{X}-\mu}{\sigma_0/\sqrt{n}} \geq c\right\} \supseteq \left\{\dfrac{\bar{X}-\mu_0}{\sigma_0/\sqrt{n}} \geq c\right\}$，从而有$\alpha = P\left\{\dfrac{\bar{X}-\mu}{\sigma_0/\sqrt{n}} \geq c\right\} \geq P\left\{\dfrac{\bar{X}-\mu_0}{\sigma_0/\sqrt{n}} \geq c\right\}$。又由于$\dfrac{\bar{X}-\mu}{\sigma_0/\sqrt{n}} \sim N(0,1)$，

取 $c = z_\alpha$,可知 $\frac{\bar{X} - \mu_0}{\sigma_0/\sqrt{n}} \geq z_\alpha$ 是一个概率不大于 α 的小概率事件,所以在显著水平 α 下,H_0 的拒绝域为

$$W_0: U = \frac{\bar{X} - \mu_0}{\sigma_0/\sqrt{n}} \geq z_\alpha \tag{4-2}$$

④查附表一得 z_α,由样本值计算 U。

⑤若 $U \geq z_\alpha$,拒绝 H_0;否则不能拒绝 H_0。

右侧检验拒绝域的示意图如图4.2所示。

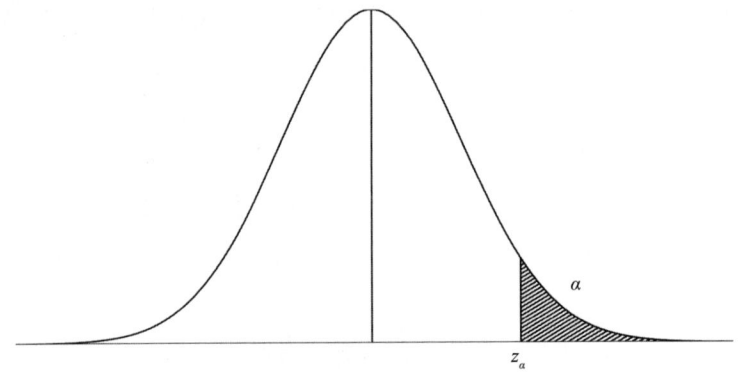

图4.2 Z检验右侧拒绝域示意图

【例4.6】若普通水稻的平均单株产量为250 g,现从杂交水稻中随机抽取10株,其单株产量(g)分别为:272、200、268、247、267、246、363、216、206、256。假定单株产量服从正态分布 $N(\mu, 2.78^2)$,问杂交水稻单株产量是否明显提高?

解:①假设 H_0:$\mu \leq \mu_0 = 250$,H_1:$\mu > \mu_0 = 250$。

②H_0 的拒绝域为 W_0:$U = \frac{\bar{X} - \mu_0}{\sigma_0/\sqrt{n}} \geq z_\alpha$。

③查附表一得 $z_{0.01} = 2.33$,由样本值计算 $U = \frac{254.1 - 250}{2.78/\sqrt{10}} = 4.6638$。

④由于 $U = 4.6638 > 2.33$,样本值落入拒绝域。所以拒绝原假设 H_0,在显著水平 $\alpha = 0.01$ 下拒绝 H_0,认为杂交水稻单株产量比普通水稻明显提高。

该问题的R程序和结果如下:

```
>library(BSDA)
>x<-c(272,200,268,247,267,246,363,216,206,256)
>z.test(x,mu=250,sigma.x=2.78,alternative='greater',conf.level=0.99)
One-sample z-Test data: x
```

z=4.6638, p-value=1.552e-06
alternative hypothesis: true mean is greater than 250
95 percent confidence interval: 252.0549 NA
sample estimates: mean of x 254.1

程序说明：

函数z.test()的用法同例4.5，其中参数alternative='greater'表明进行右侧检验，如果alternative='less'表明进行左侧检验。

输出结果分析：

统计量的值为4.6638，p值为$1.552e-06<0.01$，在0.01水平下是显著的，即拒绝原假设，杂交水稻单株产量比普通水稻明显提高。

3. 左侧检验

已知$X \sim N(\mu, \sigma^2)$，σ^2已知，$X_1, X_2, \cdots, X_n$是来自总体X的一个样本。

①假设$H_0: \mu \geq \mu_0$，$H_1: \mu < \mu_0$。

②H_0的拒绝域为

$$W_0: \quad U = \frac{\overline{X} - \mu_0}{\sigma_0/\sqrt{n}} \leq -z_\alpha \quad (4.3)$$

③查附表一得z_α，由样本值计算U。

④若$U \leq -z_\alpha$，拒绝H_0；否则，不能拒绝H_0。左侧检验拒绝域的示意图如图4.3所示。

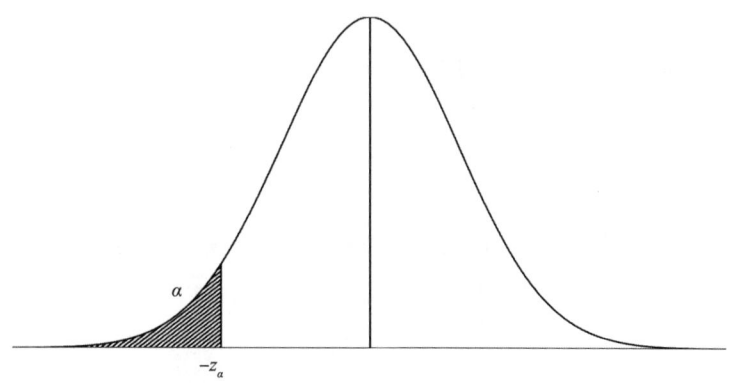

图4.3 Z检验左侧拒绝域示意图

【例4.7】某种制药企业研发一种新冠病毒特效药，目前进入临床测试阶段。已知新冠患者痊愈的时间服从正态分布$N(72, 8^2)$。现在对100人进行临床试验，发现平均痊愈时间是69.6 h，按规定若平均痊愈时间小于72 h，说明药物有效。假定方差不变，问该药物是否有效($\alpha = 0.05$)。

解：①假设$H_0: \mu \geq 72$，$H_1: \mu < 72$。

②H_0的拒绝域为W_0：$U = \dfrac{\overline{X} - \mu_0}{\sigma_0/\sqrt{n}} \leqslant -z_\alpha$。

③查附表一得$z_{0.05} = 1.65$，由样本值计算$U = \dfrac{69.6 - 72}{8/\sqrt{100}} = -3$。

④由于$U = -3 < -1.65$，因此拒绝H_0，在显著水平0.05下，认为该药物有效。

4.2.1.2 正态总体方差σ^2未知，关于均值的检验

已知$X \sim N(\mu, \sigma^2)$，σ^2未知，$X_1, X_2, \cdots, X_n$是来自总体X的一个样本。由于该方法所选取的检验统计量服从t分布，故称这类检验为t检验法。

正态总体方差未知均值的假设检验与正态总体方差已知均值的假设检验，检验步骤相同。只是由于条件不同所选取的检验统计量不同。由抽样分布定理可知，当正态总体方差未知时，有$\dfrac{\overline{X} - \mu}{S/\sqrt{n}} \sim t(n-1)$成立。

1. 双侧检验

一般检验步骤如下。

①假设H_0：$\mu = \mu_0$，H_1：$\mu \neq \mu_0$。

②选取检验统计量

$$T = \dfrac{\overline{X} - \mu_0}{S/\sqrt{n}} \sim t(n-1)$$

③给定显著性水平α，H_0的拒绝域为

$$W_0: \ |T| = \dfrac{|\overline{X} - \mu_0|}{S/\sqrt{n}} \geqslant t_{\alpha/2}(n-1) \tag{4.4}$$

④查附表二得$t_{\alpha/2}(n-1)$，计算$|T|$，并作判断。若$|T| \geqslant t_{\alpha/2}(n-1)$，拒绝$H_0$，认为$\mu$与$\mu_0$统计上差异显著；若$|T| < t_{\alpha/2}(n-1)$，则不拒绝$H_0$，认为$\mu$与$\mu_0$统计上差异不显著。

2. 右侧检验

①假设H_0：$\mu \leqslant \mu_0$，H_1：$\mu > \mu_0$。

②给定显著性水平α，H_0的拒绝域为

$$W_0: \ T = \dfrac{\overline{X} - \mu_0}{S/\sqrt{n}} \geqslant t_\alpha(n-1) \tag{4.5}$$

3. 左侧检验

①假设：H_0：$\mu \geqslant \mu_0$，H_1：$\mu < \mu_0$。

②给定显著性水平 α，H_0 的拒绝域为

$$W_0: \quad T = \frac{\overline{X} - \mu_0}{S/\sqrt{n}} \leq -t_\alpha(n-1) \tag{4.6}$$

【例4.8】用一种新饲料喂养小鼠，现从中随机抽取9只，测量其每日钙留存量（mg）为33.1、33.2、26.8、36.3、39.5、30.9、33.4、31.5、28.6。若每日钙留存量服从正态分布，且旧饲料喂养小鼠的钙留存量为32 mg，问新旧饲料喂养小鼠的钙留存量有无显著差异。

解：①假设 H_0：$\mu = \mu_0 = 32$，H_1：$\mu \neq \mu_0 = 32$。

②选取检验统计量 $T = \dfrac{\overline{X} - \mu_0}{S/\sqrt{9}} \sim t(9-1)$。

③H_0 的拒绝域为 W_0：$|T| = \dfrac{|\overline{X} - \mu_0|}{S/\sqrt{9}} \geq t_{\alpha/2}(9-1)$。

④查附表二得 $t_{\alpha/2}(8) = t_{0.025}(8) = 2.306$，将样本值代入，算出 $\overline{x} = \dfrac{1}{9}\sum_1^9 x_i = 32.59$，进一步代入得

$$s^2 = \frac{1}{8}\sum_{i=1}^{9}(x_i - 32.59)^2 = 14.54 \Rightarrow T = \frac{|\overline{x} - 32|}{3.81/\sqrt{9}} = 0.4634$$

⑤由于 $|T| = 0.4634 < 2.306$，所以在 $\alpha = 0.05$ 下，不拒绝 H_0，认为新旧饲料喂养小鼠的钙留存量没有显著差异。

该问题的R代码和结果如下所示：

```
>x<-c(33.1,33.2,26.8,36.3,39.5,30.9,33.4,31.5,28.6)
>t.test(x,mu=32,alternative='two.sided',conf.level=0.95)
One Sample t-test  data: x
t=0.46337, df=8, p-value=0.6554
alternative hypothesis: true mean is not equal to 32
95 percent confidence interval: 29.65825 35.51953
sample estimates: mean of x 32.58889
```

解释：

函数t.test()和函数z.test()的用法类似，都是基于正态分布总体，前者是方差未知，后者是方差已知，本问题方差未知，因此选用t.test()，alternative='two.sided'表明是双侧检验，conf.level=0.95，表明给出置信度为0.95的置信区间，由于统计量 $t(8) = 0.46337$，$p = 0.6554 > 0.05$，说明在显著水平0.05下，新旧饲料喂养的小鼠的钙留存量没有显著差异。

4.2.2 单个正态总体方差的假设检验

设总体 $X \sim N(\mu, \sigma^2)$，μ、σ^2 均未知，$X_1, X_2, \cdots, X_n$ 是取自该总体的一个随机样本，S^2 为样本方差。

1. 双侧检验

① 假设 H_0：$\sigma^2 = \sigma_0^2$，H_1：$\sigma^2 \neq \sigma_0^2$。

② 从 σ^2 的一个无偏估计 S^2 出发，当 H_0 成立时，选取检验统计量 $\dfrac{(n-1)S^2}{\sigma_0^2} \sim \chi^2(n-1)$。

③ 构造小概率事件，有

$$P\left\{\frac{S^2}{\sigma_0^2} \leqslant c_1 \mid H_0 \text{ 成立时}\right\} + P\left\{\frac{S^2}{\sigma_0^2} \geqslant c_2 \mid H_0 \text{ 成立时}\right\} = \alpha$$

即

$$P\left\{\frac{(n-1)S^2}{\sigma_0^2} \leqslant (n-1)c_1\right\} + P\left\{\frac{(n-1)S^2}{\sigma_0^2} \geqslant (n-1)c_2\right\} = \alpha$$

为了计算方便，习惯上取

$$P\left\{\frac{(n-1)S^2}{\sigma_0^2} \leqslant (n-1)c_1\right\} = \alpha/2, \quad P\left\{\frac{(n-1)S^2}{\sigma_0^2} \geqslant (n-1)c_2\right\} = \alpha/2$$

因此有

$$(n-1)c_1 = \chi^2_{1-\alpha/2}(n-1) \Rightarrow c_1 = \frac{\chi^2_{1-\alpha/2}(n-1)}{n-1}$$

$$(n-1)c_2 = \chi^2_{\alpha/2}(n-1) \Rightarrow c_2 = \frac{\chi^2_{\alpha/2}(n-1)}{n-1}$$

可得 H_0 的拒绝域为

$$W_0:\ 0 < \frac{(n-1)S^2}{\sigma_0^2} \leqslant \chi^2_{1-\alpha/2}(n-1) \text{ 或 } \frac{(n-1)S^2}{\sigma_0^2} \geqslant \chi^2_{\alpha/2}(n-1) \tag{4.7}$$

④ 给定 α，查附表三，得到 $\chi^2_{1-\alpha/2}(n-1)$、$\chi^2_{\alpha/2}(n-1)$，计算

$$\frac{(n-1)S^2}{\sigma_0^2} = \frac{\sum_{i=1}^{n}(X_i - \bar{X})^2}{\sigma_0^2} = \chi_0^2$$

⑤ 判断：若 $\chi_0^2 \leqslant \chi^2_{1-\alpha/2}(n-1)$ 或 $\chi_0^2 \geqslant \chi^2_{\alpha/2}(n-1)$，拒绝 H_0；否则，不拒绝 H_0。

此检验法双侧拒绝域示意图如图4.4所示。

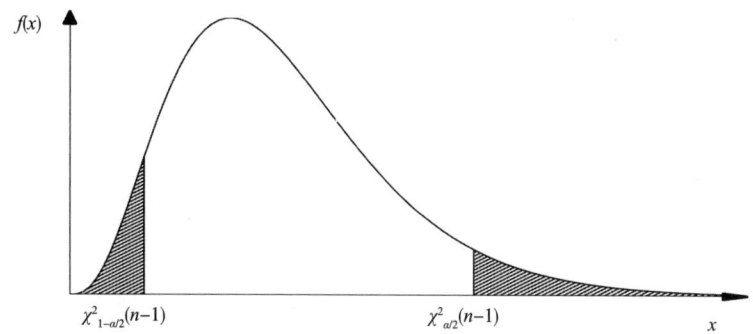

图4.4 单个正态总体方差检验的双侧拒绝域

【例4.9】某纺织厂生产的细纱支数服从正态分布，规定标准差是1.2。从某日生产的细纱中抽取16根纱，测量其支数，计算得标准差为2.1。问细纱的均匀度是否符合规定（$\alpha=0.05$，符合规定即是$\sigma=1.2$）？

解： ①假设H_0：$\sigma^2 = \sigma_0^2 = 1.2^2$，$H_1$：$\sigma^2 \neq \sigma_0^2 = 1.2^2$。

②选取检验统计量$\dfrac{(n-1)S^2}{\sigma_0^2} \sim \chi^2(n-1)$。

③给定$\alpha=0.05$，H_0的拒绝域为W_0：$0 < \dfrac{(n-1)S^2}{\sigma_0^2} \leq \chi_{1-\alpha/2}^2(n-1)$ 或 $\dfrac{(n-1)S^2}{\sigma_0^2} \geq \chi_{\alpha/2}^2(n-1)$。

④查附表三得$\chi_{1-\alpha/2}^2(n-1) = \chi_{0.975}^2(15) = 6.262$，$\chi_{\alpha/2}^2(n-1) = \chi_{0.025}^2(15) = 27.488$。计算 $\chi_0^2 = \dfrac{15 \times 2.1^2}{1.2^2} = 45.9$。

⑤判断：因为$\chi_0^2 = 45.9 > 27.488$，所以拒绝H_0，在显著水平$\alpha=0.05$下，认为细纱的均匀度不符合规定。

2. 右侧检验

①假设H_0：$\sigma^2 \leq \sigma_0^2$，H_1：$\sigma^2 > \sigma_0^2$。

②H_0的拒绝域为

$$W_0: \dfrac{(n-1)S^2}{\sigma_0^2} \geq \chi_\alpha^2(n-1) \tag{4.8}$$

③查附表三得$\chi_\alpha^2(n-1)$，计算$\chi_0^2 = \dfrac{(n-1)S^2}{\sigma_0^2}$。

④判断：若$\chi_0^2 \geq \chi_\alpha^2(n-1)$，拒绝$H_0$；否则，不拒绝$H_0$。

此检验法拒绝域如图4.5所示。

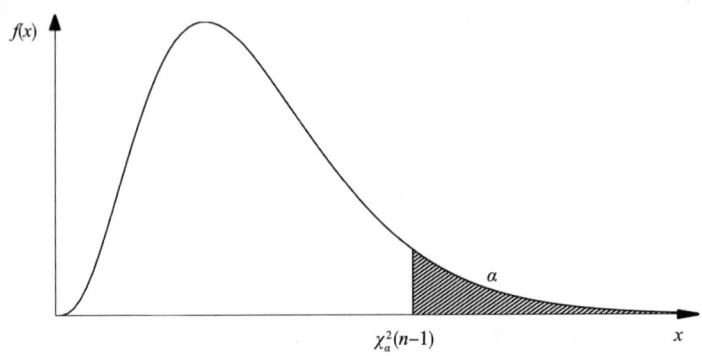

图4.5 单个正态总体方差右侧检验的拒绝域

【例4.10】按规定，100 g罐头番茄汁中维生素C含量的标准差不得超过3 mg/g。现从工厂的产品中随机抽取17个罐头，测得其100 g番茄汁中维生素C含量（mg/g）记录如下：16、25、21、20、23、21、19、15、13、23、17、20、29、18、12、16、22。设维生素C含量服从正态分布，试问这批罐头是否符合要求（$\alpha=0.05$）？

解：①假设H_0：$\sigma^2 \leq \sigma_0^2 = 3^2$，$H_1$：$\sigma^2 > 3^2$。

②H_0的拒绝域为W_0：$\dfrac{(n-1)S^2}{\sigma_0^2} \geq \chi_{0.05}^2(n-1)$。

③查附表三知$\chi_{0.05}^2(16) = 26.296$，$S^2 = 19.26$，$\chi_0^2 = \dfrac{(n-1)s^2}{\sigma_0^2} = \dfrac{16 \times 19.26}{3^2} = 34.24$。

④因为$\chi_0^2 = 34.24 > 26.296$，所以在$\alpha = 0.05$水平下，拒绝$H_0$，100 g罐头番茄汁中维生素C含量的标准差超过3，因此认为这批产品不合格。

该问题的R程序和输出如下：

```
>library(TeachingDemos)
>x<-c(16,25,21,20,23,21,19,15,13,23,17,20,29,18,12,16,22)
>sigma.test(x,sigma=3,alternative='greater')
One sample Chi-squared test for variance
data: x  X-squared=34.235, df=16, p-value=0.00505
alternative hypothesis: true variance is greater than 9
95 percent confidence interval: 11.71718    Inf
sample estimates: var of x   19.25735
```

程序说明：

首先加载R包TeachingDemos，利用函数sigma.test()对单个正态总体的方差进行检验，x为要检验的数据变量，sigma为总体标准差，也可以给出总体方差sigmasq， alternative = 'greater'表示进行右侧检验，若alternative = 'less'，则表示进行左侧检验。

3. 左侧检验

①假设H_0：$\sigma^2 \geqslant \sigma_0^2$，$H_1$：$\sigma^2 < \sigma_0^2$。

②H_0的拒绝域为

$$W_0: \frac{(n-1)S^2}{\sigma_0^2} \leqslant \chi_{1-\alpha}^2(n-1) \qquad (4.9)$$

③查附表三知$\chi_{1-\alpha}^2(n-1)$，计算$\chi_0^2 = \frac{(n-1)S^2}{\sigma_0^2}$。

④判断：若$\chi_0^2 \leqslant \chi_{1-\alpha}^2(n-1)$，拒绝$H_0$；否则，不拒绝$H_0$。

左侧检验拒绝域如图4.6所示。

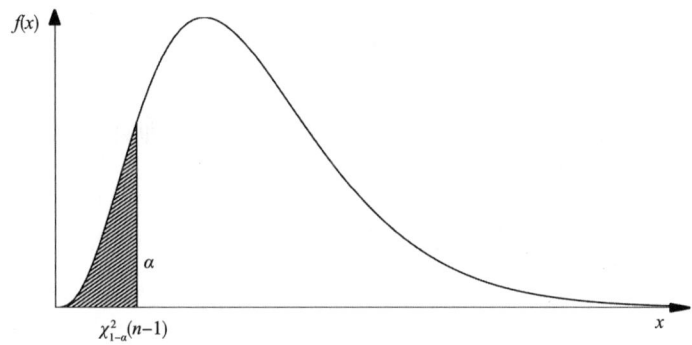

图4.6 单个正态总体方差左侧检验的拒绝域

【**例4.11**】某厂生产的某种电缆的抗断强度的标准差为240 kg，这种电缆的制造方法改变以后取8根电缆，测得样本抗断强度的标准差为205 kg，设电缆抗断强度X服从$N(\mu, \sigma^2)$分布。给定$\alpha = 0.05$，试问电缆的制造方法改变后电缆的抗断强度的标准差是否显著变小？

解：①假设H_0：$\sigma^2 \geqslant \sigma_0^2 = 240^2$，$H_1$：$\sigma^2 < \sigma_0^2$。

②H_0的拒绝域为W_0：$\frac{(n-1)S^2}{\sigma_0^2} \leqslant \chi_{1-\alpha}^2(n-1)$。

③查附表三知$\chi_{1-0.05}^2(7) = 2.167$，计算$\frac{(n-1)s^2}{\sigma_0^2} = \frac{7 \times 205^2}{240^2} = 5.107$。

④因为$\frac{(n-1)s^2}{\sigma_0^2} = 5.107 > 2.167$，所以在显著水平$\alpha = 0.05$下，不拒绝$H_0$，认为标准差没有显著变小。

以上是单个正态总体均值和方差的检验问题，下面讨论互相独立的两个正态总体的方差比、均值差的检验问题。

4.2.3 两个正态总体的假设检验

设总体 $X \sim N(\mu_1, \sigma_1^2)$，$X_1, X_2, \cdots, X_m$ 是其中一个样本；$Y \sim N(\mu_2, \sigma_2^2)$，$Y_1, Y_2, \cdots, Y_n$ 是其中一个样本，且两个样本互相独立。$\bar{X}$ 和 $\bar{Y}$ 分别是这两个样本的样本均值，S_1^2 和 S_2^2 分别是这两个样本的样本方差。

4.2.3.1 两个正态总体方差比的假设检验

1. 两个正态总体方差比的双侧检验

①假设 H_0：$\sigma_1^2/\sigma_2^2 = 1$，$H_1$：$\sigma_1^2/\sigma_2^2 \neq 1$。

②由 σ_1^2/σ_2^2 的一个点估计 S_1^2/S_2^2 出发，当 H_0 成立时，选取检验统计量

$$\frac{S_1^2/\sigma_1^2}{S_2^2/\sigma_2^2} = \frac{S_1^2}{S_2^2} \sim F(m-1, n-1) \tag{4.10}$$

③构造小概率事件，有 $p\{S_1^2/S_2^2 \leqslant c_1 \text{ 或 } S_1^2/S_2^2 \geqslant c_2\} = \alpha$，即 $p\{S_1^2/S_2^2 \leqslant c_1\} + p\{S_1^2/S_2^2 \geqslant c_2\} = \alpha$，为了计算方便，习惯上取

$$p\{S_1^2/S_2^2 \leqslant c_1\} = \alpha/2, \quad p\{S_1^2/S_2^2 \geqslant c_2\} = \alpha/2$$

得

$$c_1 = F_{1-\alpha/2}(m-1, n-1), \quad c_2 = F_{\alpha/2}(m-1, n-1)$$

因此 H_0 的拒绝域为

$$W_0: \ 0 < S_1^2/S_2^2 \leqslant F_{1-\alpha/2}(m-1, n-1) \text{ 或 } S_1^2/S_2^2 \geqslant F_{\alpha/2}(m-1, n-1) \tag{4.11}$$

④查附表四并做判断。

该检验的拒绝域如图4.7所示。

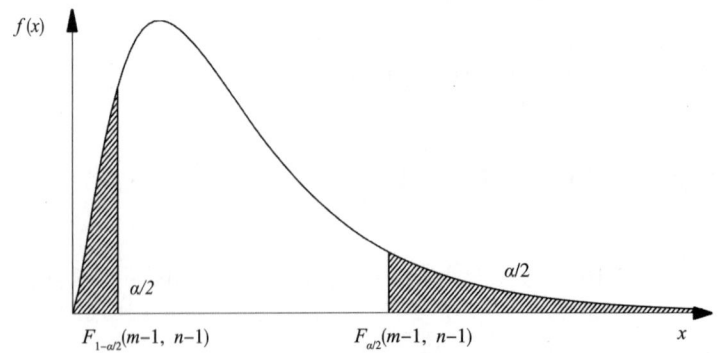

图4.7 两个正态总体方差双侧检验的拒绝域

【例4.12】 用两种不同饲料饲养肉鸡，56日后体重（kg）如表4.3所示。问这两种饲料喂养的肉鸡体重的方差是否有显著差异（假定测量值均服从正态分布，$\alpha=0.05$）。

表4.3　肉鸡体重　　　　　　　　　　　　单位：kg

第一种饲料x	2.56	2.73	3.05	2.87	2.46	2.93	2.41	2.58	2.89	2.76
第二种饲料y	3.12	3.03	2.86	2.53	2.79	2.8	2.96	2.68	2.89	

解： ①假设 $H_0: \sigma_x^2/\sigma_y^2=1$，$H_1: \sigma_x^2/\sigma_y^2\neq 1$。

②选取检验统计量 $\dfrac{S_x^2/\sigma_x^2}{S_y^2/\sigma_y^2} \xrightarrow{H_0\text{为真}} \dfrac{S_x^2}{S_y^2} \sim F(10-1,9-1)$。

③H_0的拒绝域为W_0：$0<S_x^2/S_y^2\leqslant F_{1-\alpha/2}(9,8)$ 或 $S_x^2/S_y^2\geqslant F_{\alpha/2}(9,8)$。

④查附表四知$F_{0.025}(9,8)=4.36$，$F_{0.025}(8,9)=4.102$，$F_{0.975}(9,8)=\dfrac{1}{F_{0.025}(8,9)}=\dfrac{1}{4.102}=0.2439$。计算可得$S_x^2=0.04609$，$S_y^2=0.03206$，因此$F=S_x^2/S_y^2=1.4376$。

⑤因为 $0.2439<1.4376<4.36$，即 $F_{0.975}(9,8)<S_x^2/S_y^2<F_{0.025}(9,8)$，所以在显著水平 $\alpha=0.05$下不拒绝H_0，认为两总体方差没有显著差异，即具有方差齐性。

该问题的R程序和结果如下：

```
>x<-c(2.56,2.73,3.05,2.87,2.46,2.93,2.41,2.58,2.89,2.76)
>y<-c(3.12,3.03,2.86,2.53,2.79,2.8,2.96,2.68,2.89)
>library(TeachingDemos)
>var.test(x,y,alternative='two.sided',conf.level=0.95)
data: x and y  F=1.4377, num df=9, denom df=8, p-value=0.6198
alternative hypothesis: true ratio of variances is not equal to 1
95 percent confidence interval: 0.3299505 5.8972632
sample estimates: ratio of variances 1.437671
```

程序说明：

首先要加载R包TeachingDemos，函数var.test(x,y)用于两个正态总体方差比的检验，x、y分别表示来自两个总体的样本数据变量，alternative=c('two.sided','less','greater')分别表示进行双侧、左侧和右侧检验。

输出结果说明：

该检验的原假设是两个总体的方差比为1，检验统计量F(9,8=1.4377)，概率$p=0.6198>0.05$，不拒绝原假设，认为这两个总体的方差比和1没有显著差异，即具有方差齐性。

2. 两个正态总体方差比的单侧检验假设

（1）左侧检验。

假设 H_1：$\sigma_1^2/\sigma_2^2 \geqslant 1$，$H_1$：$\sigma_1^2/\sigma_2^2 < 1$。

拒绝域为

$$W_0: \ 0 < S_1^2/S_2^2 \leqslant F_{1-\alpha}(m-1, n-1) \tag{4.12}$$

（2）右侧检验。

假设 H_0：$\sigma_1^2/\sigma_2^2 \leqslant 1$，$H_1$：$\sigma_1^2/\sigma_2^2 > 1$。

拒绝域为

$$W_0: \ S_1^2/S_2^2 \geqslant F_\alpha(m-1, n-1) \tag{4.13}$$

两个正态总体方差比的单侧检验拒绝域如图4.8所示。

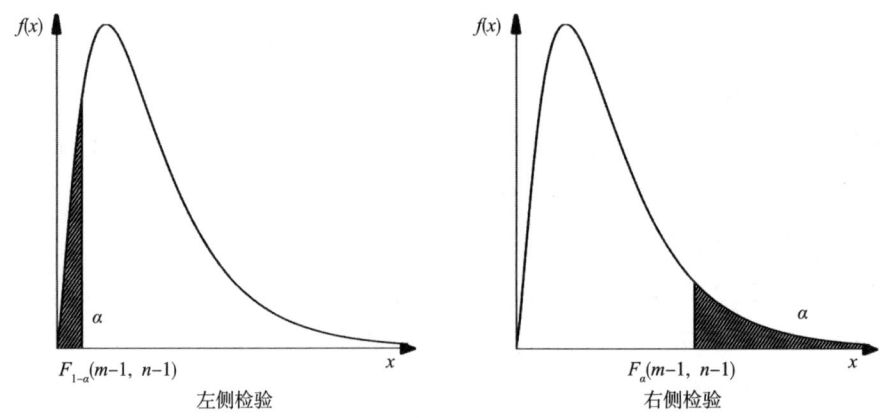

图4.8 两个正态总体方差比的单侧检验的拒绝域

4.2.3.2 两个正态总体均值差的假设检验

这个问题有3种情况：①方差 σ_1^2 和 σ_2^2 已知；②方差 σ_1^2 和 σ_2^2 未知，但 $\sigma_1^2 = \sigma_2^2 = \sigma^2$；③方差 σ_1^2 和 σ_2^2 未知，但 $\sigma_1^2 \neq \sigma_2^2$。下面逐一介绍。

1. 双侧检验（方差已知）

假设 σ_1^2 和 σ_2^2 已知。

①假设 H_0：$\mu_1 - \mu_2 = 0$，H_1：$\mu_1 - \mu_2 \neq 0$。

②选取检验统计量。从 $\mu_1 - \mu_2$ 的一个点估计 $\overline{X} - \overline{Y}$ 出发，由 H_1 确定拒绝域的形式为

$$W_0 = \{|(\overline{X} - \overline{Y}) - (\mu_1 - \mu_2)| \geqslant c\}$$

控制第 I 类错误，$P\{|(\overline{X} - \overline{Y}) - (\mu_1 - \mu_2)| \geqslant c \,|\, H_0 \text{ 成立时}\} = \alpha$。

又知 $\dfrac{\overline{X}-\overline{Y}-(\mu_1-\mu_2)}{\sqrt{\dfrac{\sigma_1^2}{m}+\dfrac{\sigma_2^2}{n}}} \sim N(0,1)$，当$H_0$为真时，有 $\dfrac{\overline{X}-\overline{Y}}{\sqrt{\dfrac{\sigma_1^2}{m}+\dfrac{\sigma_2^2}{n}}} \sim N(0,1)$，所以

$$P\{|\overline{X}-\overline{Y}|\geqslant c\}=P\left\{\dfrac{|\overline{X}-\overline{Y}|}{\sqrt{\dfrac{\sigma_1^2}{m}+\dfrac{\sigma_2^2}{n}}} \geqslant \dfrac{c}{\sqrt{\dfrac{\sigma_1^2}{m}+\dfrac{\sigma_2^2}{n}}}\right\}=\alpha \Rightarrow \dfrac{c}{\sqrt{\dfrac{\sigma_1^2}{m}+\dfrac{\sigma_2^2}{n}}}=z_{\alpha/2}$$

③H_0的拒绝域为

$$W_0: U=\dfrac{|\overline{X}-\overline{Y}|}{\sqrt{\dfrac{\sigma_1^2}{m}+\dfrac{\sigma_2^2}{n}}} \geqslant z_{\alpha/2} \tag{4.14}$$

④计算U，查附表一知$z_{\alpha/2}$，并做判断。

【例4.13】 为比较早稻原品种和新品种的产量，把肥力、灌溉、管理等条件类似的试验田等分为19块，随机选取10块种新品种x、9块种原品种y，收获后测得亩产量（kg）如表4.4所示。假定两稻种的产量分别为X和Y，又知$X \sim N(\mu_1, 4^2)$、$Y \sim N(\mu_2, 8^2)$，问两稻种的平均产量有无显著差异（$\alpha=0.05$）。

表4.4　早稻原品种和新品种的亩产量　　　　　　　　　　　单位：kg

x	140	137	136	140	145	148	140	135	144	141
y	135	118	115	128	131	130	115	131	125	

解： ①假设H_0：$\mu_1-\mu_2=0$，H_1：$\mu_1-\mu_2 \neq 0$。

②选取检验统计量 $U=\dfrac{\overline{X}-\overline{Y}}{\sqrt{\dfrac{\sigma_x^2}{m}+\dfrac{\sigma_y^2}{n}}} \sim N(0,1)$。

③H_0的拒绝域为W_0：$|U|=\dfrac{|\overline{X}-\overline{Y}|}{\sqrt{\dfrac{\sigma_x^2}{m}+\dfrac{\sigma_y^2}{n}}} \geqslant z_{\alpha/2}$。

④查附表一知$z_{\alpha/2}=z_{0.025}=1.96$，计算$U_0=\dfrac{140.6-125.3}{\sqrt{\dfrac{4^2}{10}+\dfrac{8^2}{9}}}=5.17$。

⑤因为$|U_0|=5.17>1.96$，所以在显著水平$\alpha=0.05$下，拒绝H_0，可认为两品种的平均产量有显著差异。

该问题的R程序和结果如下所示：

```
>x<-c(140,137,136,140,145,148,140,135,144,141)
>y<-c(135,118,115,128,131,130,115,131,125)
>library(BSDA)
>z.test(x,y,sigma.x=4,sigma.y=8,alternative='two.sided')
data: x and y
z = 5.1726, p-value = 2.309e-07
alternative hypothesis: true difference in means is not equal to 0
95 percent confidence interval: 9.481913 21.051420
```

解释:

函数z.test()用于检验方差已知时,两个正态总体均值差的显著性检验,sigma.x和sigma.y分别表示两个总体的标准差,alternative = 'two.sided'表明进行双侧检验。检验统计量z = 5.1726,概率p = 2.309e-07 < 0.01,因此在显著水平0.01下,拒绝原假设,两品种的产量有显著差异。

2. 双侧检验（方差未知，方差齐性）

若满足方差齐性,即$\sigma_1^2 = \sigma_2^2 = \sigma^2$,检验$\mu_1$是否等于$\mu_2$。

①假设H_0: $\mu_1 - \mu_2 = 0$,H_1: $\mu_1 - \mu_2 \neq 0$。

②选取检验统计量。从$\mu_1 - \mu_2$的一个点估计$\overline{X} - \overline{Y}$出发,由$H_1$确定拒绝域的形式为

$$W_0 = \{|(\overline{X} - \overline{Y}) - (\mu_1 - \mu_2)| \geq c\}$$

控制第Ⅰ类错误,$P\{|(\overline{X} - \overline{Y}) - (\mu_1 - \mu_2)| \geq c | H_0 成立时\} = \alpha$。

由于 $\dfrac{(\overline{X} - \overline{Y}) - (\mu_1 - \mu_2)}{S_w\sqrt{\dfrac{1}{m} + \dfrac{1}{n}}} \sim t(m+n-2)$,其中

$$S_w^2 = \frac{(m-1)S_1^2 + (n-1)S_2^2}{m+n-2}, \quad T = \frac{\overline{X} - \overline{Y}}{S_w\sqrt{\dfrac{1}{m} + \dfrac{1}{n}}} \sim t(m+n-2)$$

所以

$$P\{|\overline{X} - \overline{Y}| \geq c\} = P\left\{\frac{|\overline{X} - \overline{Y}|}{S_w\sqrt{\dfrac{1}{m} + \dfrac{1}{n}}} \geq \frac{c}{S_w\sqrt{\dfrac{1}{m} + \dfrac{1}{n}}}\right\} = \alpha \Rightarrow \frac{c}{S_w\sqrt{\dfrac{1}{m} + \dfrac{1}{n}}} = t_{\alpha/2}(m+n-2)$$

③H_0的拒绝域为

$$W_0: \frac{|\bar{X}-\bar{Y}|}{S_w\sqrt{\frac{1}{m}+\frac{1}{n}}} \geq t_{\alpha/2}(m+n-2) \tag{4.15}$$

④计算，查附表二知$t_{\alpha/2}(m+n-2)$，并做判断。

【例4.14】 在例4.13中，假定早稻原品种和新品种的产量X和Y分别服从正态分布，方差未知但满足齐性，问两稻种的平均产量有无显著差异？（$\alpha=0.05$）

解： ①假设H_0：$\mu_1=\mu_2$，H_0：$\mu_1 \neq \mu_2$。

②选取检验统计量。由抽样定理可知$\sigma_1^2=\sigma_2^2$未知，当H_0为真时有$T=\dfrac{\bar{X}-\bar{Y}}{S_w\sqrt{\dfrac{1}{m}+\dfrac{1}{n}}} \sim t(m+n-2)$，其中$S_w=\sqrt{\dfrac{(m-1)S_x^2+(n-1)S_y^2}{m+n-2}}$。

③H_0的拒绝域为W_0：$|T| \geq t_{\alpha/2}(m+n-2)$。

④因为$m=10$、$n=9$，查附表二知$t_{0.025}(17)=2.458$，计算得$\bar{x}=140.6$、$s_x^2=16.93$、$\bar{y}=125.33$、$s_y^2=56.75$，$|T|=\dfrac{|140.6-125.33|}{\sqrt{\dfrac{9\times 16.93+8\times 56.75}{17}}\sqrt{\dfrac{1}{10}+\dfrac{1}{9}}} \approx 5.563$。

⑤因为$|T|=5.563>2.458$，所以拒绝H_0。在显著水平$\alpha=0.05$下，认为两稻种的产量有显著差异。

该问题的R程序和结果如下：

```
>x<-c(140,137,136,140,145,148,140,135,144,141)
>y<-c(135,118,115,128,131,130,115,131,125)
#首先进行方差齐性检验
>library(TeachingDemos)
>var.test(x,y,alternative='two.sided',conf.level=0.95)
data: x and y
F=0.29838, num df=9, denom df=8, p-value=0.09023
#进行t检验
>t.test(x,y,alternative='two.sided',var.equal=T)
t=5.5633, df=17, p-value=3.433e-05
```

程序说明：

函数var.test()用于检验两个正态总体方差的齐性，然后用函数t.test()检验两变量均值差异的显著性，如果满足方差齐性，在t.test()中设置var.equal=T，若不满足方差齐性，则设置var.equal=F。alternative=c('two.sided', 'less', 'greater')分别表示进行双侧、左侧和右侧检验。

输出结果分析：

方差齐性的检验统计量$F(9,8)=0.29838$，p值为$0.09023>0.05$，不拒绝原假设，因此方差满足齐性；t检验的统计量$t(9)=5.5633$，$p=3.433e-05<0.01$，在显著水平$\alpha=0.01$下，拒绝原假设，认为两稻种的平均产量有显著差异。

例4.14分析结果可视化的R程序如下：

首先将例4.13数据做简单整理，数据集包含两个列变量，一个为数值型变量yield，一个为分类变量group。

```
>library(ggsignif)
>library(ggplot2)
>yield<-c(140, 137, 136, 140, 145, 148, 140, 135, 144, 141, 135, 118,
>115, 128, 131, 130, 115, 131, 125)
>group<-rep(c('new', 'old'), c(10, 9))
>da<-data.frame(yield, group)
>da$group<-as.factor(da$group)
#构造函数，定义误差棒的上下限
>errorbar_up<-function(group){mean(group)+sd(group)}
>errorbar_down<-function(group){mean(group)-sd(group)}
>ggplot(da, aes(group, yield, fill=group)) +
stat_summary(geom='bar', width=0.5, fun=mean, show.legend=F) +
stat_summary(geom='errorbar', fun.min=errorbar_down, fun.max=errorbar_up, width=0.04) +
geom_signif(comparisons=list(c('new', 'old')), test='t.test', y_position=148,
map_signif_level=T, tip_length=0.1) +            #标注检验显著性
scale_y_continuous(expand=c(0,0), limits=c(0,160)) + #定义y轴的范围
theme_classic() +                                 #设置背景
scale_fill_manual(values=c('steelblue', 'green')) + #手动修改填充颜色
theme(legend.title=element_blank()) +
labs(x='品种', y='均值', title='Comparison of Rice Yield') + #设置坐标轴和标题
```

theme(plot.title=element_text(hjust=0.5)) #标题居中

输出结果分析：

两品种平均产量差异性检验的可视化结果如图4.9所示，旧品种水稻产量的波动大于新品种，新品种的平均产量和旧品种差异显著（$p<0.001$），且新品种产量显著高于旧品种。

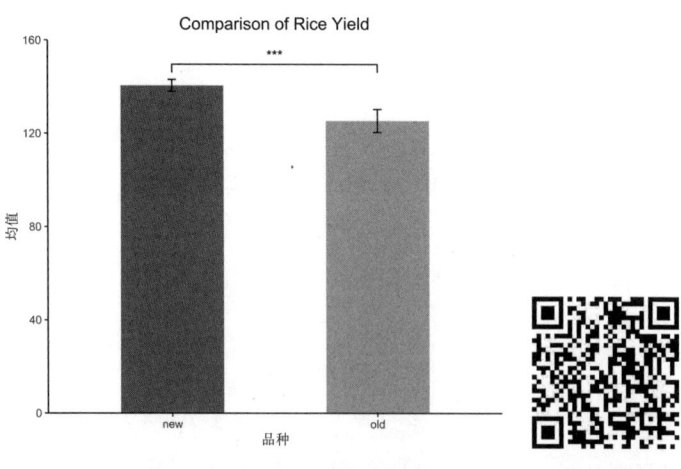

图4.9 两稻种平均产量差异性的检验结果　　扫码看彩图

3. 双侧检验（方差未知，不满足方差齐性）

如果两样本方差不满足齐性，即$\sigma_1^2 \neq \sigma_2^2$，上述统计量不再服从$t$分布，只能用近似公式，最常用的是Aspin-Welch检验法，检验步骤如下。

①假设H_0：$\mu_1 = \mu_2$，H_0：$\mu_1 \neq \mu_2$。

②当H_0成立时，检验统计量

$$T = \frac{\bar{X} - \bar{Y}}{\sqrt{\frac{S_1^2}{m} + \frac{S_2^2}{n}}}$$

近似服从t分布，其自由度为

$$df = \frac{\left(\frac{S_1^2}{m} + \frac{S_2^2}{n}\right)^2}{\frac{S_1^4}{m^2(m-1)} + \frac{S_2^4}{n^2(n-1)}} \quad (4.16)$$

③H_0拒绝域为

$$W_0: \frac{|\bar{x} - \bar{y}|}{\sqrt{\frac{S_1^2}{m} + \frac{S_2^2}{n}}} \geq t_{\alpha/2}(df) \quad (4.17)$$

④计算并做判断，两个正态总体均值的单侧检验和单个正态总体均值的检验类似，具体不再赘述。

总结两个正态总体均值差的假设检验如表4.5所示。

表4.5 两个正态总体均值差的假设检验

原假设H_0	备择假设H_1	条件	检验统计量及其分布	H_0的拒绝域W_0
$\mu_1 = \mu_2$	$\mu_1 \neq \mu_2$			$\lvert u \rvert \geqslant z_{\alpha/2}$
$\mu_1 \leqslant \mu_2$	$\mu_1 > \mu_2$	$\sigma_1^2 \text{、} \sigma_2^2$ 已知	$U = \dfrac{\overline{X} - \overline{Y}}{\sqrt{\dfrac{\sigma_1^2}{m} + \dfrac{\sigma_2^2}{n}}} \sim N(0,1)$	$u \geqslant z_\alpha$
$\mu_1 \geqslant \mu_2$	$\mu_1 < \mu_2$			$u \leqslant -z_\alpha$
$\mu_1 = \mu_2$	$\mu_1 \neq \mu_2$			$\lvert T \rvert \geqslant t_{\alpha/2}(m+n-2)$
$\mu_1 \leqslant \mu_2$	$\mu_1 > \mu_2$	$\sigma_1^2 \text{、} \sigma_2^2$ 未知	$T = \dfrac{\overline{X} - \overline{Y}}{S_w\sqrt{\dfrac{1}{m} + \dfrac{1}{n}}} \sim t(m+n-2)$	$T \geqslant t_\alpha(m+n-2)$
$\mu_1 \geqslant \mu_2$	$\mu_1 < \mu_2$			$T \leqslant -t_\alpha(m+n-2)$

注：$S_w = \sqrt{\dfrac{(m-1)S_1^2 + (n-1)S_2^2}{m+n-2}}$。

4.2.4 配对数据的假设检验

前面讲述的两个正态总体的假设检验，样本间是独立的，又称作成组数据检验。在实际研究中，有时为了提高检验的准确度，往往把试验材料两两配对，每对材料初始条件尽可能一致，不同对子间初始条件允许有差异，每个对子随机接受两个处理中的一种，这样获得的数据是相关成对的，称为配对数据。例如：同一窝动物实施两种不同处理、在相邻两个小区实施两种不同处理、在同一植株（或器官）的对称部位上实施两种不同处理等，这样设计的目的是尽量减少个体间差异对试验指标的影响，提高试验的准确度。特别注意，并不是两个总体的样本容量相同所得的数据就是配对数据，必须是在相同条件下作对比试验所得的数据。

此时取每对材料测量值的差作为研究对象，这样消除了其他方面的差异，将两个总体均值差的显著性检验问题，转化为单个总体均值的检验问题。

设有两个总体X、Y，其均值分别为μ_1、μ_2，其方差分别为σ_1^2、σ_2^2，令$Z = X - Y$，假设$Z \sim N(\mu, \sigma^2)$，其中$\mu = \mu_1 - \mu_2$、$\sigma^2 = \sigma_1^2 + \sigma_2^2$。假设问题由$\mu_1 = \mu_2$转换为检验假设$\mu = 0$。设$(x_i, y_i)$，$i = 1, 2, \cdots, n$，是分别来自于总体$X$、$Y$的配对样本数据，$x_i - y_i = z_i$可看作总体$Z$的样本值。

检验的一般步骤如下。

①假设H_0：$\mu = \mu_1 - \mu_2 = 0$，H_1：$\mu \neq 0$。

②选取检验统计量。由于$\dfrac{\bar{Z} - \mu}{S/\sqrt{n}} \sim t(n-1)$，当$H_0$成立时有$T = \dfrac{\bar{Z}}{S/\sqrt{n}} \sim t(n-1)$。

③H_0的拒绝域为

$$W_0: \dfrac{|\bar{Z}|}{S/\sqrt{n}} \geqslant t_{\alpha/2}(n-1) \tag{4.18}$$

④计算$|T| = \dfrac{|\bar{z}|}{S/\sqrt{n}}$，查附表二可知$t_{\alpha/2}(n-1)$，并做判断。

【例4.15】为对比两种肥料的效果，现把试验田按照肥力、灌溉、管理条件等划分为9块基本一致的小区，每个小区再等分成两块，各自随机使用这两种肥料，所得产量（kg）如表4.6所示。

表4.6　使用两种不同肥料的产量　　　　　　　　　　　　　　　　　单位：kg

A肥料	13.48	14.56	13.68	13.2	14.16	13.92	13.44	13.78	12.52
B肥料	12.12	13.32	12.98	12.36	12.34	13.44	12.48	12.26	11.34

问两种肥料的效果是否有显著差异（$\alpha = 0.01$，设产量差服从正态分布）。

解： 该问题属于配对试验资料，假设施A、B两种肥料的产量分别为X、Y，设$Z = X - Y$，且$Z \sim N(\mu, \sigma^2)$，首先计算各对差如表4.7所示。

表4.7　各对差计算表　　　　　　　　　　　　　　　　　　　　　　单位：kg

$z_i = x_i - y_i$	1.36	1.24	0.70	0.84	1.82	0.48	0.96	1.52	1.18

①假设H_0：$\mu = \mu_1 - \mu_2 = 0$，H_1：$\mu \neq 0$。

②H_0的检验统计量为$T = \dfrac{\bar{Z}}{S/\sqrt{n}} \sim t(n-1)$。

③H_0的拒绝域为W_0：$|T| \geqslant t_{\alpha/2}(n-1)$。

④对给定的显著水平$\alpha = 0.01$，查附表二得临界值为$t_{\alpha/2}(n-1) = t_{0.005}(8) = 3.3554$，根据样本值计算得

$$\bar{z} = \dfrac{1}{9}\sum_{i=1}^{8} z_i = 1.122$$

$$s^2 = \dfrac{1}{8}\sum_{i=1}^{9}(z_i - \bar{z})^2 = 0.1769$$

$$|T| = \frac{1.122 \times \sqrt{9}}{0.420\,6} = 8.004$$

⑤由于$|T| = 8.004 > 3.355\,4$，故在显著水平$\alpha = 0.01$下，拒绝H_0，认为$\mu \neq 0$，即认为两种肥料的效果有显著差异。

另外，配对数据也有单侧假设检验，和前面单个正态总体均值的假设检验的思路类似，这里不再赘述。

例4.14数据资料的R程序和结果如下：

```
>x<-c(13.48,14.56,13.68,13.2,14.16,13.92,13.44,13.78,12.52)
>y<-c(12.12,13.32,12.98,12.36,12.34,13.44,12.48,12.26,11.34)
>t.test(x, y, paired = T, alternative = 'two.sided', conf.level = 0.99)
data: x and y
= 8.0035, df = 8, p-value = 4.353e-05
alternative hypothesis:
true difference in means is not equal to 0.99 percent confidence interval:0.6517436 1.5927008
sample estimates: mean of the differences: 1.122222
```

程序说明：

利用函数t.test()进行t检验时，设置paired=T说明是配对试验资料，配对数据检验同样有单侧检验和双侧检验，可以设置alternative和conf.level，用法和前面类似。

输出结果分析：

检验统计量的值$t(8) = 8.0035$，$p = 4.353\mathrm{e} - 05 < 0.01$，在显著水平0.01下拒绝原假设，说明两种肥料效果的均值差显著不为0，即两种肥料的效果有显著差异。

4.2.5 比例检验

前面介绍了关于正态总体均值和方差的假设检验，在实际问题中还有一些重要的假设检验问题，它们的总体不服从正态分布，比如比例问题的假设检验。

4.2.5.1 单个0-1分布总体参数的检验

设总体$X \sim B(1, p)$，总体比例p是指总体中具有某种特性的个体所占的比例，有$E(X) = p$，$D(X) = p(1-p)$。若从总体抽取容量为n的样本$X_1, X_2, \cdots, X_n$，则样本中具有该特性的个体的数目就是$\sum_{i=1}^{n} X_i$，而样本均值$\overline{X} = \frac{1}{n}\sum_{i=1}^{n} X_i$称为样本中该特性所占的比例。当样

本量足够大时（$n \geq 30$），由中心极限定理知

$$\frac{\sum_{i=1}^{n} X_i - np}{\sqrt{np(1-p)}} \overset{近似}{\sim} N(0,1) \quad (1.19)$$

1. 双侧检验

①假设H_0：$p=p_0$，H_1：$p \neq p_0$。

②选择统计量。当H_0为真时，选取检验统计量

$$U = \frac{\sum_{i=1}^{n} X_i - np_0}{\sqrt{np_0(1-p_0)}} = \frac{\bar{X} - p_0}{\sqrt{p_0(1-p_0)/n}} \overset{近似}{\sim} N(0,1) \quad (4.20)$$

③得出拒绝域。由于$\bar{X}$是p的无偏估计，当H_0为真时，$|U|$不应该太大，如果太大，就拒绝原假设。因而拒绝域为$P\{|U| \geq C\} = \alpha$，其中$C \approx z_{\alpha/2}$，可得

$$W_0: \frac{|\bar{X} - p_0|}{\sqrt{p_0(1-p_0)/n}} \geq z_{\alpha/2} \quad (4.21)$$

【例4.16】用糯玉米和非糯玉米杂交，预期F_1植株上糯性花粉粒的百分率为0.5，现随机检验150粒花粉，得糯性花粉68粒，问此结果和理论百分率0.5是否有显著差异。

分析：由题意可知随机变量$X \sim B(1,p)$，$P(糯性) = P(X=1) = p$，$P(非糯) = P(X=0) = 1-p$

该问题不是正态总体，但样本量$n=150>30$，可利用上面介绍的方法。

解：①假设H_0：$p=p_0=0.5$，H_1：$p \neq p_0$。

②选取检验统计量。当H_0为真，大样本时有以下近似分布：

$$U = \frac{\bar{X} - p_0}{\sqrt{p_0(1-p_0)/n}} \overset{近似}{\sim} N(0,1)$$

③H_0的拒绝域为W_0：$|U| \geq z_{\alpha/2}$。

④给定$\alpha = 0.05$，查附表一知$z_{0.05/2} = z_{0.025} = 1.96$，由样本值计算$\bar{x} = \frac{68}{150} = 0.453$，$|u| = \frac{|\bar{x} - p_0|}{\sqrt{p_0(1-p_0)/n}} = \frac{|0.453 - 0.5|}{\sqrt{0.5(1-0.5)/150}} = 1.143$。

⑤由于$|u_0|=1.143<1.96$，在显著水平$\alpha=0.05$下，不拒绝H_0，认为F_1植株上糯性花粉的比例和理论百分率0.5的差异在统计上不显著。

该问题的R程序和结果如下：

```
>n<-150;x.mean<-68/150;p0<-0.5
```

```
>z<-abs(x.mean-p0)/sqrt(p0*(1-p0)/n)
>p.value<-2*(1-pnorm(z))
>data.frame(z,p.value)
        z          p.value
-1.143095      0.2529991
```

2. 单侧检验

比例问题的检验也有单侧，其拒绝域的寻找方法，和前面单个总体参数的检验法类似。

（1）右侧检验。假设H_0: $p \leq p_0$, H_1: $p > p_0$；拒绝域为W_0: $u \geq z_\alpha$。

（2）左侧检验。假设H_0: $p \geq p_0$, H_1: $p < p_0$；拒绝域为W_0: $u \leq -z_\alpha$。

【例4.17】 种子公司认为某品种发芽率达85%以上，现从中随机抽验2000粒，有1600粒发芽，问这批种子的发芽率和种子公司的说法是否一致（$\alpha = 0.01$）。

分析：该问题样本量足够大。一般情况认为负责人说话是有一定根据的，要否定就要有说服力。所以该检验所提出的假设是H_0: $p \geq p_0 = 0.85$。

解：①假设H_0: $p \geq p_0 = 0.85$, H_1: $p < 0.85$。

②H_0的拒绝域为W_0: $U = \dfrac{\overline{X} - p_0}{\sqrt{p_0(1-p_0)/n}} \leq -z_\alpha$。

③查附表一知$-z_{0.01} = -2.33$，计算$u = \dfrac{1600/2000 - 0.85}{\sqrt{0.85 \times 0.15/2000}} = -6.262$。

④因为$u = -6.262 < -2.33$，所以在显著水平$\alpha = 0.01$下，拒绝H_0，即认为这批种子的发芽率显著低于85%。

该问题的R程序和结果如下：

```
>n<-2000;x.mean<-1600/2000;p0<-0.85
>z<-(x.mean-p0)/sqrt(p0*(1-p0)/n)
>p.value<-pnorm(z)
>data.frame(z,p.value)
        z          p.value
-6.262243      1.897396e-10
```

4.2.5.2 两个0-1分布总体参数的检验

设总体$X \sim B(1, p_1)$，其一个样本是$X_1, X_2, \cdots, X_m$；总体$Y \sim B(1, p_2)$，其一个样本是$Y_1, Y_2, \cdots, Y_n$，且两个样本相互独立。

已知 $X_i \sim B(1, p_1)$、$Y_i \sim B(1, p_2)$，且 $\sum_{i=1}^{m} X_i \sim B(m, p_1)$、$\sum_{i=1}^{n} Y_i \sim B(n, p_2)$，当 n、m 充分大时，由中心极限定理可得

$$\bar{X} \stackrel{近似}{\sim} N(p_1, \frac{p_1(1-p_1)}{m}), \quad \bar{Y} \stackrel{近似}{\sim} N(p_2, \frac{p_2(1-p_2)}{n})$$

又 $\bar{X}$ 与 $\bar{Y}$ 独立，故 $\bar{X} - \bar{Y} \stackrel{近似}{\sim} N(p_1 - p_2, \frac{p_1(1-p_1)}{m} + \frac{p_2(1-p_2)}{n})$，进一步得

$$U = \frac{(\bar{X} - \bar{Y}) - (p_1 - p_2)}{\sqrt{\frac{1}{m}p_1(1-p_1) + \frac{1}{n}p_2(1-p_2)}} \stackrel{近似}{\sim} N(0,1) \qquad (4.22)$$

1. 双侧检验

①假设 H_0：$p_1 = p_2 = p$，H_1：$p_1 \neq p_2$。

②选取检验统计量，在 H_0 为真时有

$$U = \frac{\bar{X} - \bar{Y}}{\sqrt{p(1-p)(\frac{1}{m} + \frac{1}{n})}} \stackrel{近似}{\sim} N(0,1) \qquad (4.23)$$

$\hat{p}_1 = \bar{X}$、$\hat{p}_2 = \bar{Y}$，式中的 p 通常按照下面方法估计：

$$\hat{p} = \frac{1}{m+n}(X_1 + X_2 + \cdots + X_m + Y_1 + Y_2 + \cdots + Y_n) = \frac{m\hat{p}_1 + n\hat{p}_2}{m+n} \qquad (4.24)$$

③H_0 的拒绝域为 W_0：$|U| \geqslant z_{\alpha/2}$。

④代入数据计算并判断。

该方法称为正态逼近法，正态逼近法适用条件是 m、n 都较大。

【例4.18】为确定 A、B 两种肥料的效果是否有显著差异，取1000株植物做实验，在施 A 肥料的100株植物中，有53株长势良好，在施 B 肥料的900株植物中有783株长势良好。在显著性水平0.01下检验这两种肥料的效果有无显著差异。

解：设施 A 肥的植物中长势好的比例为 p_1，施 B 肥的植物中长势好的比例为 p_2。

①假设 H_0：$p_1 = p_2$，H_1：$p_1 \neq p_2$。

②总体 X 是施 A 肥植物任一株良好的个数，且知 $X \sim B(1, p_1)$；总体 Y 是施 B 肥植物任一株长势良好的个数，且知 $Y \sim B(1, p_2)$，$m = 100$、$n = 900$ 很大且

$$\hat{p}_1 = \frac{53}{100} = 0.53, \quad \hat{p}_2 = \frac{783}{900} = 0.87$$

可用正态逼近法求检验统计量

$$U = \frac{\hat{p}_1 - \hat{p}_2}{\sqrt{(\frac{1}{m} + \frac{1}{n})\hat{p}(1-\hat{p})}} \stackrel{近似}{\sim} N(0,1)$$

③H_0的拒绝域为W_0：$|U| \geqslant z_{\alpha/2}$。

④计算 $\hat{p} = \dfrac{53+783}{100+900} = 0.836$，$|u| = \dfrac{|0.53-0.87|}{\sqrt{(\dfrac{1}{100}+\dfrac{1}{900}) \times 0.836 \times 0.164}} = \dfrac{0.34}{0.039} = 8.711$。

⑤因为$|u| = 8.711 > 2.58$，所以拒绝H_0，在$\alpha = 0.01$水平下，认为A与B两种肥料效果有显著差异。

该问题的R程序和结果如下：

```
>m=100;n=900
>p1<-53/100;p2<-783/900
>p<-(53+783)/1000
>z<-abs(p1-p2)/sqrt(p*(1-p)*(1/m+1/n))
>p.value<-2*(1-pnorm(z))
>data.frame(z,p.value)
       z           p.value
8.711142      3.008277e-18
```

解释：

在该检验中，$z = 8.711142$，$p = 3.008277\mathrm{e}-18$，由于$p < 0.01$，拒绝原假设，说明$A$与$B$两种肥料效果有显著差异。

2. 单侧检验

（1）右侧检验。假设H_0：$p_1 \leqslant p_2$，H_1：$p_1 > p_2$；拒绝域为W_0：$u \geqslant z_\alpha$。

（2）左侧检验。假设H_0：$p_1 \geqslant p_2$，H_1：$p_1 < p_2$；拒绝域为W_0：$u \leqslant -z_\alpha$。

【例4.19】有两种方法生产同一种商品，方法1成本高但次品率低，方法2成本低但次品率高。管理人员在选择生产方式时决定对两种方法的次品率进行比较，如果方法1比方法2的次品率低8%以上，则采用方法1，否则就采用方法2。现从方法1生产的产品中随机抽取300个，发现有33个次品；从方法2生产的产品中随机抽取300个，发现有84个次品，管理人员应该采用哪种方法进行生产？

解： 设采用方法1生产的次品率为p_1，采用方法2生产的次品率为p_2。

①假设H_0：$p_1 - p_2 \geqslant 8\%$，H_1：$p_1 - p_2 < 8\%$。

②该问题的拒绝域为

$$W_0: U = \dfrac{\hat{p}_1 - \hat{p}_2 - 0.08}{\sqrt{(\dfrac{1}{m}+\dfrac{1}{n})\hat{p}(1-\hat{p}_2)}} \leqslant -z_\alpha$$

③计算得$\hat{p}_1 = \dfrac{33}{300}$、$\hat{p}_2 = \dfrac{84}{300}$、$\hat{p} = \dfrac{33+84}{300+300} = 0.195$，以及

$$u = \frac{\frac{33}{300} - \frac{84}{300} - 0.08}{\sqrt{(\frac{1}{300} + \frac{1}{300}) \times 0.805 \times 0.195}} = -7.728$$

④因为$-z_{0.01} = -2.33$、$u = -7.728 < -2.33$，所以拒绝H_0，在$\alpha = 0.01$水平下，认为方法1比方法2的次品率低8%以上，因此采用方法1。

该问题的R程序和结果如下：

```
>m=300;n=300;
>p1<-33/300;p2<-84/300
>p<-(33+84)/600
>z<-((p1-p2)-0.08)/sqrt(p*(1-p)*(1/m+1/n))
>p.value<-pnorm(z)
>data.frame(z,p.value)
          z            p.value
  -7.728058       5.459965e-15
```

解释：

在该检验中，检验统计量的值$z = -7.728058$，$p = 5.459965e-15$，由于$p < 0.01$，拒绝原假设，说明方法1比方法2的次品率低8%以上，应该采用方法1进行生产。

4.2.6 效应量

在进行独立样本t检验时，经常汇报t值、自由度和显著性水平。如果拒绝了原假设，表明参数与假设值之间或者两个参数之间差异显著，这一结果并没有告诉差异程度，另外t检验的统计量受到样本量大小的影响，样本量越大统计量的值会变大，为此需要寻找一个不受样本量影响的一个指标，这就是t检验的效应量，它能够描述差异的程度，而且不受样本量的影响。

4.2.6.1 单样本t检验的效应量

来自单个正态总体的样本，若总体方差未知，样本均值和总体均值差异的显著性检验常用t检验，该检验的效用量通常使用Cohen的d统计量来度量，计算公式为：

$$d = \frac{|样本均值 - 总体均值|}{样本标准差} = \frac{|\bar{X} - \mu_0|}{S} \qquad (4.25)$$

d值的大小表示样本均值和总体均值的差异是多少个样本标准差，Cohen（1988）设定了一些界值作为效应量大小的判断，0.2、0.5、0.8分别代表小、中等、大效应，若$d < 0.2$，表明效应量非常小；若$0.2 \leq d < 0.5$，定义为小的效应量；若$0.5 \leq d < 0.8$，定义为

中等的效应量；若$d \geq 0.8$，定义为大的效应量，当然这是Cohen提供的标准，应用中可根据不同学科间存在的差异性灵活掌握。

【例4.20】 已知某种玉米平均穗重为300g，喷药后随机抽取15穗，重量（g）分别为：308、305、311、298、297、310、315、320、321、295、294、317、296、312、302。问这种药对果穗重量是否有显著影响，计算其效应量并分析其差异程度（$\alpha=0.05$）。

解：本问题用R实现的程序和结果如下：

```
>x<-c(308,305,311,298,297,310,315,320,321,295,294,317,296,312,302)
>t.test(x,mu=300)
One Sample t-test data: mydata t=2.7902,df=14,p-value=0.01446
alternative hypothesis: true mean is not equal to 300
95 percent confidence interval: 301.5576 311.9091
sample estimates:mean of x 306.7333
#计算效应量
>library(lsr)
>cohensD(x,mu=300)
[1] 0.7204316
```

解释：

t检验的结果显示，统计量$t(14)=2.7902$、$p=0.01446$，喷药前后均值的差异在0.05水平下显著；样本均值和总体均值的相差大约是0.772个标准差，根据Cohen提供的标准，该检验结果属于中等的效应量，差异程度是属于中等。

4.2.6.2 两个独立样本t检验的效应量

设两个独立样本分别来自两个正态总体，若总体方差未知，对两个总体均值差异的显著性检验常用t检验，差异的程度可用效应量进行度量，t检验的效应量的估计通常由Cohen的d统计量给出，计算公式为

$$d=\frac{|\bar{X}-\bar{Y}|}{S}, \quad S=\sqrt{\frac{(m-1)S_1^2+(n-1)S_2^2}{m+n-2}} \tag{4.26}$$

该效应量的含义是两个样本均值的差相当于多少个样本标准差，根据Cohen（1988）设定的效应量大小的判断标准，0.2、0.5、0.8分别代表小、中等、大的效应。

【例4.21】 为比较早稻原品种x与新品种y的亩产量（kg），某县对两种产品进行抽样调查，分别得样本如表4.8所示。问是否可以认为新旧品种亩产量之间差异显著，计算效应量并分析其差异程度（$\alpha=0.05$）。

表4.8 早稻原品种与新品种的亩产量   单位：kg

原品种x	350	355	340	361	352	354	342	345	333	342	
新品种y	361	388	395	359	397	358	387	349	354	342	360

解：本问题R实现的程序和结果如下：

```
>x<-c(350,355,340,361,352,354,342,345,333,342)
>y<-c(361,388,395,359,397,358,387,349,354,342,360)
#方差齐性检验
>library(TeachingDemos)
>var.test(x,y,alternative='two.sided')
F test to compare two variances
data: x and y, F=0.18445, num df=9,
denom df=10, p-value=0.01801
alternative hypothesis: true ratio of variances is not equal to 1
95 percent confidence interval:0.04881069 0.73114986
sample estimates: ratio of variances  0.1844538
#t检验
>t.test(x,y,var.equal=F)
t=-3.1997,df=13.837,p-value=0.006507,
alternative hypothesis: true difference in means is not equal to 0
95 percent confidence interval:-34.727636  -6.836001
sample estimates: mean of x 347.4000  mean of y 368.1818
#效应量计算
>library(lsr)
>cohensD(x,y)
[1] 1.350669
```

解释：

方差齐性检验中，$F(9,10)=0.18445$，$p=0.01801<0.05$，两样本方差不具有齐性；t检验中设置参数var.equal=F，$t(13.837)=-3.1997$，$p=0.006507<0.01$，两个总体的均值有显著差异；Cohen的d统计量值为1.350669，根据Cohen提供的标准，该检验结果属于大的效应量。

4.2.6.3 配对样本t检验的效应量

配对样本t检验的差异程度可利用Cohen的d统计量衡量：

$$d = \frac{|\bar{Z}|}{S_z} \tag{4.27}$$

式中，$\bar{Z}$ 表示配对样本差的均值；S_z 为配对样本差的标准差。

【例4.22】将大白鼠按性别、体重等条件类似的分为一对，共配为8对，每对中两只大白鼠分别喂给正常饲料 x 和维生素E缺乏饲料 y，一段时间后测定其肝中维生素A的含量（μmol/L）如表4.9所示。问两组大白鼠的肝中维生素A含量有无显著差异，并计算其效应量（$\alpha=0.05$）。

表4.9 饲喂不同饲料的大白鼠的肝中维生素A的含量　　　　　　　　单位：μmol/L

正常饲料 x	37.2	20.9	31.4	41.4	39.8	39.3	36.1	31.9
缺维生素E饲料 y	25.7	25.1	18.8	33.5	34	28.3	26.2	18.3

解：本问题R实现的程序和结果如下：

```
>x<-c(37.2,20.9,31.4,41.4,39.8,39.3,36.1,31.9)
>y<-c(25.7,25.1,18.8,33.5,34,28.3,26.2,18.3)
>t.test(x,y,paired=T)
Paired t-test data: x and y
t=4.2098,df=7,p-value=0.003987
alternative hypothesis: true difference in means is not equal to 0
95 percent confidence interval:3.731087 13.293913
sample estimates:mean of the differences  8.5125
>library(lsr)
>cohensD(x,y,method='paired')
[1] 1.488394
```

解释：

配对 t 检验的统计量 $t(7)=4.2098$，$p=0.003987<0.01$，在显著水平0.01下，饲喂缺乏维生素E的饲料和正常饲料的大白鼠肝中维生素A含量有显著差异；Cohen的 d 统计量值为1.488394，配对样本均值的差异大约是1.488394个标准差，根据Cohen提供的标准，该检验结果属于高的效应量。

4.3　非参数假设检验

由前面的讨论可知，在推断总体的参数时，均对总体做了一些限制性假设。例如：已知总体服从正态分布或0-1分布等。若总体的分布已知,对总体分布的参数如均值、方差等进行推断,这类检验称为参数检验;但在数据分析过程中,往往无法对总体的分布做简单假定,或者参数检验的假设条件得不到满足,这类利用样本数据对总体分布形态等进行推断的方法称为非参数假设检验。非参数假设检验是统计分析方法的重要组成部分,它和参数检验共同构成统计推断的基本内容。本节主要介绍分布拟合检验和几种常用的非参数假设检验法。

4.3.1 正态分布的检验

在很多分析中都假定总体服从正态分布,因此数据的正态性检验是比较重要的内容,常用的方法有图示法和检验法,图示法主要有Q-Q图和P-P图,检验法主要有Shapiro-Wilk检验和Kolmogorov-Smirnov检验等。

4.3.1.1 图示法

图示法是拟合优度检验的常用方法,虽然不能定量地描述样本与假设的总体分布之间的差异,但具有简便直观、易于解释的特点,往往从中能够发现样本的某些特征,从而为建立统计模型提供更多的信息。实际中常画的图有:直方图、茎叶图、Q-Q图(quantile-quantile-plots)和P-P图(probability-plots)。如果数据近似服从正态分布,直方图和茎叶图的形状与正态曲线应该比较接近;Q-Q图是根据观测值的实际分位数与理论分位数的符合程度绘制的;P-P图是根据观测数据的累积概率和理论分布的累积概率的符合程度绘制的。

【例4.23】(数据:example4.23.csv)随机抽取135尾鲢鱼测其体长(cm),具体数据如表4.10所示。试绘制Q-Q图和P-P图,并观察数据是否服从正态分布。

表4.10　鲢鱼体长　　　　　　　　　　　　　　　　　单位:cm

75	73	72	72	71	70	70	69	69	68	68	66	66	66	66
65	65	65	65	65	65	65	65	64	64	63	63	63	63	63
63	62	62	62	62	62	62	62	61	61	61	60	60	60	59
59	59	59	59	58	58	58	58	58	58	58	58	58	58	58
58	58	57	57	57	57	57	57	56	56	56	56	56	56	56
56	55	55	55	55	55	54	54	54	54	54	54	54	54	53
53	53	53	52	52	52	52	52	52	52	52	52	52	52	51
51	51	50	49	49	48	48	48	48	48	48	47	46	46	46
46	46	46	45	45	43	42	41	40	38	38	37	36	50	40

解： 本问题的R程序和结果如下：

```
#绘制Q-Q图
>da1<-read.csv('F:/data/ch4/example4.23.csv')       #读入数据
>qqnorm(da1$length,main='正态Q-Q图')                #绘制Q-Q图
>qqline(da1$length,col='red',lwd=1.5,lty=2)         #绘制P-P图
>f<-ecdf(da1$length)                                #输出经验累积分布函数
#f(x)计算每个样本观测值x对应的累积概率
>p1<-f(da1$length)
#计算理论的累积概率
>p2<-pnorm(da1$length,mean(da1$length),sd(da1$length))
#绘制散点图
>plot(p2,p1,xlab='理论的累积概率',ylab='观测的累积概率',main='正态P-P图')
#散点图中加入截距为0，斜率为1的直线
>abline(0,1,col='blue',lwd=1.5,lty=2)
```

解释：

图4.10中，正态Q-Q图中的红色虚线，斜率代表数据的标准差，截距代表数据的均值；正态P-P图中的蓝色虚线，斜率为1，截距为0。两个图中，如果散点的趋势和直线越一致，且随机的分布在直线附近，说明数据越接近正态分布，可以看出，鲢鱼的体长服从正态分布。

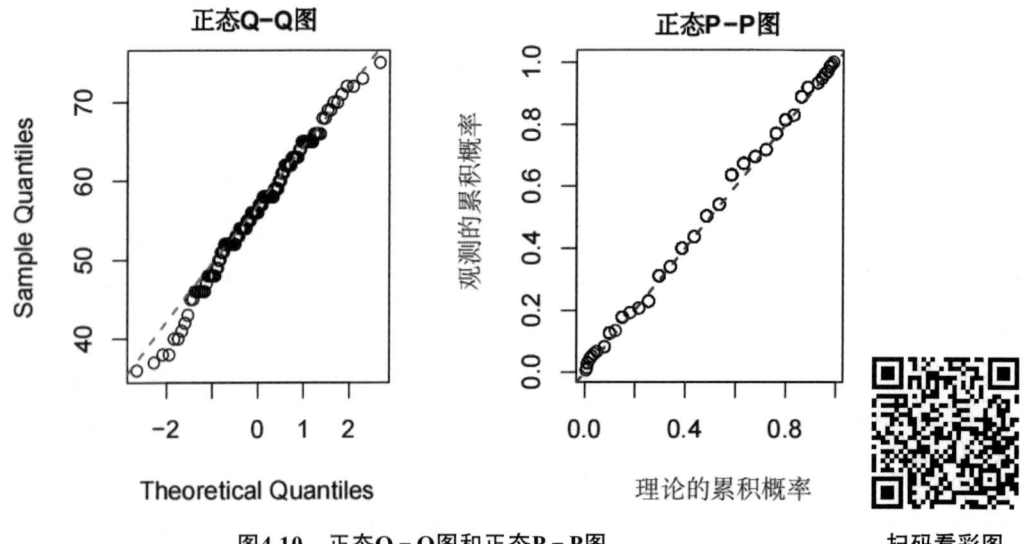

图4.10 正态Q-Q图和正态P-P图

4.3.1.2 检验法

检验的原假设是总体服从正态分布，若检验获得的p值小于给定的显著水平，则拒绝原假设，即数据不服从正态分布；若p值大于给定的显著水平，则不能拒绝原假设，即数据服从正态分布。常用的正态分布检验法有Shapiro - Wilk检验和Kolmogorov - Smirnov检验两种方法。

1. Shapiro - Wilk检验

Shapiro-Wilk检验简称S - W检验，通常适用于小样本情况。具体检验步骤如下。

① 假设H_0：总体服从正态分布，H_1：总体不服从正态分布。

② 检验统计量

$$W = \frac{\left[\sum_{i=1}^{n/2} a_i (X_{(n+1-i)} - X_{(i)})\right]^2}{\sum_{i=1}^{n} (X_{(i)} - \bar{X})^2} \quad (4.28)$$

式中，$x_{(1)}, x_{(2)}, \cdots, x_{(n)}$为$n$个独立观测值按非降序排列；$a_1, a_2, \cdots, a_n$在样本量为$n$时有特定的值，可以通过查表得到。

③ 判断。可以证明，W的值越大数据越服从正态分布，W的最大值为1。在原假设成立时，即总体分布为正态分布时，W的值应该接近于1，p值大于给定的显著水平，因此，在显著水平α下，如果统计量W的值小于其α分位数，则拒绝原假设，数据不服从正态分布，由此可得拒绝域为$W \leqslant W_\alpha$，W_α可以通过查表得到。

【4.24】（数据：example4.24.csv）某气象站收集了44个独立的年降水量（mm）数据如表4.11所示。对这批数据做正态性检验。

表4.10　44个独立的年降水量　　　　　　　　　　　　　单位：mm

520	556	561	616	635	669	686	692	704	707	704
711	713	714	719	727	735	740	744	750	766	777
786	791	794	821	822	826	834	837	851	862	873
879	889	900	904	922	926	952	963	1056	1074	879

解：本问题的R程序和结果如下：

```
#读入数据
>da1<-read.csv('F:/data/ch4/example4.24.csv')
>shapiro.test(da1$precipitation)
Shapiro-Wilk normality test
```

```
data: da1$precipitation
W=0.98536,p-value=0.8418
```

解释：

利用函数shapiro.test()进行正态性检验，$W=0.98536$，$p=0.8418>0.05$，不拒绝原假设，认为数据服从正态分布。

2. Kolmogorov-Smirnov检验

Kolmogorov-Smirnov检验简称K-S检验，通常适用于大样本情形。

K-S检验是基于累积分布函数进行的检验，在两个样本情况下，通常用于确定它们所来自的总体的概率分布是否有显著差异；在单样本情况下，通常检验观测数据所来自的总体是否服从某个已知的理论分布，主要有正态分布、泊松分布、均匀分布、指数分布等，该检验思想是将某一随机变量的分布函数与某一特定的分布函数相比较，通过检验其拟合程度来判断随机变量的分布。假设所来自的总体的分布函数为$F_1(x)$，给定的理论分布为$F(x)$，K-S检验的原假设和备择假设为：

H_0：总体分布和给定的理论分布无显著差异，即$F_1(x)=F(x)$；

H_1：总体分布和给定的理论分布差异显著，即$F_1(x) \neq F(x)$。

设各样本观测值x_i在理论分布中的累积概率为$F(x_i)$，各样本观测值x_i的实际累积概率为$S(x_i)$，实际累积概率和理论累积概率的差值为$D(x_i)$，则

$$D = \sup(|S(x_i) - F(x_i)|) \qquad (4.29)$$

如果H_0成立，D的值应该和0偏离不会太远，否则就应拒绝H_0。在显著水平α下，如果检验的概率小于α，则拒绝原假设，说明总体和给定的理论分布有显著差异。另外需要注意的是，K-S检验要求观测数据是连续型的，而且理论分布形式是已知的。

【例4.25】 现有某小麦品种的亩产量共30000个观测，数据为example4.25.csv，对这批数据进行正态性检验。

解： 本问题的R程序和结果如下：

```
>da1<-read.csv('F:/data/ch4/example4.25.csv')
>head(da1,3)
      yield
1    482.85
2    453.25
3    438.32
>ks.test(da1$yield,'pnorm',mean(da1$yield),sd(da1$yield))
One-sample Kolmogorov-Smirnovtest
data: da1$yield
```

```
D = 0.0028855, p-value = 0.9641, alternative hypothesis:
two-sided
```

解释：

该问题样本量比较大，因此可利用函数ks.test()进行正态性检验，原假设是数据服从正态分布，这里统计量$D=0.0028855$，$p=0.9641>0.05$，不能拒绝原假设，因此可以认为小麦的亩产量服从正态分布。

S-W检验和K-S检验对数据偏离正态性比较敏感，如果数据稍微偏离正态性，检验结果有可能是拒绝原假设，因此应该慎重使用这两个检验，另外可以结合数据的Q-Q图、P-P图、直方图和统计量（峰度、偏度等）进行综合考虑。

4.3.2 χ^2检验

在实际问题中，我们常常会遇到分类变量，比如性别、花的颜色、农作物的品种、药物的疗效和商品的品牌等，对这些类别变量得到的观测频数常用的检验方法为χ^2检验，这里主要介绍χ^2比例适合性检验和独立性检验。

4.3.2.1 χ^2检验的原理和方法

设总体X可以分成m类，记为$A_1, A_2, \cdots, A_m$，这些类出现的理论概率为$P\{A_i\}=p_i$，设$X_1, X_2, \cdots, X_n$为其一个样本，记f_i为样本属于类A_i的个数，$i=1,2,\cdots,m$，且$\sum_{i=1}^{m}f_i=n$，当n充分大时，英国统计学家皮尔逊（K. Pearson）证明

$$K = \sum_{i=1}^{m} \frac{(f_i - np_i)^2}{np_i} \overset{\text{近似}}{\sim} \chi^2(m-1) \tag{4.30}$$

该统计量也称作Pearson χ^2统计量，其中f_i是实际观测频数（observed frequency, O_i），np_i是理论频数（expected frequency, E_i），将K换一种写法为

$$K = \sum_{i=1}^{m} \frac{(O_i - E_i)^2}{E_i} \overset{\text{近似}}{\sim} \chi^2(m-1) \tag{4.31}$$

容易看出χ^2统计量的大小与观测频数和理论频数的偏离程度有关。若观测频数和理论频数完全符合，此时χ^2值为0，随着χ^2值增加，观测频数和理论频数的符合程度越来越小，由此给出χ^2检验的步骤如下。

①提出假设条件。H_0：观测值和理论值的差异是由抽样误差引起的，即观测值＝理论值；H_1：观测值≠理论值。

②确定拒绝域。当H_0成立，理论频数np_i与观测频数f_i的差别应该不会很大，这个差异可看作随机误差，检验统计量χ^2的值应该比较小，若比较大，则说明np_i与f_i的差别较大，

应考虑拒绝原假设;因此,对于给定的显著水平α,由附表三可查得临界值$\chi_\alpha^2(m-1)$,使

$$P\{K \geqslant \chi_\alpha^2(m-1)\} = \alpha$$

这样可知H_0的拒绝域为

$$W_0: \sum_{i=1}^{m} \frac{(f_i - np_i)^2}{np_i} \geqslant \chi_\alpha^2(m-1) \tag{4.32}$$

③计算并进行推断。

另外,为了使得K近似服从χ^2分布,还应注意以下3点。

①各类的理论频数不小于5,如果有一个或多个类的理论频数小于5,则会使Pearson统计量明显偏离χ^2分布,可能会导致错误的检验结果。

②若$df=1$,需要做连续性校正,统计量为

$$\chi^2 = \sum_{i=1}^{m} \frac{(|O_i - E_i| - 0.5)^2}{E_i} \tag{4.33}$$

对同一个资料,进行校正的χ^2值要比未校正的χ^2值小;当$df \geqslant 2$时,一般不再进行连续性校正。

③Pearson统计量的值越小,说明理论频数和观测频数越接近;Pearson统计量的值越大,说明理论频数和观测频数偏离程度越大,意味着可能要拒绝H_0,因此对于这个检验,没有下侧拒绝域,只有上侧拒绝域。

4.3.2.2 比例适合性检验

比较观测频数和理论频数是否吻合的假设检验称为比例适合性检验。假设理论分布函数为$F(x)$,把x的值域分为m个不相重合的区间,假设一次抽样的样本容量为n,统计落入每个区间的观测频数为O_i,再根据理论分布,计算落入每个区间的理论频数E_i,通过比较理论频数和观测频数,得到两者是否吻合的结论,也称作拟合优度检验。根据每个区间理论频数E_i的异同,可分为理论频数相同和理论频数不同两种情况。

1. 理论频数相同

【例4.26】为研究消费者对不同类型饮料是否有偏好,一家大型超市随机调查了2000个消费者的偏好情况,具体数据如表4.12所示。问消费者对不同类型饮料的喜好是否有显著差异($\alpha = 0.05$)。

表4.12 消费者对饮料偏好情况

饮料类型(x)	碳酸饮料	矿泉水	果汁	其他	合计
人数/人	525	550	470	455	2000

解:本问题将饮料共分为4类,如果消费者对饮料类型的喜好没有差异,那么每种饮

料被消费者选择的概率均为0.25。

①假设H_0：消费者对不同类型的饮料的喜好无显著差异，H_1：消费者对不同类型的饮料的喜好有显著差异。

②H_0的拒绝域为W_0：$\sum_{i=1}^{4}\frac{(f_i-np_i)^2}{np_i}\geq\chi_\alpha^2(4-1)$。

③列表计算，如表4.13所示。

表4.13 例4.26列表计算

属性	f_i	p_i	np_i	f_i-np_i	$\frac{(f_i-np_i)^2}{np_i}$
碳酸饮料	525	0.25	500	25	1.25
矿泉水	550	0.25	500	50	5
果汁	470	0.25	500	-30	1.8
其他	455	0.25	500	-45	4.05
合计	2000	1	2000	0	12.1

计算$\chi_0^2=\sum_{i=1}^{4}\frac{(f_i-np_i)^2}{np_i}=12.1$，给定$\alpha=0.05$，查附表三得$\chi_{0.05}^2(3)=7.815$。

④因为$\chi_0^2=12.1>7.815$，所以在显著水平$\alpha=0.05$下，拒绝原假设，认为消费者对不同类型饮料的喜好是有显著差异。

本问题的R程序和结果如下：

```
>times<-c(525,550,470,455)
>chisq.test(times,p=rep(0.25,4),correct=F)
Chi-squared test for given probabilities
data: times
X-squared=12.1,df=3,p-value=0.007048
```

解释：

利用函数chisq.test(x, p, correct)进行卡方检验，x为要检验的实际观测数，p为每一类出现的概率，correct=TRUE说明进行连续性校正（默认），否则不用校正。本问题检验统计量的值为$\chi^2(3)=12.1$，$p=0.007048<0.01$，在显著水平0.01下拒绝原假设，说明消费者对不同类型饮料的喜好有显著差异。

2. 理论频数不相同

【例4.27】在研究牛的毛色和角的有无两对相对性状分离现象时，用黑色无角牛和红色有角牛杂交，子二代的具体数据如表4.14所示。问子二代分离是否符合孟德尔遗传规律中9∶3∶3∶1的遗传比例（$\alpha=0.05$）。

表4.14　黑色无角牛和红色有角牛杂交子二代的表型数据

属性（x）	黑色无角（A_1）	黑色有角（A_2）	红色无角（A_3）	红色有角（A_4）	合计
头数	192	78	72	18	360

解：①假设H_0：子二代分离符合9∶3∶3∶1的遗传比例，H_1：子二代分离不符合9∶3∶3∶1的遗传比例。

②H_0的拒绝域为W_0：$\sum_{i=1}^{4}\dfrac{(f_i-np_i)^2}{np_i} \geqslant \chi_\alpha^2(4-1)$。

③列表计算如表4.15所示。

表4.15　例4.27列表计算

属性	f_i	p_i	np_i	f_i-np_i	$\dfrac{(f_i-np_i)^2}{np_i}$
A_1	192	9/16	202.5	−10.5	0.5444
A_2	78	3/16	67.5	10.5	1.6333
A_3	72	3/16	67.5	4.5	0.3
A_4	18	1/16	22.5	−4.5	0.9
合计	360	1	360	0	3.378

计算$K=\sum_{i=1}^{4}\dfrac{(f_i-np_i)^2}{np_i}=3.378$，给定$\alpha=0.05$，查附表三得$\chi_{0.05}^2(3)=7.815$。

④因为$K=3.378<7.815$，所以在显著水平$\alpha=0.05$下，不拒绝原假设，即子二代分离符合9∶3∶3∶1的遗传比例。

本问题的R程序和结果如下：

```
>times<-c(192,78,72,18)
>chisq.test(times,p=c(9/16,3/16,3/16,1/16),correct=F)
Chi-squared test for given probabilities
data: times
X-squared=3.3778,df=3,
p-value=0.337
```

解释：

本问题检验统计量的值为$\chi^2(3)=3.3778$，$p=0.337>0.05$，在显著水平0.05下不拒绝原假设，认为子二代分离符合9∶3∶3∶1的遗传比例。

需要注意的是，在进行拟合优度检验时，若给定的分布函数$F(x)$中不含未知参数，则Pearson统计量的自由度为类别数$m-1$；若$F(x)$中含有k个未知参数，则Pearson统计量的自由度为$m-k-1$。

3. 总体分布中含有未知参数

【例4.28】用显微镜计数血球计数板上各格中的细菌数，得到结果如表4.16所示。问细菌数是否服从泊松分布。

表4.16　血球计数板上各格中的细菌数

细菌数	0	1	2	3	4	5	6	7	8	9	合计
格子数	5	19	27	26	21	13	5	1	1	1	119

解：泊松分布的概率函数为

$$P\{X=i\} = \frac{\lambda^i}{i!}e^{-\lambda}, \ i=0,1,2,\cdots$$

①假设H_0：$X \sim \pi(\lambda)$，H_1：X不服从泊松分布。

由于泊松分布的参数λ未知，需要首先估计。

当H_0为真，用最大似然估计法得到λ的估计值

$$\hat{\lambda} = \bar{x} = \frac{1}{n}\sum_{i=0}^{9} iO_i$$

$$= \frac{1}{119}(0\times5+1\times19+2\times27+3\times26+4\times21+5\times13+6\times5+7\times1+8\times1+9\times1)$$

$$= 2.975$$

即平均每个格子中的细菌数为2.975，这样检验假设写为H_0：$X \sim \pi(2.975)$。将$\hat{\lambda}$的值代入概率函数，可求出$i=0,1,2,3,\cdots$的概率，由于$i=7,8,9$时样品的个数太少，因此需要合并，合并后的组数$m=7$。

②当H_0为真时，由已知$X \sim \pi(2.975)$，计算各类别的p_i：

$$p_0 = P\{X=0\} = \frac{2.975^0}{0!}e^{-2.975} = 0.0511 \quad p_1 = P\{X=1\} = \frac{2.975^1}{1!}e^{-2.975} = 0.152$$

$$p_2 = P\{X=2\} = \frac{2.975^2}{2!}e^{-2.975} = 0.226 \quad p_3 = P\{X=3\} = \frac{2.975^3}{3!}e^{-2.975} = 0.224$$

$$p_4 = P\{X=4\} = \frac{2.975^4}{4!}e^{-2.975} = 0.167 \quad p_5 = P\{X=5\} = \frac{2.975^5}{5!}e^{-2.975} = 0.0991$$

$$p_6 = P\{X \geqslant 6\} = 1 - P\{X<6\} = 0.0814$$

将计算的数据列入表4.17。

表4.17 例4.28列表计算

细菌数	f_i	p_i	np_i	$f_i - np_i$	$\dfrac{(f_i - np_i)^2}{np_i}$
0	5	0.0511	6.076	−1.0249	0.1905
1	19	0.152	18.075	1.0773	0.0474
2	27	0.226	26.884	0.3419	0.0005
3	26	0.224	26.658	−0.4341	0.0162
4	21	0.167	19.826	1.341	0.0695
5	13	0.0991	11.795	1.3037	0.123
≥6	8	0.0814	9.686	−1.6049	0.2294
合计	119	1	119	1	0.7408

③ H_0 的拒绝域为 W_0：$\sum_{i=1}^{m}\dfrac{(f_i-np_i)^2}{np_i} \geq \chi^2(7-1-1)$。

④ 给定显著水平 $\alpha = 0.05$，查附表三得 $\chi_\alpha^2(m-k-1) = \chi_{0.05}^2(7-1-1) = \chi_{0.05}^2(5) = 11.07$，由上表得知 $K = \sum_{i=1}^{7}\dfrac{(f_i-np_i)^2}{np_i} = 0.7408$。

⑤ 因为 $K = 0.7408 < 11.07$，所以在显著水平 $\alpha = 0.05$ 下，不拒绝 H_0，认为 X 服从泊松分布 $X \sim \pi(2.975)$。

本问题的R程序和结果如下：

```
>times<-rep(c(0,1,2,3,4,5,6,7,8,9),c(5,19,27,26,21,13,5,1,1,1))
>(lam<-mean(times))                         #求参数λ的估计值
[1] 2.97479
>x<-c(0,1,2,3,4,5,6)                        #将细菌数为6,7,8,9的合并为
                                              一类
>O<-c(5,19,27,26,21,13,8)                   #合并后的实际频数
>(p<-dpois(0:5,lambda=lam))                 #各类别的理论概率值
[1] 0.05105816 0.15188730 0.22591640 0.22401794 0.16660158 0.09912094
>(p[7]<-1-p[1]-p[2]-p[3]-p[4]-p[5]-p[6])
#计算当细菌数大于等于6时的概率
[1] 0.08139768
>E<-119*p                                   #理论频数
>(chisq<-sum((O-E)^2/E))                    #计算卡方统计量的值
```

```
[1] 0.7408198
>(df<-length(O)-1-1)                    #自由度
[1] 5
>((pvalue=1-pchisq(chisq,df)))          #输出检验概率
[1] 0.9806535
```

解释：

χ^2统计量的值为0.7408198，df为5，检验的p值为0.9806535>0.05，不拒绝原假设，说明该例数据服从泊松分布。

4.3.2.3 χ^2独立性检验

独立性检验是χ^2检验法的另一重要应用，该方法主要用于检验两个或两个以上的属性变量是否是相互独立的，在农业、医学、生物学和社会科学等领域有很多的应用。常用的是列联表形式。

【例4.29】 考察抽烟与患慢性气管炎病的关系，某地随机调查了339名50岁以上中老年人，数据如表4.18所示。试问抽烟与患慢性气管炎病有无关联（$\alpha=0.01$）。

表4.18 抽烟与患慢性气管炎病人群统计

分类	患病	不患病
抽烟	43	162
不抽烟	13	121

解： 该表为2×2的列联表，也叫作四格表，如果两个属性的分类数分别为m和k，则构成$m\times k$列联表，这类问题，由于人们关心的是两个属性是否独立，因此称作列联表的独立性检验。

一般情况，假设所考察总体的两个指标写成(X,Y)，将X指标的取值范围分成m个互不相交的区间$A_1,A_2,\cdots,A_m$，将Y指标的取值范围分成k个互不相交的区间$B_1,B_2,\cdots,B_k$，如表4.19所示。

表4.19 考察总体的两个指标

		Y				合计
		B_1	B_2	$\cdots$	B_k	
X	A_1	n_{11}	n_{12}	$\cdots$	n_{1k}	$n_{1\bullet}$
	A_2	n_{21}	n_{22}	$\cdots$	n_{2k}	$n_{2\bullet}$
	$\vdots$	$\vdots$	$\vdots$		$\vdots$	$\vdots$
	A_m	n_{m1}	n_{m2}	$\cdots$	n_{mk}	$n_{m\bullet}$
合计		$n_{\bullet 1}$	$n_{\bullet 2}$	$\cdots$	$n_{\bullet k}$	n

其中n_{ij}表示属于类A_i、类B_j的样品数,且

$$n_{i\cdot} = \sum_{j=1}^{k} n_{ij}, \quad n_{\cdot j} = \sum_{i=1}^{m} n_{ij}, \quad n = \sum_{i=1}^{m}\sum_{j=1}^{k} n_{ij}$$

记

$$P\{X \in A_i, Y \in B_j\} = p_{ij}, \quad i = 1, 2, \cdots, m, \quad j = 1, 2, \cdots, k$$

$$\sum_{j=1}^{k} p_{ij} = p_{i\cdot}, \quad \sum_{i=1}^{m} p_{ij} = p_{\cdot j}$$

且

$$\sum_{i}^{m} p_{i\cdot} = 1, \quad \sum_{j}^{k} p_{\cdot j} = 1$$

要检验的问题是X与Y是否独立,提出假设H_0:X与Y互相独立,H_1:X与Y不独立。如果H_0为真,则应有$p_{ij} = p_{i\cdot} p_{\cdot j}$,因此,列联表的独立性检验就是要检验

$$H_0: p_{ij} = p_{i\cdot} p_{\cdot j} (i=1,2,\cdots,m; j=1,2,\cdots,k), \quad H_1: \text{至少一对}(i,j), p_{ij} \neq p_{i\cdot} p_{\cdot j}$$

在这一问题中,Pearson χ^2统计量可以改写成

$$K = \sum_{i=1}^{m}\sum_{j=1}^{k} \frac{(n_{ij} - np_{ij})^2}{np_{ij}} = \sum_{i=1}^{m}\sum_{j=1}^{k} \frac{(n_{ij} - np_{i\cdot}p_{\cdot j})^2}{np_{i\cdot}p_{\cdot j}} \tag{4.34}$$

此假设中共有$m+k$个未知参数(m个$p_{i\cdot}$,k个$p_{\cdot j}$),但有两个约束条件$\sum_i p_{i\cdot} = 1$,$\sum_j p_{\cdot j} = 1$,故独立的未知参数有$m+k-2$个,参数$p_{i\cdot}, p_{\cdot j}$的最大似然估计为

$$\hat{p}_{i\cdot} = \frac{n_{i\cdot}}{n}, \quad \hat{p}_{\cdot j} = \frac{n_{\cdot j}}{n} (i=1,2,\cdots,m; j=1,2,\cdots,k)$$

对于独立性检验问题,可采用统计量

$$K = \sum_{j=1}^{k}\sum_{i=1}^{m} \frac{(n_{ij} - n\hat{p}_{i\cdot}\hat{p}_{\cdot j})^2}{n\hat{p}_{i\cdot}\hat{p}_{\cdot j}} = n\sum_{j=1}^{k}\sum_{i=1}^{m} \frac{\left(n_{ij} - \frac{n_{i\cdot}n_{\cdot j}}{n}\right)^2}{n_{i\cdot}n_{\cdot j}} \tag{4.35}$$

当H_0为真,n较大时,K近似服从自由度为$mk-(m+k-2)-1 = (m-1)(k-1)$的$\chi^2$分布,给定显著水平$\alpha$,可得$H_0$的拒绝域为$W_0$:$K \geq \chi_\alpha^2((m-1)(k-1))$。

对于四格列联表,K近似服从自由度为1的χ^2分布,此时需要进行连续性校正,公式为

$$K = n \sum_{j=1}^{k} \sum_{i=1}^{m} \frac{\left(\left| n_{ij} - \frac{n_{i \cdot} n_{\cdot j}}{n} \right| - 0.5 \right)^2}{n_{i \cdot} n_{\cdot j}} \quad (4.36)$$

注意：利用χ^2检验，样本量不能太小，理论频数在公式的分母上，如果太小会使得χ^2的值太大从而拒绝原假设，会得出错误的结论。由此给出χ^2检验的使用条件：若$df > 1$，$n > 40$且任一格子的理论频数$E \geq 5$，则直接进行χ^2检验；若$df = 1$，或$n > 40$且出现一个格子$1 \leq E < 5$，则利用校正的χ^2检验公式；若$n < 40$或至少一个格子$E < 1$，则要考虑使用Fisher精确性检验，在R中可利用函数fisher.test()实现。

下面以例4.29说明χ^2独立性检验的步骤，将数据整理如表4.20所示。试问吸烟与患慢性气管炎病有无关联（$\alpha = 0.05$）。

表4.20　例4.29的χ^2独立性检验

分类	患慢性气管炎者B_1	未患慢性气管炎者B_2	总计
吸烟A_1	$43 = n_{11}$	$162 = n_{12}$	$205 = n_{1 \cdot}$
不吸烟A_2	$13 = n_{21}$	$121 = n_{22}$	$134 = n_{2 \cdot}$
总计	$56 = n_{\cdot 1}$	$283 = n_{\cdot 2}$	$339 = n$

解：设X表示是否吸烟、Y表示是否患慢性气管炎病。X取两个值A_1、A_2，Y取两个值B_1、B_2。

①假设H_0：X与Y互相独立，H_1：X与Y不独立。

②选取的检验统计量为 $K = n \sum_{j=1}^{k} \sum_{i=1}^{m} \frac{(| n_{ij} - \frac{n_{i \cdot} n_{\cdot j}}{n} | - 0.5)^2}{n_{i \cdot} n_{\cdot j}}$。

③H_0的拒绝域为W_0：$K \geq \chi^2_\alpha ((m-1)(k-1))$。

④将样本值代入统计量可得到

$$K = 339 \times \left[\frac{\left(\left| 43 - \frac{205 \times 56}{339} \right| - 0.5 \right)^2}{205 \times 56} + \frac{\left(\left| 162 - \frac{205 \times 283}{339} \right| - 0.5 \right)^2}{205 \times 283} \right.$$

$$\left. + \frac{\left(\left| 13 - \frac{134 \times 56}{339} \right| - 0.5 \right)^2}{134 \times 56} + \frac{\left(\left| 121 - \frac{134 \times 283}{339} \right| - 0.5 \right)^2}{134 \times 283} \right] = 6.674$$

⑤查附表三知 $\chi^2_{0.05}((2-1)(2-1)) = \chi^2_{0.05}(1) = 3.841$。由于 $K=6.674>3.841$，在显著水平0.05下，拒绝H_0，抽烟和患病两个属性不独立，即两者是相关的。

本问题的R程序和结果如下：

```
>da<-matrix(c(43,13,162,121),2,2)    #默认byrow=F，按列输入数据
>chisq.test(da,correct=T)             #数据da可以是矩阵，也可以是数据框
Pearson's Chi-squared test with Yates' continuity correction
X-squared=6.6736,df=1,p-value=0.009785
```

解释：

由于本问题为2×2的列联表，df为1，需要进行连续性校正，在函数chisq.test()中设置correct=T。检验结果表明，校正后χ^2统计量的值为6.6736，检验概率$p=0.009785<0.01$，因此拒绝原假设，抽烟和患病两个属性不独立。

【例4.30】检测甲、乙、丙3种农药对烟蚜的毒杀效果，结果如表4.21所示。试分析这3种农药对烟蚜的毒杀效果是否一致。

表4.21　3种农药对烟蚜的毒杀效果　　　　　　　　　　　　　　　单位：只

分类	甲	乙	丙
死亡数	37	59	23
未死亡数	150	100	67

解： 本问题的R代码以及结果如下：

```
>da2<-matrix(c(37,150,59,100,23,67),2,3)
>chisq.test(da2,correct=F)
Pearson's Chi-squared test: data: da2
X-squared=13.164,df=2,p-value=0.001385
```

解释：

本问题为2×3列联表，$df>1$，样本量$n>40$，因此不需要连续性校正，设置correct=F，由于$p=0.02382<0.05$，拒绝原假设，说明3种农药的杀虫效果不一致，即杀虫效果和农药品种相关。

在此基础上想知道具体哪种农药效果好，可以将该问题的2×3列联表，做成3个2×2列联表，利用χ^2检验分别检验两种农药间杀虫效果的差异性。

4.3.3　Wilcoxon符号秩检验与秩和检验

前面讨论的问题大多数属于这样情形：总体的分布已知，其中包含有限个未知参数。

例如，关于正态总体均值和方差的检验问题，这种统计问题称为参数检验。如果总体不服从正态分布时，只能用样本中的"一般"信息，如位置、次序关系等进行检验，类似这种问题称为非参数检验。这里主要介绍符号秩检验和秩和检验，该检验方法是建立在"秩"概念上的非参数检验方法。

4.3.3.1 秩的定义和求法

1. 定义

设$x_1, x_2, \cdots, x_n$是两两互不相同的实数，若在$x_1, x_2, \cdots, x_n$中恰有R_i个元素的值不超过x_i，则称x_i在$x_1, x_2, \cdots, x_n$中的秩为R_i，若有几个实数相同，则用它们的平均值作为其秩。

例如：$n=6$，x_1至x_6分别为1.9、2.2、1.8、2.4、1.6、1.8，从小到大排序为$1.6 < 1.8 = 1.8 < 1.9 < 2.2 < 2.4$，故得$x_1$至$x_6$的秩分别为4、5、$\frac{2+(2+1)}{2}=2.5$、6、1、2.5。

2. 求秩的方法

将$x_1, x_2, \cdots, x_n$按从小到大的次序排列为$X_{(1)} \leq X_{(2)} \leq \cdots \leq X_{(n)}$，若$X_i = X_{(R_i)}$，则$X_i$的秩为$R_i$。当有$k$个$X_i$值相同时，不妨设$X_{(R_1+1)} = X_{(R_1+2)} = \cdots = X_{(R_1+k)}$，则其秩为

$$[R_1 + 1 + (R_1 + 2) + \cdots + (R_1 + k)]/k$$

秩以及关于秩的函数都是统计量，基于秩的检验方法称为秩检验。

4.3.3.2 Wilcoxon符号秩检验

符号秩检验是1945年由F. Wilcoxon（威尔科克逊）提出的非参数检验法，一个重要应用是分位数检验，特别是中位数检验。假设中位数为M_0，考察真实中位数M与特定的中位数M_0之间是否有显著差异。检验思路如下。

①先考虑检验H_0：$M = M_0$，H_1：$M \neq M_0$。

②计算检验统计量。首先计算各样本观测值$x_1, x_2, \cdots, x_m$与中位数M_0的差值的绝对值$|d_i| = |x_i - M_0|$，将$|d_i|$从小到大进行排序，计算正的d_i的秩和，记为W^+，计算负的d_i的秩和，记为W^-，在原假设成立时，W^+和W^-应该差不多，如果W^+比较大，有可能拒绝原假设。

【例4.31】某药厂测得某种野生药材样本的有效成分为77.3、81、79.1、82.1、80，检验有效成分的中位数是否等于78（$\alpha = 0.05$）。

解：假设H_0：$M = 78$，H_1：$M \neq 78$。

本问题的R程序和结果如下：

```
>x<-c(77.3,81,79.1,82.1,80)
>wilcox.test(x,m=78)
```

```
Wilcoxon signed rank exact test
data: da1 V=14,p-value=0.125
alternative hypothesis: true location is not equal to 78
```

解释:

利用函数wilcox.test(x, m, alternative = c('two.sided', 'less', 'greater'))进行Wiolcoxon秩符号检验，x为要检验的数据变量，m设置中位数的值，根据alternative设置双侧或单侧检验，默认双侧检验。检验概率$p=0.125>0.05$，不拒绝原假设，没有充足理由说明该数据的中位数不是78。

4.3.3.3 Wiolcoxon秩和检验

Wilcoxon秩和检验是由H. B. Mann和D. R. Whitney于1947提出的，也称作Mann-Whitney U检验，如果两个独立样本所来自的两个总体不满足正态分布，可以考虑利用该检验，可以推断两个总体分布或中位数是否相同。

如果检验两个总体的分布是否相同，可作如下假设：

H_0：两个总体相同，H_1：两个总体不相同。

如果检验两个总体的中位数是否相同，可作如下假设：

H_0: $M_x = M_y$，H_1: $M_x \neq M_y$。

基本步骤为，从两个总体中分别抽取容量为m和n的独立样本$X_1, X_2, \cdots, X_m$和$Y_1, Y_2, \cdots, Y_n$，将两个子样混合在一起，由小至大排序得到每个数据的秩，当秩相同时取其平均值，计算两个样本的秩和分别为T_X和T_Y。

显然，$T_X + T_Y = 1 + 2 + 3 + \cdots + (m+n)$，$T_X$和$T_Y$中只要有一个确定后，另一个就随之确定了，为减少计算量，通常选取样本量小的求其秩和，不妨设$m < n$，即选用T_X作为统计量。

当H_0成立时，$X_1, X_2, \cdots, X_m$的秩和T_X的取值不会太大，也不可能太小，如果T_X太大或太小时，要考虑是否拒绝原假设。可以通过查附表五，得到不同子样容量m和$n(m \leq n)$在显著水平为α时的拒绝域为

$$W_0 = \{T_X \leq T_1 \text{ 或 } T_X \geq T_2\}$$

说明: ①附表五列出了$m \leq 10$、$n \leq 10$时查T_1、T_2的数值。

②当$m>10$、$n>10$时，可以利用

$$T_X \overset{\text{近似}}{\sim} N\left(\frac{m(m+n+1)}{2}, \frac{mn(m+n+1)}{12}\right) \quad (4.37)$$

选取

$$U_X = [T_X - \frac{m(m+n+1)}{2}] \Big/ \sqrt{\frac{mn(m+n+1)}{12}} \overset{\text{近似}}{\sim} N(0,1) \quad (4.38)$$

当 $|U_X| \geq z_{\alpha/2}$ 时，拒绝 H_0。

【例4.32】已知两个地区所种小麦的蛋白质含量（g/100 g）检测数据如如表4.22所示。问两地区小麦的蛋白质含量有无显著性差异（$\alpha=0.05$）。

表4.22　两个地区所种小麦的蛋白质含量　　　　　　　　　　　　单位：g/100 g

地区甲	13.4	12.5	11.8	12.8	12.8		
地区乙	13	13.4	12.8	13.8	13.3	12.7	12.3

解：首先将两组数据按从小到大的顺序混合排列如表4.23所示。

表4.23　小麦蛋白质含量的混合排序　　　　　　　　　　　　　　单位：g/100 g

序号	1	2	3	4	5	6	7	8	9	10	11	12
地区甲	11.8		12.5		12.8	12.8				13.4		
地区乙		12.3		12.7			12.8	13.0	13.3		13.4	13.8

设地区甲小麦的蛋白质含量为 $X \sim F_X(x)$，地区乙小麦的蛋白质含量为 $Y \sim F_Y(y)$。

①假设 H_0：甲乙两地小麦的蛋白质含量总体分布位置相同，H_1：甲乙两地小麦的蛋白质含量总体分布位置不相同。

②由于 X 的样本容量较小，所以计算

$$T_X = 1 + 3 + \frac{5+6+7}{3} + \frac{5+6+7}{3} + \frac{10+11}{2} = 1 + 3 + 6 + 6 + 10.5 = 26.5$$

③查附表五得 $T_1=22$，$T_2=43$。由于 $22 < 26.5 < 43$，故不拒绝 H_0，在显著水平0.05下，认为两地区小麦的蛋白质含量的差异性在统计上不显著。

本问题的R程序及结果如下：

```
>x1<-c(13.4,12.5,11.8,12.8,12.8)
>x2<-c(13,13.4,12.8,13.8,13.3,12.7,12.3)
>wilcox.test(x1,x2)
Wilcoxon rank sum test with continuity correction
data: x1 and x2 W=11.5,p-value=0.3675
alternative hypothesis: true location shift is not equal to 0
```

解释：

检验的 $p=0.3675>0.05$，不能拒绝原假设，没有充足理由说明两地区小麦的蛋白质含量差异显著。

【例4.33】为了鉴别甲、乙两厂生产的同一种化肥的质量，分别从两厂生产的化肥中

抽取容量为$m=11$，$n=12$的样本，测得某种有效成分的含量（%）分别如表4.24所示。

表4.24 两厂生产的化肥中某种有效成分的含量　　　　　　　　单位：%

甲	8	51	48	15	23	25	39	39	35	25	53	
乙	15	39	22	25	9	18	5	11	21	5	20	18

试问能否判别两厂的化肥质量有显著差异（$\alpha=0.05$）。

解：设甲厂生产的化肥中某种有效成份的含量为$X \sim F_X(x)$，乙厂生产的化肥中某种有效成份的含量为$Y \sim F_Y(y)$。

该问题的样本量均大于10，可考虑用近似分布。

① 假设H_0：甲乙两厂的化肥质量总体分布位置相同，H_1：甲乙两厂的化肥质量总体分布位置不相同。

② 拒绝域W_0：$|U_X| \geq z_{\alpha/2} = 1.96$，其中$U_X = \left[T_X - \dfrac{m(m+n+1)}{2} \right] \Big/ \sqrt{\dfrac{mn(m+n+1)}{12}}$。

由于总体X的样本容量$m=11$小，所以要计算T_X，将数据混合按由小到大的顺序排列如表4.25所示。

表4.25 化肥中某种有效成份含量的混合排序　　　　　　　　单位：%

序号	1	2	3	4	5	6	7	8	9	10	11	12
甲			8				15					
乙	5	5		9	11		15	18	18	20	21	22
序号	13	14	15	16	17	18	19	20	21	22	23
甲	23		25	25	35	39		39	48	51	53
乙		25					39				

计算得知

$$T_X = 3 + \dfrac{6+7}{2} + 13 + \dfrac{14+15+16}{3} \times 2 + 17 + \dfrac{18+19+20}{3} \times 2 + 21 + 22 + 23 = 173.5$$

计算$u = [173.5 - (11 \times 24/2)] / \sqrt{(11 \times 12 \times 24)/12} = 2.55$。现给定$\alpha = 0.05$，$z_{0.025} = 1.96$。由于$|u| = 2.55 > 1.96$，因此在显著水平0.05下，拒绝$H_0$，认为两厂生产的化肥质量有显著差异。

本问题的R程序及结果如下：

```
>x1<-c(8,51,48,15,23,25,39,39,35,25,53)
```

```
>x2<-c(15,39,22,25,9,18,5,11,21,5,20,18)
>wilcox.test(x1,x2)
Wilcoxon rank sum test with continuity correction data: x1 and x2
W = 107.5, p-value = 0.0114  alternative hypothesis: true
location shift is not equal to 0.
```

解释：

检验概率$p=0.0114<0.05$，在0.05水平下拒绝原假设，认为两厂生产的化肥质量有显著差异。

4.3.3.4 两个配对样本的Wilcoxon符号秩检验

由于配对法t检验要求两样本的差服从正态分布，如果不服从正态分布，可考虑用配对样本的Wilcoxon符号秩检验。

设(x_i, y_i)，$i=1,2,\cdots,n$，是分别来自总体X，Y的配对数据，令$d_i=x_i-y_i$，$i=1,2,\cdots,n$，看作总体Z的样本值。用M_d表示差值d_i的中位数，如果是想检验两总体的分布是否有显著差异，或者两个总体的中位数是否有显著差异，可根据以下步骤操作。

① 假设H_0：$M_d=0$（两个总体分布相同），H_1：$M_d\neq 0$（两个总体分布不相同）。

② 计算各样本观测值与中位数M_d的差值的绝对值$|d_i-M_d|=|d_i|$，将$|d_i|$从小到大进行排序，计算正的d_i的秩和，记为W^+，计算负的d_i的秩和，记为W^-，在原假设成立时，W^+和W^-应该差不多，如果有一个很小时，就可以对原假设提出怀疑，由此选取检验统计量$W=\min(W^+, W^-)$。

③ 根据得到的W的值，查附表五，得到原假设成立下的临界值。如果n很大，可以用正态法近似，下面通过例4.32说明检验过程。

【例4.34】 每天同时从工厂的冷却水中取两份，分别送往两个化验室，欲测定水中的含氯量（mg/L），表4.26是11天的记录。试问两个化验室的测定结果有无显著差异（$\alpha=0.05$）。

表4.26 两个化验室对水中含氧量的测定 单位：mg/L

甲x_i	1.15	1.86	0.76	1.82	1.14	1.65	1.92	1.01	1.12	0.9	1.4
乙y_i	1	1.9	0.9	1.5	1.2	1.7	1.95	1.02	1.23	0.97	1.52

解： ① 假设H_0：$M_d=0$（两个总体相同），H_1：$M_d\neq 0$（两个总体不相同）。

② 计算各数据对的差值，取绝对值后从小到大排序后求出秩，列于表4.27。

表4.27　例4.24列表计算求秩

$x_i - y_i$	0.15	-0.04	-0.14	0.32	-0.06	-0.05	-0.03	-0.01	-0.11	-0.07	-0.08
$\lvert d_i \rvert$	0.15	0.04	0.14	0.32	0.06	0.05	0.03	0.01	0.11	0.07	0.08
排序	0.01	0.03	0.04	0.05	0.06	0.07	0.08	0.11	0.14	0.15	0.32
R_i^+										10	11
R_i^-	1	2	3	4	5	6	7	8	9		

③计算统计量的值为

$$W^+ = 10 + 11 = 21, \quad W^- = 45, \quad W = \min(W^+, W^-)$$

并做出决策。

大样本情况下，统计量

$$z = \frac{W - n(n+1)/4}{\sqrt{n(n+1)(2n+1)/24}} \stackrel{近似}{\sim} N(0,1) \tag{4.38}$$

拒绝域为 $W_0: \lvert z \rvert \geq z_{\alpha/2}$。

代入数据计算得 $z = \dfrac{21 - 11 \times 12/4}{\sqrt{11 \times 12 \times 23/24}} = -1.07$，$z_{0.025} = 1.96$，$\lvert z \rvert = 1.07 < 1.96$。

④在显著水平0.05下，不拒绝原假设，没有充分的理由认为两个化验室的测定结果有显著差异。

本问题的R程序及结果如下：

```
>x<-c(1.15,1.86,0.76,1.82,1.14,1.65,1.92,1.01,1.12,0.9,1.4)
>y<-c(1,1.9,0.9,1.5,1.2,1.7,1.95,1.02,1.23,0.97,1.52)
>wilcox.test(x,y,paired=TRUE)
Wilcoxon signed rank exact test
data: mydata1 and mydata2, V=21, p-value=0.3203,
alternative hypothesis: true location shift is not equal to 0
```

解释：

在R中使用函数wilcox.test()进行配对数据检验，设置参数paired=TRUE。由于 $p = 0.3203 > 0.05$，说明两个化验室的结果在统计上没有显著差异。

如果数据不服从正态分布，且样本量比较小，除了考虑采用符号秩检验或者秩和检验外，还可以考虑采用置换检验法，也称作随机化检验，该方法是Fisher于20世纪30年代提出的，由于置换检验是利用样本数据随机排列进行推断的，计算量比较大，直到高速计算机技术的出现，该方法才有真正的实用价值。在具体使用上，通过对样本进行顺序上的置换，重新计算统计量，构造经验分布，然后在此基础上求出 p 值进行推断。这种逻辑可以延伸到大部分经典统计检验和线性模型上来。在R中可以通过加载coin包和lmPerm包进行置换检验。

【例4.35】 利用置换检验法检验例4.31数据资料。

解： 步骤如下。

①假设H_0：甲、乙两地小麦蛋白质含量无差异，H_1：甲、乙两地小麦蛋白质含量有显著差异。

②计算两样本的均值之差，$M_0 = -0.38286$。

③把两组数据混合，甲乙：13.4、12.5、11.8、12.8、12.8、13、13.4、12.8、13.8、13.3、12.7、12.3。

从甲乙中随机抽取5个数作为新的甲组（记为A组），剩下的作为乙组（记为B组），并重新计算两组数据的均值差，记为M_1；上述随机置换步骤重复n次（如1000次）可以得到M_1的经验分布。

④计算M_1中大于M_0的个数（设为m），设$p = m/n$。

⑤对于给定的α，若$p < \alpha$，则拒绝原假设，两总体均值有显著差异；否则，没有充分理由说明两总体均值有显著差异。

本问题的R程序和结果如下：

```
>library(coin)
>y<-c(13.4,12.5,11.8,12.8,12.8,13,13.4,12.8,13.8,13.3,12.7,12.3)
>t<-factor(c(rep('A',5),rep('B',7)))      #构造分类变量，该变量为因子
> oneway_test(y~t)
Asymptotic Two-Sample Fisher-Pitman Permutation Test
data: y by t (A,B)
Z=-1.198,p-value=0.2309
alternative hypothesis: true mu is not equal to 0.
```

解释：

利用coin包中的函数oneway_test(y~t)进行置换检验，y是两个样本的数据，t是样本数据所在的水平，是个分类变量，为因子型。检验概率$P = 0.2309 > 0.05$，在显著水平0.05下，没有充足理由说明甲、乙两地小麦的蛋白质含量差异显著，和前面利用秩和检验的结论一致。

习题

1. 设某种水果单个重量$X \sim N(\mu, \sigma^2)$，$\mu = 15$，$\sigma = 0.05$。现喷洒一种新农药，待成熟后

抽10个样品，测得单个重量（g）分别为14.7、15.1、14.8、15、15.2、14.6、14.9、15.2、15.3、14.6。已知方差不变，问重量是否仍为15 g（$\alpha=0.05$）。

2. 正常人的脉搏平均为72次/分，某医生测得10例慢性四乙基铅中毒患者的脉搏（次/分）如下：54、67、68、78、70、66、67、70、65、69。假设人的脉搏服从正态分布，问四乙基铅中毒患者和正常人的脉搏是否有显著差异（$\alpha=0.05$）。

3. 为比较早稻原品种与新品种产量，某县对两种产品做抽样调查，分别得样本产量（kg）如下：

原品种	350	355	360	361	380	352	354	352
新品种	351	388	395	359	397	348	387	349

已知同一品种亩产量服从正态分布，且认为方差相等，回答以下问题：
①新旧早稻品种产量有无显著差异（$\alpha=0.01$）；
②计算效应量，并分析差异程度。

4. 用高低两种蛋白饲料饲养1月龄的大白鼠，3个月时测定大白鼠的增重（g）为：
高蛋白饲料组：134、146、106、119、124、161、107、83、113、129、97、123；
低蛋白饲料组：70、118、101、85、107、132、94。
设大白鼠的增重服从正态分布，问高蛋白饲料组喂养的大白鼠的增重是否显著的高于低蛋白饲料组（$\alpha=0.05$）。

5. 为比较甲、乙两种安眠药的疗效，对10位经常失眠的患者都分别服用两种安眠药各一次，延长睡眠时间（h）如下：

甲	1.9	0.8	1.1	0.1	−0.1	4.4	5.5	1.6	4.6	3.4
乙	0.7	−1.6	−0.2	−1.2	−0.1	3.4	3.7	3.8	0	2

设服用两种安眠药后延长的睡眠时间之差近似服从正态分布，回答以下问题：
①这两种安眠药的疗效有无显著差异（$\alpha=0.05$）；
②计算效应量，并分析差异程度。

6. 甲、乙两种稻种，分别种在10块试验田中，每块田均分两半，甲、乙稻种各种一半，假定两种作物产量都服从正态分布，现获10块田中的产量（kg）如下：

甲	140	137	136	140	145	148	140	135	144	141
乙	135	118	115	140	128	131	130	115	131	125

试问两种稻种产量是否有显著差异（$\alpha=0.01$）。

7. 为确定甲，乙两种肥料的效果是否有显著差异，取1000株植物做实验，在施甲种肥料的200株植物中，有150株长势良好，在施乙种肥料的800株植物中有680株长势良好。在$\alpha=0.05$水平下检验这两种肥料的效果有无显著差异（$\alpha=0.05$）。

8. 有一批种子，按规定发芽率大于80%为合格。现随机抽取100粒种子，经试验有70

粒发芽,问该批种子是否合格($\alpha=0.05$)。

9. 假定桃树、柳条的含氮量服从正态分布,先对一桃树新品种枝条的含氮量(%)进行了10次测量,结果为2.38、2.38、2.41、2.50、2.47、2.41、2.38、2.26、2.32、2.41,试检验柳条含氮量的均值是否为2.4%($\alpha=0.05$)。

10. 用中草药青木香治疗高血压,记录了13个病例,测得其舒张压(mmHg)数据如下:

项目	序号												
	1	2	3	4	5	6	7	8	9	10	11	12	13
治疗前	110	115	133	133	126	108	110	110	140	104	160	120	120
治疗后	90	116	101	103	110	88	92	104	126	86	114	88	112

问该药物是否有降压作用($\alpha=0.05$)。

11. 孟德尔用豌豆的两对相对性状进行杂交实验,黄色圆滑种子与绿色皱缩种子的豌豆杂交后,F_2代分离的情况为:黄圆315粒、黄皱101粒、绿圆108粒、绿皱32粒,共556粒,此结果是否符合9:3:3:1的自由组合规律($\alpha=0.05$)。

12. 为了解色盲与性别的联系,调查了1000个人,按性别及是否是色盲分类如下:

是否色盲	男	女
否	448	516
是	48	8

在显著水平0.05下,检验"色盲与性别互相独立"这一假设($\alpha=0.05$)。

13. 检测甲、乙、丙3种农药对蚜虫的毒杀效果,统计结果如下:

毒杀效果	甲	乙	丙
死亡数	37	49	23
未死亡数	150	100	57

分析这3种农药的杀虫效果是否一致($\alpha=0.05$)。

14. 一段时间内,观测200个培养皿中被细菌感染的植株数,得频数分布如下:

感染的植株数	0	1	2	3	4	≥5
频数	92	68	28	11	1	0

问能否认为这段时间,培养皿中被细菌感染的植株数服从泊松分布($\alpha=0.05$)。

第五章 方差分析

方差分析（analysis of variance，ANOVA）是由英国统计学家R. A. Fisher提出和发展的一种统计分析方法，是对两个或多个总体均值差异显著性检验的一种方法。对于多组数据，如果用t检验逐对检验，会增加犯第Ⅰ类错误的概率，方差分析是把所有组的数据放在一起，针对各组间是否有差异，比较一次做出的判断，减少了犯第Ⅰ类错误的概率。如果差异不显著，则认为它们所在的总体的均值是相同的，若发现有显著差异，则需要进一步比较。

方差分析是数理统计中具有广泛应用的基础方法之一，是工农业生产和科学试验中分析数据的一个重要工具。本章主要介绍单因素方差分析、两因素方差分析和重复测量方差分析。

5.1 单因素方差分析

5.1.1 基本概念

下面我们用一个例子来引入问题。

【例5.1】（数据：example5.1.csv）为了研究用4种不同药剂处理过的水稻种子产量的差异，选择一块条件（气候、土质、管理）基本相同的土地，将其等分成20块作为试验田，随机选择药剂处理过的水稻种子播种，每种有5个重复，每块试验田的水稻产量（kg）如表5.1所示。

表5.1 不同药剂处理的水稻产量

试验	A_1	A_2	A_3	A_4
1	18	23	22	26
2	20	22	18	21
3	19	24	21	28
4	15	22	15	25
5	17	21	18	24
平均	17.8	22.4	18.8	24.8

表5.1中4种药剂处理过的种子经试验所得的产量数据,可以认为是对该药剂所对应总体的一次抽样观察。表5.1中的4组数据看成是分别来自于4个总体的独立样本,现在关心的问题是不同独立总体的均值之间是否有显著差异,如果用t检验法对其均值两两比较,那么需要比较$C_4^2=6$次,假定显著水平为0.05,比较1次犯第Ⅰ类错误的概率为0.05,不犯第Ⅰ类错误的概率是0.95,那么比较6次犯第Ⅰ类错误的概率为$1-0.95^6 \approx 0.265$,这样增加了犯第Ⅰ类错误的概率,而方差分析可以有效地解决这个问题。

在例5.1中我们所关心的试验结果是水稻的产量,称其为试验指标;可能影响试验指标的原因称为因素或因子,是个分类变量,常用大写字母A、B、C、D……表示。为了考察某一个因素对试验指标的影响,把要考察的那个因素控制在几个不同的状态进行试验,把因素的每一状态称为一个水平。例如用字母$A_1, A_2, \cdots, A_k$表示因素A的k个不同水平。如果该因素的水平是可以准确控制的,且水平控制后其效应也固定,称其为固定因素,例5.1有4种药剂是A的4个不同水平,分别记为A_1, A_2, A_3, A_4。如果该因素的水平不能严格控制,或虽然水平可以控制,但其效应还是随机的,称其为随机因素,例如,动物的窝别、天然产物中某成分的含量等,随机因素的效果很难在以后试验中重现。

一个试验因素的统计推断问题叫作单因素方差分析,例5.1就是单因素方差分析问题。在生产实践和科学试验中,影响试验指标的因素往往不止一个。例如,动物的增重与饲料的种类、饲养方式等有关;农作物的产量与种子、肥料、气候条件等多种因素有关。两个试验因素的统计推断问题叫作两因素方差分析,多个试验因素的统计推断问题叫作多因素方差分析。在试验中实施的因素水平的一个组合叫作处理,对于单因素方差分析,因素的每个水平可看作一个处理,对于多因素方差分析,因素间不同水平的搭配是一个处理。

一个因素第i水平上所有数据的平均与全部数据的平均的差,称为该因素第i水平的主效应,主效应是一个因素各水平的平均影响差异的一种度量。交互效应是两个或两个以上的因素搭配,对试验指标影响差异的度量,或者说是一个因素对指标的影响,是否会因为另一个因素的水平不同而发生变化。单因素方差分析主要对主效应进行分析,而两因素、多因素方差分析需要对主效应和交互效应进行分析。

例5.1中将药剂A_i处理过的种子的水稻产量记作Y_i,是因变量,经试验所得的水稻产量可以认为是来自总体的一个样本。表5.1中4组数据可以看成是分别来自4个不同总体的样本,A_i药剂下的第j次试验结果记为y_{ij}。表中不同药剂处理过的种子,其平均产量是有差异的,第二种药剂和第四种药剂处理过的水稻平均产量要明显高于另两种药剂处理过的水稻的平均产量。此外,用同一种药剂处理的4块试验田中水稻产量之间也有差异,造成这些差异的原因有两方面:一是由于因素A取不同水平,二是由于试验误差。现在的问题是要判断产量之间的差异主要是由试验误差引起的,还是由不同药剂引起的。

5.1.2 单因素等重复方差分析

假定在试验中只考察1个因素,记为A,设A有k个水平,分别记为$A_1, A_2, \cdots, A_k$,为了进一步讨论问题,我们将该问题表示成如下数学模型。

5.1.2.1 数学模型

在$A_1, A_2, \cdots, A_k$每一水平下考察的指标可以看作1个总体,现有k个水平,因此有k个总体,设k个总体的均值分别为$\mu_1, \mu_2, \cdots, \mu_k$,假定:

① k个总体均为正态总体,记为$N(\mu_i, \sigma_i^2)$,$i = 1, 2, \cdots, k$;

② 各总体的方差相同,即

$$\sigma_1^2 = \sigma_2^2 = \cdots = \sigma_k^2 = \sigma^2 \tag{5.1}$$

③ 来自每个总体的样本相互独立。

现在的任务是比较$A_1, A_2, \cdots, A_k$各水平的均值是否相同,即检验假设为

$$H_0: \mu_1 = \mu_2 = \cdots = \mu_k, \quad H_1: \mu_1, \mu_2, \cdots, \mu_k \text{不全相等} \tag{5.2}$$

为检验式5.2,需要获取每个总体A_i的样本,首先考虑平衡设计(即等重复试验),在水平A_i下重复进行r次试验,设y_{ij}是在第i个水平下的第j次试验的结果,这里i是水平号,j是试验号,数据的一般格式如表5.2所示。

表5.2 单因素等重复试验的试验结果

试验	A_1	A_2	$\cdots$	A_k
1	y_{11}	y_{21}	$\cdots$	y_{k1}
2	y_{12}	y_{22}	$\cdots$	y_{k2}
$\vdots$	$\vdots$	$\vdots$		$\vdots$
r	y_{1r}	y_{2r}	$\cdots$	y_{kr}
均值	$\bar{y}_{1\cdot}$	$\bar{y}_{2\cdot}$	$\cdots$	$\bar{y}_{k\cdot}$

表5.2中,$\bar{y}_{i\cdot} = \dfrac{1}{r}\sum\limits_{j=1}^{r} y_{ij}$,$i = 1, 2, \cdots, k$。

设ε_{ij}为试验误差,单因素方差分析的数学模型为

$$\begin{cases} y_{ij} = \mu_i + \varepsilon_{ij}; i = 1, 2, \cdots, k; j = 1, 2, \cdots, r \\ \varepsilon_{ij} \text{相互独立,且} \varepsilon_{ij} \sim N(0, \sigma^2) \end{cases} \tag{5.3}$$

为了后面讨论效应的方便,这里引入总平均的概念,令$\mu = \dfrac{1}{k}\sum\limits_{i=1}^{k} \mu_i$。

称 $\alpha_i = \mu_i - \mu$ 为因素A第i个水平的主效应，$i = 1, 2, \cdots, k$，由此，式5.3可改写为

$$\begin{cases} y_{ij} = \mu + \alpha_i + \varepsilon_{ij}; i = 1, 2, \cdots, k; j = 1, 2, \cdots, r \\ \varepsilon_{ij} \text{相互独立，且 } \varepsilon_{ij} \sim N(0, \sigma^2) \end{cases} \quad (5.4)$$

由于 $\sum_{i=1}^{k} \alpha_i = \sum_{i=1}^{k} \mu_i - \sum_{i=1}^{k} \mu = 0$，检验假设式5.2的等价形式为

$$H_0': \alpha_1 = \alpha_2 = \cdots = \alpha_k = 0, \quad H_1': \alpha_1, \alpha_2, \cdots, \alpha_k \text{不完全为} 0$$

依据因素的不同情况，方差分析的数学模型可分为固定效应模型、随机效应模型和混合效应模型。

1. 固定效应模型（fixed-effects model）

固定效应模型指所考虑的各因素的水平是固定的，结论只适用于当前检查的那几种水平，不能推广到其他水平。如例5.1中，想比较的就是目前选中的几种药剂处理的种子的产量差异性，因此采用固定效应模型；固定效应模型各处理的效应α_i是固定的常量，是由固定的因素引起的，且满足 $\sum_{i=1}^{k} \alpha_i = 0$。对于固定效应模型，如果分析的结果差异显著，通常需要进行多重比较，具体方法后面有介绍。

2. 随机效应模型（random-effects model）

随机效应模型的表达式仍为$y_{ij} = \mu + \alpha_i + \varepsilon_{ij}$，不过水平效应$\alpha_i$是由随机因素所引起的效应，是个随机变量，一般不满足 $\sum_{i=1}^{k} \alpha_i = 0$，不再进行多重比较。例如，从外地引进某作物品种，在不同纬度生态条件下种植，观察该品种对不同地理条件的适应情况，由于各地的温度、土壤条件是无法人为控制的，属于随机因素，因而需要用随机效应模型。得到的结论并非着眼在选定的水平上，而是通过对这几组比较，想推广到它们所代表的总体中去。

3. 混合效应模型（mixed-effects model）

混合效应模型是指在多因素试验中，既包括固定效应的因素，又包括随机效应的因素。例如，为研究不同肥料、不同品种小麦产量的差异，随机选择了4个小麦品种，施以3种化肥。这里3种化肥组成的肥料是固定因素，小麦品种的4个水平是通过随机抽样得到的，是个随机因素，该试验资料对应于混合效应模型。

不同模型在平方和与自由度分解计算上是相同的，但在设定原假设和F值的计算上有所不同，另外分析的侧重也有所不相同。固定效应模型是科研中较常见的情况，这里主要讲解固定效应模型，下面首先介绍单因素方差分析的基本原理和步骤。

5.1.2.2 理论分析

方差分析的基本思想是分解总离差平方和

$$SS_T = \sum_{i=1}^{k}\sum_{j=1}^{r}(y_{ij}-\overline{y})^2, \overline{y} = \frac{1}{kr}\sum_{i=1}^{k}\sum_{j=1}^{r}y_{ij}$$

可以看出SS_T是整批数据方差的$n-1$倍,它反映了整个样本数据y_{ij}波动程度的大小。引起总变差的原因有两个可能:一是由随机波动引起的变差(组内随机误差);二是因素各水平效应引起的变差(组间不同的水平引起的效应差)。方差分析是通过比较两者效应的大小,从而确定试验处理对研究结果影响的显著性。

R. A. Fisher发现,对总变差的以上原因分开研究,就得到一个检验方法,为了解SS_T与上述两个原因之间的关系,下面对SS_T作分解。

1. 分解总离差平方和

$$\begin{aligned}SS_T &= \sum_{i=1}^{k}\sum_{j=1}^{r}(y_{ij}-\overline{y})^2 = \sum_{i=1}^{k}\sum_{j=1}^{r}[(y_{ij}-\overline{y}_{i.})+(\overline{y}_{i.}-\overline{y})]^2\\ &= \sum_{i=1}^{k}\sum_{j=1}^{r}(y_{ij}-\overline{y}_{i.})^2 + \sum_{i=1}^{k}\sum_{j=1}^{r}(\overline{y}_{i.}-\overline{y})^2 + 2\sum_{i=1}^{k}\sum_{j=1}^{r}(y_{ij}-\overline{y}_{i.})(\overline{y}_{i.}-\overline{y})\end{aligned} \quad (5.5)$$

由于$\sum_{i=1}^{k}\sum_{j=1}^{r}(y_{ij}-\overline{y}_{i.})(\overline{y}_{i.}-\overline{y})=0$(证明略),故

$$SS_T = \sum_{i=1}^{k}\sum_{j=1}^{r}(y_{ij}-\overline{y})^2 = \sum_{i=1}^{k}\sum_{j=1}^{r}(y_{ij}-\overline{y}_{i.})^2 + \sum_{i=1}^{k}\sum_{j=1}^{r}(\overline{y}_{i.}-\overline{y})^2 \quad (5.6)$$

式中,称$SS_E = \sum_{i=1}^{k}\sum_{j=1}^{r}(y_{ij}-\overline{y}_{i.})^2$为组内离差平方和,也称作处理内离差平方和,它反映处理内的随机波动,是人为不可克服的随机误差,也叫误差平方和;称$SS_A = \sum_{i=1}^{k}\sum_{j=1}^{r}(\overline{y}_{i.}-\overline{y})^2$为组间离差平方和,也称作处理间的离差平方和,它反映了不同处理之间的差异,它是由因素A水平不同引起的变差。

因此式5.6可以表示为

$$SS_T = SS_E + SS_A \quad (5.7)$$

2. 自由度分解

总自由度也可分解为处理间自由度和处理内自由度,总自由度=处理间自由度+处理内自由度,其中总自由度$df_T = kr-1 = n-1$,处理间自由度$df_A = k-1$,处理内自由度$df_E = kr-k = n-k$,$df_T = df_A + df_E$,即$kr-1 = kr-k+k-1$。

3. 构造检验统计量及确定拒绝域

为了给出式5.2的检验方法，先考察SS_E、SS_A和SS_T的分布。

当原假设成立时，可以证明（略）

$$\frac{SS_A}{\sigma^2} = \frac{\sum_{i=1}^{k}\sum_{j=1}^{r}(\overline{y}_{i\cdot} - \overline{y})^2}{\sigma^2} \sim \chi^2(k-1) \tag{5.8}$$

$$\frac{SS_E}{\sigma^2} = \frac{\sum_{i=1}^{k}\sum_{j=1}^{r}(y_{ij} - \overline{y}_{i\cdot})^2}{\sigma^2} \sim \chi^2(k(r-1)) \tag{5.9}$$

因为$\frac{SS_A}{\sigma^2}$和$\frac{SS_E}{\sigma^2}$互相独立，由F分布的定义可得

$$F_0 = \frac{SS_A/\sigma^2(k-1)}{SS_E/\sigma^2 k(r-1)} = \frac{SS_A/(k-1)}{SS_E/k(r-1)} = \frac{MS_A}{MS_E} \sim F(k-1, k(r-1)) \tag{5.10}$$

式5.10中称$MS_A = \frac{SS_A}{k-1}$为处理均方，$MS_E = \frac{SS_E}{k(r-1)}$为误差均方，利用均方比较排除了自由度不同产生的干扰。如果处理均方MS_A明显大于误差均方MS_E，即$F_比$（F_0）有明显偏大的趋势，说明数据的波动不能用随机误差解释，应认为水平间有差异，即处理效应显著；否则，认为数据的波动是由随机误差引起的，处理效应不显著，即水平间没有差异。由此分析可提出H_0的拒绝域。

给定显著水平α，由$P\{F_0 \geq F_\alpha(k-1, k(r-1))\} = \alpha$，可得$H_0$的拒绝域为$W_0$：$F_0 \geq F_\alpha(k-1, k(r-1))$。

若$F_0 \geq F_\alpha(k-1, k(r-1))$，则拒绝$H_0$，说明因素A各水平的均值不全相等，即差异显著。

若$F_0 < F_\alpha(k-1, k(r-1))$，则不拒绝$H_0$，没有充足理由说明因素A各水平的均值不全相等。

通常，把以上分析过程列成一张表格，称为单因素等重复试验方差分析表，如表5.3所示。

表5.3 单因素等重复试验方差分析表

变异来源	平方和	自由度	均方	$F_比$
因素A	$SS_A = \sum_{i=1}^{k}\sum_{j=1}^{r}(\overline{y}_{i\cdot} - \overline{y})^2$	$k-1$	$\frac{SS_A}{k-1} = MS_A$	$\frac{MS_A}{MS_E}$
误差E	$SS_E = \sum_{i=1}^{k}\sum_{j=1}^{r}(y_{ij} - \overline{y}_{i\cdot})^2$	$k(r-1)$	$\frac{SS_E}{k(r-1)} = MS_E$	
总和T	$SS_T = SS_A + SS_E$	$kr-1$		

给定 $\alpha = 0.05$ 或 0.01，查附表四，可知 $F_\alpha(k-1, k(r-1))$，计算 F_0 的值，比较并做出判断。

综上所述，方差分析的步骤如下：

①按公式计算各类平方和 SS_A、SS_T 和 SS_E；

②填写方差分析表；

③对给定的显著水平 α，查临界值 $F_\alpha(k-1, k(r-1))$，根据 F_0 与 $F_\alpha(k-1, k(r-1))$ 的大小关系，做出是否拒绝原假设 H_0 的结论。

【例5.2】对例5.1进行方差分析。

①假设 H_0：$\mu_1 = \mu_2 = \mu_3 = \mu_4$，$H_1$：$\mu_1, \mu_2, \mu_3, \mu_4$ 不全相等。

②计算

$$\bar{y} = \frac{1}{20} \sum_{i=1}^{4} \sum_{j=1}^{5} y_{ij} = 20.95$$

$$SS_T = \sum_{i=1}^{4} \sum_{j=1}^{5} (y_{ij} - \bar{y})^2 = (18 - 20.95)^2 + (23 - 20.95)^2 + \cdots + (25 - 20.95)^2 = 234.9$$

$$SS_A = \sum_{i=1}^{4} \sum_{j=1}^{5} (\bar{y}_{i\cdot} - \bar{y})^2 = 5 \sum_{i=1}^{4} (\bar{y}_{i\cdot} - \bar{y})^2$$

$$= 5[(17.8 - 20.95)^2 + (22.4 - 20.95)^2 + (18.8 - 20.95)^2 + (24.8 - 20.95)^2] = 157.3$$

$$SS_E = SS_T - SS_A = 234.9 - 157.3 = 77.6$$

②将以上数值填入表5.4。

表5.4 不同药剂处理的水稻种子的产量的方差分析表

变异来源	平方和	自由度	均方和	F 比
因素 A	$SS_A = 157.3$	3	$157.3/3 = 52.43$	$\dfrac{MS_A}{MS_E} = 10.81$
误差 E	$SS_E = 77.6$	16	$77.6/16 = 4.85$	
总和 T	$SS_T = 234.9$	19		

查附表四知 $F_{0.01}(3, 16) = 5.29$，由于 $F_0 = 10.81 > 5.29$，故拒绝 H_0，在显著水平 $\alpha = 0.01$ 下，认为不同药剂对水稻的产量有显著影响。

本问题的R程序和结果如下：

```
>da1<-read.csv('F:/data/ch5/example5.1.csv', T)
>head(da1, 3)
```

产量	药剂
18	A1
20	A1
19	A1

```
>da1$药剂<-as.factor(da1$药剂)          #将因素变为因子
                                          型变量
>with(da1,boxplot(产量~药剂,col=rainbow(4)))   #绘制产量和药剂
                                          的箱线图（图5.1）
```

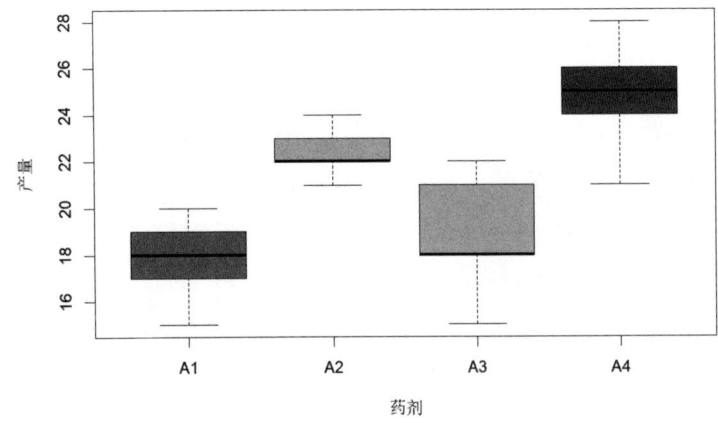

图5.1 4种药剂处理过的水稻产量的箱线图

```
>library(rstatix)               #计算各水平的均值和标准差
>da1%>%group_by(药剂)%>%get_summary_stats(产量,type='mean_
sd')
```

药剂	variable	n	mean	sd
A1	产量	5	17.8	1.92
A2	产量	5	22.4	1.14
A3	产量	5	18.8	2.78
A4	产量	5	24.8	2.59

```
>tapply(da1$产量,da1$药剂,shapiro.test)   #正态性检验
 Shapiro-Wilk normality test
```

	W	p-value		W	p-value
A1	0.97872	0.9276	A3	0.93855	0.6557
A2	0.96086	0.814	A4	0.98396	0.9546

```
>library(car)
>leveneTest(产量~药剂,data=da1)           #方差齐性检验
```

```
Levene's Test for Homogeneity of Variance (center=median)
      Df F value Pr(>F)
group  3  0.6829 0.5753
      16
```

程序说明：

函数tapply(x,index,FUN,…)用于求变量在因子各水平的某函数值，x为变量，index为因子，FUN指定函数类型，可以是均值、中位数、标准差等，也可是某个分布，这里是shapiro.test，是对每个水平的数据，分别进行正态性检验；函数leveneTest()用于Levene方差齐性检验，单因素方差分析的齐性检验公式为：y~x，其中y为研究指标，x为因素，是个分类变量。

输出结果分析：

对因素A的各水平进行正态性检验，检验p值分别为：0.9276、0.814、0.6557、0.9546，均大于0.05，因此不拒绝各A的各水平服从正态分布的原假设，可以认为各水平的产量均服从正态分布；方差齐性检验的p值为0.5753>0.05，说明不同药剂处理的种子的产量具有方差齐性，即满足方差分析的假设条件。

```
>model.1<-aov(产量~药剂,data=da1)      #单因素方差分析
>summary(model.1)                       #输出方差分析结果
            Df    Sum Sq   Mean Sq   F value   Pr(>F)
药剂         3    157.3    52.45     10.81     0.000397   ***
Residuals   16    77.6     4.85
```

程序说明：

函数aov()用于方差分析，单因素方差分析的表达式为：y~A，y是研究指标，A是影响因素，data为数据框，分析结果保存在对象model.1中，利用函数summary()输出方差分析结果。

输出结果分析：

方差分析表显示了因素药剂和误差的自由度（df）、平方和（sum sq）、均方（mean sq）、检验统计量（F value）和检验的p值(Pr(>F))，在R中如果检验的p值小于0.001，显著性标注"***"；如果P值大于0.001而小于0.01，显著性标注"**"，如果p值大于0.01而小于0.05，显著性标注"*"，如果p值大于0.05而小于0.1，显著性标注"."。本问题由于$p=0.000397<0.001$，拒绝H_0，说明因素A的4个水平的均值不全相等，药剂对产量影响显著。

方差分析后，若不拒绝H_0，则认为在水平α下，没有充分理由认为各水平的效应差异显著，就不再继续讨论；若拒绝H_0，则说明各水平均值不全相等。为弄清楚哪些水平之间差异显著，需要进行多重比较，即比较任意两个水平的均值间有无显著差异，多重比较的

方法有很多种，下面重点介绍常用的几种。

5.1.3 多重比较

5.1.3.1 最小显著差数法

最小显著差数法（least significant difference，LSD法）是最早用的多重比较法，由统计学家R. A. Fisher提出并加以推广，其实质是两个总体均值差的t检验。

以等重复单因素方差分析的多重比较为例，设μ_i和μ_m分别是第i水平和第m水平的均值，其检验步骤如下：

①假设H_0：$\mu_i=\mu_m$；H_1：$\mu_i \neq \mu_m$；$i \neq m$；$i,m=1,2,\cdots,k$。

②选取有关统计量。因为$Y_{ij} \sim N(\mu_i, \sigma^2)$，$i=1,\cdots,k$，$j=1,\cdots,r$，则有

$$\overline{Y}_{i\cdot} \sim N\left(\mu_i, \frac{\sigma^2}{r}\right), \quad \overline{Y}_{m\cdot} \sim N\left(\mu_m, \frac{\sigma^2}{r}\right),\text{且}\overline{Y}_{i\cdot}\text{与}\overline{Y}_{m\cdot}\text{独立，则}$$

$$u=\frac{(\overline{Y}_{i\cdot}-\overline{Y}_{m\cdot})-(\mu_i-\mu_m)}{\sqrt{\frac{\sigma^2}{r}+\frac{\sigma^2}{r}}} \sim N(0,1)$$

当H_0为真时，$u=\dfrac{\overline{Y}_{i\cdot}-\overline{Y}_{m\cdot}}{\sqrt{\frac{\sigma^2}{r}+\frac{\sigma^2}{r}}} \sim N(0,1)$，由于$v=\dfrac{SS_E}{\sigma^2} \sim \chi^2(n-k)$，其中$u$与$v$独立，由$t$分布的定义可知

$$\frac{u}{\sqrt{v/(n-k)}}=\frac{\overline{Y}_{i\cdot}-\overline{Y}_{m\cdot}}{\sqrt{\frac{SS_E}{n-k}\left(\frac{1}{r}+\frac{1}{r}\right)}}=\frac{\overline{Y}_{i\cdot}-\overline{Y}_{m\cdot}}{\sqrt{MS_E\frac{2}{r}}} \stackrel{\text{记}}{=} T \sim t(n-k)$$

③确定拒绝域。由于$\overline{Y}_{i\cdot}$和$\overline{Y}_{m\cdot}$分别是μ_i和μ_m的无偏估计，所以当H_0成立时，T的取值将会集中在0附近，其绝对值较大的可能性较小，于是可得拒绝域为

$$W_0: \frac{|\overline{Y}_{i\cdot}-\overline{Y}_{m\cdot}|}{\sqrt{MS_E\frac{2}{r}}} \geq t_{\alpha/2}(n-2)$$

为了比较方便，称最小显著差数为

$$LSD_\alpha = t_{\alpha/2}\sqrt{\frac{2MS_E}{r}} \tag{5.11}$$

可得H_0的拒绝域为W_0：$|\overline{Y}_{i\cdot}-\overline{Y}_{m\cdot}| \geq LSD_\alpha$。

④计算处理的各水平样本均值、MS_E，查附表二得$t_{\alpha/2}(n-k)$，算出LSD_α的值。

⑤若$\left|\overline{Y}_{i\cdot} - \overline{Y}_{m\cdot}\right| \geqslant LSD_\alpha$，则在显著水平$\alpha$下拒绝$H_0$，认为$\mu_i \neq \mu_m$，否则不拒绝$H_0$。

【例5.3】对例5.1进行LSD多重比较。

例5.1经方差分析知道各水平均值μ_i不全相同，下面进一步比较各水平均值差异的显著性，例题中经计算知道$MS_E = 4.85$、$k = 4$、$r = 5$，查附表二知$t_{0.025}(16) = 2.1199$、$t_{0.005}(16) = 2.9208$，代入式5.11可得

$$LSD_{0.05} = t_{0.025}(16)\sqrt{\frac{2 \times 4.85}{5}} = 2.95, \quad LSD_{0.01} = t_{0.005}(16)\sqrt{\frac{2 \times 4.85}{5}} = 4.07$$

为了讨论方便，4个均值之间的比较结果可列成表5.5形式，表中各均值按由大到小的顺序重新排列。将均值差分别和2.95、4.07作比较。若大于2.95，则在0.05水平下显著；若大于4.07，则在0.01水平下显著。

表5.5　例5.1中各均值的LSD比较（梯形法）

水平	均值	差异显著性		
		$\overline{y}_{i\cdot} - \overline{y}_{1\cdot}$	$\overline{y}_{i\cdot} - \overline{y}_{3\cdot}$	$\overline{y}_{i\cdot} - \overline{y}_{2\cdot}$
A_4	24.8	7**	6**	2.4
A_2	22.4	4.6**	3.6*	
A_3	18.8	1		
A_1	17.8			

注：*，在显著水平0.05下有显著差异；**，在显著水平0.01下有显著差异。

由于

$$\overline{y}_{4\cdot} - \overline{y}_{1\cdot} = 7, \overline{y}_{2\cdot} - \overline{y}_{1\cdot} = 4.6, \quad \overline{y}_{3\cdot} - \overline{y}_{1\cdot} = 1$$

$$\overline{y}_{4\cdot} - \overline{y}_{3\cdot} = 6, \overline{y}_{2\cdot} - \overline{y}_{3\cdot} = 3.6, \quad \overline{y}_{4\cdot} - \overline{y}_{2\cdot} = 2.4$$

可知在显著水平0.05下，A_2与A_3间有显著差异，可在差数的右上角标注"*"；在显著水平0.01下，A_4与A_1，A_2与A_1，A_4与A_3间有显著差异，可在差数的右上角标注"**"，具体如表5.5所示，这种标注多重比较结果的方法称作梯形法。

另一种常用的表示多重比较结果的方法称为字母标注法，具体步骤如下：

①首先将各处理的平均数从大到小、自上而下排列；

②根据显著水平α，在最大平均数后标记小写英文字母a，与比它小的所有平均值比较，没有显著差异的均标注字母a，直到将某一个与其差异显著的平均数后标记字母b；

③再用标有字母b的平均数，与上方比它大的各个平均数比较，凡与其差异不显著

的，均加标字母b，直到差异显著不加标字母b为止；

④再用标有字母b的最大平均数，与其下面各个未标字母的平均数相比较，凡与其差异不显著者，继续标字母b，直到将某一个与其差异显著的平均数标记为c为止；

⑤继续上面的过程，直到每个均值的后面都标有字母为止。

将例5.1中的多重比较结果用字母标注法表示，以显著水平$\alpha = 0.05$为例：将各处理的平均数从大到小排列，在最大的均值"A_4"行上标a，A_4与A_2没有显著差异，在"A_2"行上仍标a，A_4与A_3有显著差异，在"A_3"行上标b；然后以A_3为标准，与上方比它大的A_2比较，有显著差异，因此不做标记，与下方比它小的A_1比较，没有显著差异，在"A_1"行上标b；然后以A_1为标准，与上方比它大的A_2比较，有显著差异，比较结束。当显著水平为0.01时，一般用大写字母标注，比较方法类似，不再赘述，具体结果如表5.6所示。

表5.6 例5.1中各均值的LSD比较（字母标注法）

水平	均值	差异显著性	
		$\alpha = 0.05$	$\alpha = 0.01$
A_4	24.8	a	A
A_2	22.4	a	AB
A_3	18.8	b	BC
A_1	17.8	b	C

注：不同的小写字母表示在显著水平0.05下有显著差异；不同的大写字母表示在显著水平0.01下有显著差异。

本问题利用LSD法进行多重比较的R程序和结果如下：

```
>library(agricolae)
#输出LSD法多重比较的p值、显著性和95%的置信区间，model.1为aov()分析结果所保存的对象
>print(LSD.test(model.1,'药剂',group=F))
        difference   pvalue    signif.   LCL         UCL
A1-A2   -4.6         0.0045    **        -7.5526864  -1.6473136
A1-A3   -1.0         0.4831              -3.9526864  1.9526864
A1-A4   -7           0.0001    ***       -9.9526864  -4.0473136
A2-A3   3.6          0.02      *         0.6473136   6.5526864
A2-A4   -2.4         0.1041              -5.3526864  0.5526864
A3-A4   -6.0         0.0005    ***       -8.9526864  -3.0473136
>LSDout1<-LSD.test(model.1,'药剂',group=T,alpha=0.05)
```

```
>LSDout1$group
              产量      groups
      A4      24.8      a
      A2      22.4      a
      A3      18.8      b
      A1      17.8      b
>LSDout2<-LSD.test(model.1,'药剂',group=T,alpha=0.01)
>LSDout2$group
              产量      groups
      A4      24.8      a
      A2      22.4      ab
      A3      18.8      bc
      A1      17.8      c
```

程序说明：

函数LSD.test(y, trt, …)用于LSD法多重比较，y为函数aov()的分析结果所保存的对象，trt为要比较的因素，alpha定义显著水平。

输出结果分析：

在groups中，有相同字母的的说明水平间无显著差异，没有相同字母的说明水平间差异显著。在显著水平0.05下，A4与A2无显著差异，A3与A1无显著差异，A4、A2与A3、A1间有显著差异，A4、A2显著地高于A3、A1；在显著水平0.01下，A4显著地高于A3、A1，A2显著地高于A1，其余水平间无显著差异。

LSD法用于两两独立样本的均值检验，其实质是t检验。该方法是找到一个公共的LSD_α，将任意两个样本的均值差与它进行多次重复比较，因此仍会有增加犯第Ⅰ类错误的概率、推断可靠性降低的问题。为解决这类问题，统计学家提出了各种新的检验法。

5.1.3.2 最小显著极差法

最小显著极差法（least significant ranges，LSR法）是根据两均值差范围内所包含处理数的不同采用不同的比较标准。LSR检验可分为q检验和Duncan极差检验。

1. q检验

q检验也称为SNK检验（Student-Newman-Keuls-test），是以统计量q的概率分布为基础来确定比较的临界值，q法检验的过程如下。

①假设H_0：$\mu_i=\mu_j$，H_1：$\mu_i \neq \mu_j$；$i,j=1,2,\cdots,k$；$i \neq j$。

②假定每个水平重复数相同，选取的检验统计量为

$$q = \frac{\overline{Y}_{i.} - \overline{Y}_{j.}}{\sqrt{MS_E/r}} \quad (i, j = 1, 2, \cdots, k) \tag{5.12}$$

可以证明当H_0为真时，q服从的分布记为$q(p, k(r-1))$，其中p是将所有均值从大到小排序后，$\overline{Y}_{i.}$与$\overline{Y}_{j.}$之间（包含$\overline{Y}_{i.}$和$\overline{Y}_{j.}$在内）所含的均值的个数，这里假定$\overline{Y}_{i.} > \overline{Y}_{j.}$。

③对于给定的显著水平α，可由$P\{q \geq q_\alpha(p, k(r-1))\} = \alpha$，查附表六得到$q_\alpha(p, k(r-1))$，计算可得最小显著极差

$$LSR_\alpha = q_\alpha(p, k(r-1))\sqrt{MS_E/r} \tag{5.13}$$

④H_0的拒绝域为$\overline{Y}_{i.} - \overline{Y}_{j.} \geq LSR_\alpha$。

【例5.4】 对例5.1进行q法多重比较。

以显著水平$\alpha = 0.05$为例说明，将均值按从大到小排序是$\overline{y}_{4.}$、$\overline{y}_{2.}$、$\overline{y}_{3.}$、$\overline{y}_{1.}$。

当$p = 2$时，比较$\overline{y}_{4.}$与$\overline{y}_{2.}$、$\overline{y}_{2.}$与$\overline{y}_{3.}$、$\overline{y}_{3.}$与$\overline{y}_{1.}$，查附表六可知$q_{0.05}(2, 16) = 3$，计算相应的$LSR_{0.05} = 3 \times \sqrt{4.85/5} = 2.95$。

由于$\overline{y}_{4.} - \overline{y}_{2.} = 2.14 < 2.95$、$\overline{y}_{3.} - \overline{y}_{1.} = 1 < 2.95$、$\overline{y}_{2.} - \overline{y}_{3.} = 3.6 > 2.95$，在显著水平0.05下，认为$A_2$与$A_4$、$A_1$与$A_3$无显著差异，$A_2$与$A_3$之间有显著差异。

当$p = 3$时，比较$\overline{y}_{4.}$与$\overline{y}_{3.}$、$\overline{y}_{2.}$与$\overline{y}_{1.}$，查附表六可知$q_{0.05}(3, 16) = 3.65$，计算相应的$LSR_{0.05} = 3.59$，由于$\overline{y}_{4.} - \overline{y}_{3.} = 6 > 3.59$、$\overline{y}_{2.} - \overline{y}_{1.} = 4.6 > 3.59$，所以认为$A_4$与$A_3$、$A_2$与$A_1$之间有显著差异。

当$p = 4$时，比较$\overline{y}_{4.}$与$\overline{y}_{1.}$，查附表六可知$q_{0.05}(4, 16) = 4.05$，计算相应的$LSR_{0.05} = 3.99$，由于$\overline{y}_{4.} - \overline{y}_{1.} = 7 > 3.99$，故认为$A_4$与$A_1$之间有显著差异。

在显著水平$\alpha = 0.01$下，同理可以比较各水平间均值差异的显著性。LSR值和显著性如表5.7和表5.8所示。

表5.7 不同药剂小麦产量多重比较的$q_\alpha(p, f)$值和LSR值

p	2	3	4
$q_{0.05}(p, 16)$	3.00	3.65	4.05
$q_{0.01}(p, 16)$	4.13	4.78	5.19
$LSR_{0.05}$	2.95	3.59	3.99
$LSR_{0.01}$	4.07	4.71	5.11

从表5.7可以看出，在相同的显著水平α下，当$p = 2$时，LSR_α和LSD_α的值是相同的，当$p > 2$时，$LSR_\alpha > LSD_\alpha$，因此q检验法更严格一些。

表5.8 例5.1中各均值的q法比较（梯形法）

水平	均值	差异显著性		
		$\bar{y}_{i\cdot} - \bar{y}_{1\cdot}$	$\bar{y}_{i\cdot} - \bar{y}_{3\cdot}$	$\bar{y}_{i\cdot} - \bar{y}_{2\cdot}$
A_4	24.8	7**	6**	2.4
A_2	22.4	4.6*	3.6*	
A_3	18.8	1		
A_1	17.8			

注：*，在显著水平0.05下有显著差异；**，在显著水平0.01下有显著差异。

2. Duncan极差检验法

Duncan极差检验法的检验过程和q法类似，在检验两个平均数的差异时，根据它们之间所包含的均值数的不同采用不同的比较标准，对离得近的平均数采用较小的临界值，对离得远的平均数采用较大的临界值，区别在于计算最小显著极差LSR_α时，需要查附表七。

具体方法是：

① 将均值按从大到小排序；

② 对于要比较的各对平均数，确定它们之间所包含的均值的个数（包括它们本身）；

③ 对于平均数$\bar{y}_{i\cdot}$和$\bar{y}_{m\cdot}$，计算最小显著极差值，

当每个处理的重复均为r时

$$LSR_\alpha = SSR_\alpha(p, df)\sqrt{\frac{MS_E}{r}} \tag{5.14}$$

式中，p是$\bar{y}_{i\cdot}$和$\bar{y}_{m\cdot}$之间均值的个数（包括它们本身）；df为MS_E的自由度。

【例5.5】对例5.1进行Duncan法多重比较。

将例5.1中各水平的均值按从大到小排序：$\bar{y}_4$、$\bar{y}_2$、$\bar{y}_3$、$\bar{y}_1$。若取显著水平$\alpha = 0.05$，以比较$\bar{y}_4.$与$\bar{y}_2.$、$\bar{y}_2.$与$\bar{y}_3.$、$\bar{y}_3.$与$\bar{y}_1.$为例，这时的$p = 2$，查附表七可知$SSR_{0.05}(2, (20-4)) = 3.00$，计算相应的$LSR_{0.05} = 3.00\sqrt{4.85/5} = 2.95$，其他$LSR_\alpha$的计算结果如表5.9所示，Duncan法多重比较的结果如表5.10所示。

表5.9 不同药剂小麦产量多重比较的SSR值和LSR值

p	2	3	4
$SSR_{0.05}$	3.01	3.14	3.24
$SSR_{0.01}$	4.13	4.31	4.42
$LSR_{0.05}$	2.95	3.09	3.19
$LSR_{0.01}$	4.07	4.24	4.35

表5.10　例5.1中各均值的Duncan法多重比较（梯形法）

水平	均值	差异显著性		
		$\bar{y}_{i.} - \bar{y}_{1.}$	$\bar{y}_{i.} - \bar{y}_{3.}$	$\bar{y}_{i.} - \bar{y}_{2.}$
A_4	24.8	7**	6**	2.4
A_2	22.4	4.6**	3.6*	
A_3	18.8	1		
A_1	17.8			

注：*，在显著水平0.05下有显著差异；**，在显著水平0.01下有显著差异。

由以上分析可知，当均值个数 p 为2时，LSD法、Duncan法和 q 法3种检验法的检验尺度是相同的，当 $p \geq 3$ 时，3种检验的严格程度依次为LSD法≤Duncan法≤q法，实现Duncan法和 q 法的R程序和结果如下：

```
>library(agricolae)
#输出SNK法（q法）多重比较的结果
>print(SNK.test(model.1,'药剂',group=F))
         difference  pvalue  signif.  LCL         UCL
 A1-A2   -4.6        0.0118  *        -8.1939850  -1.
 A1-A3   -1.0        0.4831           -3.9526863  1.9526864
 A1-A4   -7.0        0.0006  ***      -10.984939  -3.0150605
 A2-A3   3.6         0.02    *        0.6473136   6.5526863
 A2-A4   -2.4        0.1041           -5.3526863  0.5526863
 A3-A4   -6.0        0.0015  **       -9.5939850  -2.4060150
#标注字母（q法）
>SNKout<-SNK.test(model.1,'药剂',group=T,alpha=0.01)
> SNKout$groups
      产量   groups
 A4   24.8   a
 A2   22.4   ab
 A3   18.8   b
 A1   17.8   b
#dancan法多重比较
>print(duncan.test(model.1,'药剂',group=F))
         difference  pvalue  signif.  LCL         UCL
 A1-A2   -4.6        0.0059  **       -7.6962864  -1.5037136
 A1-A3   -1.0        0.4831           -3.9526863  1.9526863
```

```
A1-A4    -7.0     0.0002    ***    -10.1860509  -3.8139491
A2-A3     3.6     0.02       *       0.6473137   6.5526863
A2-A4    -2.4     0.1041            -5.3526863   0.5526863
A3-A4    -6.0     0.0007    ***     -9.0962864  -2.9037136
```
#标注字母（duncan法，α=0.05）
>duncanout<-duncan.test(model.1,'药剂',group=T,alpha=0.05)
>duncanout$groups

```
         产量     groups
   A4    24.8      a
   A2    22.4      a
   A3    18.8      b
   A1    17.8      b
```

#标注字母（duncan法，α=0.01）
>duncanout<-duncan.test(model.1,'药剂',group=T,alpha=0.01)
>duncanout$groups

```
         产量     groups
   A4    24.8      a
   A2    22.4      ab
   A3    18.8      bc
   A1    17.8      b
```

程序说明：

函数SNK.test(y,trt,…)和duncan.test(y,trt,…)，分别用于SNK法和Duncan法多重比较，y为函数aov()的分析结果所保存的对象，trt为要比较的因素，alpha定义显著水平。

多重比较法除了上面介绍的3种外，Tukey-Kramer的HSD法和Bonferrroni t 检验也是比较常用的方法。

5.1.3.3 Tukey–Kramer的HSD法

Jone W. Tukey于1953年提出了真实显著差异（honestly significant difference，HSD）法，也称作Tukey的HSD法，该方法要求各处理的样本量相同，如果样本量不同就无法使用。20世纪50年代，C. Y. Kramer对Tukey的HSD法做了修正，对样本量不同的情形也适用，修正后的检验称为Tukey-Kramer的HSD法。

假设要比较的两个处理的样本均值分别为 $\bar{y}_i$ 和 $\bar{y}_j$，样本容量分别为 r_i 和 r_j，这两个处理的样本均值差的绝对值与如下的 HSD 值相比较：

$$HSD = q_\alpha(k, n-k) \sqrt{\frac{MS_E}{2}\left(\frac{1}{r_i} + \frac{1}{r_j}\right)} \tag{5.15}$$

式中$q_\alpha(k, n-k)$为学生化全局分布（studentized range distribution）的上侧α分位数；k为处理的总个数；n为总的样本容量，其值可以通过使用R的qtukey($1-\alpha, k, n-k$)得到，如果两个均值差的绝对值大于HSD值，说明在给定的α水平下，两水平的均值差异显著，否则就不显著。

若$r_i = r_j = r$，则式5.15就简化为

$$HSD = q_\alpha(k, n-k) \sqrt{\frac{MS_E}{r}} \tag{5.16}$$

【例5.6】对于例5.1利用Tukey-Kramer的HSD法进行多重比较。

解：假设H_0：$\mu_i = \mu_j$，H_1：$\mu_i \neq \mu_j$。

由于例5.1各处理的重复数均为5，因此可采用式（5.16）计算HSD。

若$\alpha = 0.05$，利用R计算得qtukey($1-0.05, 4, 20-4$)为4.046，该问题的MS_E为4.85，每组重复数均为5，由此可得

$$HSD = 4.046 \sqrt{\frac{4.85}{5}} = 3.98$$

若$\alpha = 0.01$，由R计算得qtukey($1-0.01, 4, 16$)为5.1919，由此可得：

$$HSD = 5.1919 \sqrt{\frac{4.85}{5}} = 5.11$$

表5.11列出了不同水平均值间差异的显著性。

表5.11 例5.1中各均值的Tukey-Kramer的HSD法比较（梯形法）

水平	均值	差异显著性		
		$\bar{y}_{i.} - \bar{y}_{1.}$	$\bar{y}_{i.} - \bar{y}_{3.}$	$\bar{y}_{i.} - \bar{y}_{2.}$
A_4	24.8	7**	6**	2.4
A_2	22.4	4.6*	3.6	
A_3	18.8	1		
A_1	17.8			

注：*，在显著水平0.05下有显著差异；**，在显著水平0.01下有显著差异。

由上面Tukey-Kramer的HSD法进行多重比较可知，在显著水平0.05下，A_2与A_1之间差异显著；在显著水平0.01下，A_4与A_1、A_4与A_3之间差异显著，其余水平间差异不显著。Tukey-Kramer的HSD法多重比较的R程序和结果如下所示。

#多重比较（Tukey-Kramer的HSD法）

```
>tukey.result<-TukeyHSD(model.1)     #model1.1为例5.1中方差分析
```
结果所保存的对象
```
>print(tukey.result )
         difference    lwr           upr          P adj        signif.
   A2-A1    4.6       0.6150605    8.5849395   0.0210241    *
   A3-A1    1.0      -2.9849395    4.9849395   0.8885091
   A4-A1    7.0       3.0150605   10.9849395   0.0006479    ***
   A3-A2   -3.6      -7.5849395    0.3849395   0.0840390
   A4-A2    2.4      -1.5849395    6.3849395   0.3445643
   A4-A3    6.0       2.0150605    9.9849395   0.0027393    **
#标注字母（α=0.01,Tukey-Kramer的HSD法）
>library(multcompView)
>multcompLetters4(model.1,tukey.result,threshold=0.01)
$药剂
          A4     A2     A3     A1
         'a'    'ab'   'bc'   'c'
```

程序说明：

函数TukeyHSD(y)输出Tukey-Kramer的HSD法多重比较的p值、置信区间和显著性；函数multcompLetters4(y,compare,threshold,……)输出多重比较的字母标记结果，这两个函数中的y为函数aov()的分析结果，compare为函数TukeyHSD()的分析结果，threshold为显著水平，更多的应用可查看帮助。

5.1.3.4 Bonferroni t检验

Bonferroni t检验是在LSD法的基础上，对每次检验的显著水平进行调整，使得总的犯第Ⅰ类错误的概率控制在给定的水平下。

假设有k个平均数，如果用LSD法，需要检验$m=C_k^2$次，若每次检验犯第Ⅰ类错误的概率为α'，每次检验不犯第Ⅰ类错误的概率为$1-\alpha'$，则m次检验中均不犯第Ⅰ类错误的概率为$(1-\alpha')^m$，m次检验中犯第Ⅰ类错误的概率为$1-(1-\alpha')^m$，令该值为给定的显著水平α，即$\alpha=1-(1-\alpha')^m$，由此推得每次检验的显著水平为$\alpha'\approx\alpha/m$。

例5.1中药剂的水平为4，因此共需要比较$C_4^2=6$次，若给定总的犯第Ⅰ类错误的概率为0.05或0.01，则每次检验的显著水平就为$\alpha'=0.05/6=0.008$，或者$\alpha'=0.01/6\approx0.00167$，用该显著水平来确定每次检验的拒绝域，然后进行统计推断，使得总的犯第Ⅰ类错误的概率控制在给定的显著水平α。

【例5.7】对例5.1进行Bonferroni t检验。

R实现的程序和结果如下：

```
>library(agricolae)
>print(LSD.test(model.1,'药剂',group=F,p.adj='bonferroni'))
       difference  pvalue   signif.   LCL          UCL
A1-A2  -4.6        0.027    *         -8.7901242   -0.4098758
A1-A3  -1.0        1                  -5.1901242    3.1901242
A1-A4  -7          0.0007   ***       -11.1901242  -2.8098758
A2-A3   3.6        0.1197              0.5901242    7.901242
A2-A4  -2.4        0.6248             -6.5901242    1.7901242
A3-A4  -6.0        0.0033   **        -10.1901242  -1.8098758
>LSDout1<-LSD.test(model.1,'药剂',group=T,alpha=0.05,p.
adj='bonferroni')              #标注字母（α=0.05）
>LSDout1$group
        产量       groups
   A4   24.8       a
   A2   22.4       ab
   A3   18.8       bc
   A1   17.8       c
>LSDout2<-LSD.test(model.1,'药剂',group=T,alpha=0.01,p.
adj='bonferroni')              #标注字母（α=0.01）
> LSDout2$group
        产量       groups
   A4   24.8       a
   A2   22.4       ab
   A3   18.8       b
   A1   17.8       b
```

可以看出，当用LSD法比较时，在显著水平0.01下，药剂A_1和A_2差异显著，而用Bonferroni t检验时，两者差异不显著。

和前面讲的q检验法、Duncan极差检验法和LSD法3种方法相比，Tukey-Kramer的HSD法和Bonferroni t检验均是尺度比较严格的方法。

为了使方差分析和多重比较的结果更直观清晰且易于理解，下面对分析结果分别绘制箱线图（图5.2）和直方图（图5.3）并标注显著性。

1. 绘制箱线图

多重比较以Tukey-Kramer的HSD法为例，R实现的程序和结果如下：

```
>library(ggpubr)
>head(da1,3)
```

产量	药剂
18	A1
20	A1
19	A1

```
#绘制箱线图,并在盒须的上边沿和下边沿增加横线,结果保存在对象p中
>p<-ggboxplot(da1,x='药剂',y='产量') +
stat_boxplot(geom='errorbar',aes(ymax=..ymin..),width=0.1,size=0.5) +
stat_boxplot(geom='errorbar',aes(ymin=..ymax..),width=0.1,size=0.5)
#在p上增加方括号和标签,结果保存在对象p1中
>p1<-p+geom_bracket(xmin=c('A1','A1','A3'),xmax=c('A2','A4','A4'),y.position=c(25,30,29),
label=c('p=0.021','p=0.0006','p=0.0027'))
#在p1上增加标题、副标题和修改坐标轴名称,结果保存在对象p2中
>p2<-ggpar(p1,title='comparison of means',xlab='drug variety',ylab='yield(kg)')
#增加注释,修改标题字大小及字型,标题居中
>p2+annotate('text',x=4,y=31,label='Anova,p=0.000397',color='red',fontface='bold') +
theme(plot.title=element_text(size=15,face='bold')) +
theme(plot.title=element_text(hjust=0.5))
```

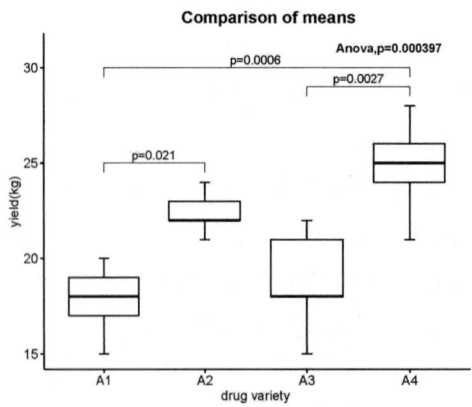

图5.2 例5.1数据资料的方差分析和均值的多重比较结果箱线图

2. 绘制直方图

多重比较以Tukey-Kramer的HSD法为例，R实现的程序和结果如下：

```
>library(ggplot2)
#准备作图用的数据集
>data_summary <-data.frame
(drug=c('A1','A2','A3','A4'),
mean=c(17.8,22.4,18.8x,24.8),
sd=c(1.92,1.14,2.77,2.59),
sig=c('c','ab','bc','a'))
>ggplot(data_summary,aes(x=drug,y=mean)) +
geom_bar(stat='identity',position='dodge',
width=0.5,color='black',fill=c('white')) +
geom_errorbar(aes(ymin=mean,ymax=mean+sd),
position=position_dodge(0.5),width=0.15) +
geom_text(aes(label=sig),position=position_dodge(0.90),
size=3.5,vjust=-5,colour='black') +
labs(x='drug',y='mean of yield') +
labs(title='Comparison of means ') +
geom_text(x=2,y=28,label='Anova, F(3,16)=10.81, P=0.00039') +
theme(plot.title=element_text(size=13,face='bold')) +
theme(plot.title=element_text(hjust=0.5)) +
scale_y_continuous(expand=c(0,0),limits=c(0,30)) +
theme_classic()
```

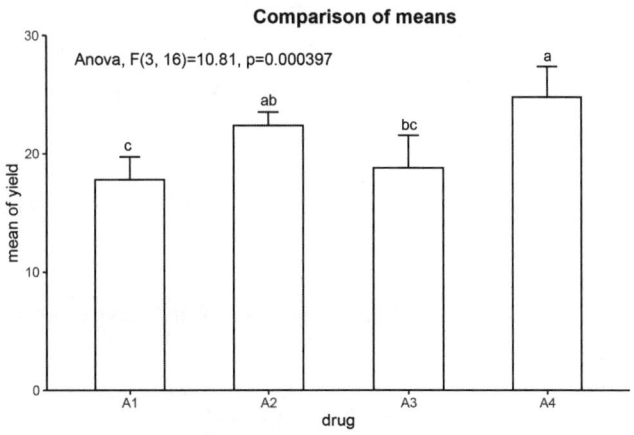

图5.3　例5.1数据资料均值的多重比较

图5.2和图5.3以一种直观、清晰的方式呈现方差分析和多重比较的结果，使得数据分析更容易理解。

5.1.4 单因素不等重复方差分析

在k个水平的单因素试验中，设因素A有k个水平$A_1, A_2, \cdots, A_k$，若各水平的重复试验次数不全相等，分别记为$r_1, r_2, \cdots, r_k$，称此试验为单因素不等重复试验。

单因素不等重复试验的方差分析一般步骤、均值比较和等重复试验的问题类似，只是在计算平方和和多重比较时公式稍有不同，下面通过一个例子具体说明。

【例5.8】在某种农作物品种试验中，参加试验的有6个品种，在相同的条件下，分别进行试种，各品种种植的小区个数不同，试验结果如表5.12所示，试问该作物品种对产量是否有显著影响（$\alpha = 0.01$）。

表5.12 不同品种的农作物产量　　　　　　　　　　　　　　单位：kg

试验	A_1	A_2	A_3	A_4	A_5	A_6
1	87	90	56	55	92	75
2	85	88	62	48	99	75
3	80	87			95	81
4		94			91	
$\bar{y}_{i\cdot}$	84	89.75	59	51.5	94.25	77

解： ①假设H_0：$\mu_1 = \mu_2 = \ldots = \mu_6$，$H_1$：$\mu_i$不全相同，$i = 1, 2, \cdots, 6$。

②由题设条件可知

$$k = 6, \quad r_1 = r_6 = 3, \quad r_2 = r_5 = 4, \quad r_3 = r_4 = 2$$

$$n = \sum_{i=1}^{6} r_i = 18, \quad \bar{y} = \frac{1}{18} \sum_{i=1}^{6} \sum_{j=1}^{r_i} y_{ij} = 80$$

$$SS_T = \sum_{i=1}^{6} \sum_{j=1}^{r_i} (y_{ij} - \bar{y})^2 = (87 - 80)^2 + \ldots + (81 - 80)^2 = 3934$$

$$SS_A = \sum_{i=1}^{6} \sum_{j=1}^{r_i} (\bar{y}_{i\cdot} - \bar{y})^2 = 3(84 - 80)^2 + \ldots + 3(77 - 80)^2 = 3774$$

$$SS_E = SS_T - SS_A = 160$$

将上面计算数值，填入表5.13。

表5.13　不同品种农作物产量的方差分析表

变异来源	平方和	自由度	均方	F比
品种	$SS_A = 3774$	$k-1 = 5$	$MS_A = 754.8$	$\dfrac{MS_A}{MS_E} = 56.75$
误差	$SS_E = 160$	$n-k = 12$	$MS_E = 13.3$	
总和	$SS_T = 3934$	$n-1 = 17$		

给定$\alpha = 0.01$，查附表四知$F_{0.01}(5, 12) = 5.06$。

由于$F_0 = 56.75 > 5.06$，故拒绝H_0，在显著水平$\alpha = 0.01$下，认为该农作物6个品种间的产量有显著差异。

下面以LSD法为例进行多重比较，由于是不等重复试验，在进行多重比较时，不能直接利用式5.11，需要首先计算各r_i的平均值

$$r_0 = \frac{(\sum_{i=1}^{k} r_i)^2 - \sum_{i=1}^{k} r_i^2}{(k-1)\sum_{i=1}^{k} r_i} \quad (5.17)$$

根据式5.17计算得$r_0 \approx 3$，由公式$LSD_\alpha = t_{\alpha/2}(k(r-1))\sqrt{2MS_E/r}$，此时$r = r_0$，于是可得

$$LSD_{0.05} = t_{0.05/2}(6(3-1))\sqrt{2 \times 13.3/3} = 2.1788 \times \sqrt{2 \times 13.3/3} = 6.49$$

$$LSD_{0.01} = t_{0.01/2}(6(3-1))\sqrt{2 \times 13.3/3} = 3.0545 \times \sqrt{2 \times 13.3/3} = 9.09$$

计算6种作物产量的两两均值差，若差值大于$LSD_{0.05}$，则说明品种间的差异达到显著水平，在差值的右上角标"*"；若差值大于$LSD_{0.01}$，说明品种间的差异达到极显著水平，在差数的右上角标"**"，具体如表5.14所示。

表5.14　几种农作物产量的均值的LSD法多重比较（梯形法）

品种	均值	差异显著性				
		$\bar{y}_{i\cdot} - \bar{y}_{4\cdot}$	$\bar{y}_{i\cdot} - \bar{y}_{3\cdot}$	$\bar{y}_{i\cdot} - \bar{y}_{6\cdot}$	$\bar{y}_{i\cdot} - \bar{y}_{1\cdot}$	$\bar{y}_{i\cdot} - \bar{y}_{2\cdot}$
A_5	94.25	42.75**	35.25**	18.25**	10.25**	4.5
A_2	89.75	38.25**	30.7**	13.75**	5.75	
A_1	84	32.75**	25**	8*		
A_6	76	24.75**	17**			
A_3	59	7.5*				
A_4	51.5					

注：*，在显著水平0.05下有显著差异；**，在显著水平0.01下有显著差异。

按照前面介绍的字母标注法，将不同品种农作物产量均值差异的多重比较结果列入表5.15中。

表5.15 农作物产量均值的LSD法多重比较（字母标注法）

水平	均值	差异显著性	
		$\alpha = 0.05$	$\alpha = 0.01$
A_5	94.25	a	A
A_2	89.75	ab	AB
A_1	84	b	BC
A_6	76	c	C
A_3	59	d	D
A_4	51.5	d	D

注：不同的小写字母表示在显著水平0.05下有显著差异；不同的大写字母表示在显著水平0.01下有显著差异。

需要注意的是，由于式5.17中均值r_0的计算方法不唯一，不等重复设计不仅给计算带来麻烦，还会降低分析的精确度，因此在试验设计时尽量避免组内不等重复的情况。用R实现不等重复方差分析的程序，和等重复方差分析类似，这里就不再赘述。

5.2 两因素方差分析

在实际问题中，影响试验结果的因素往往不止一个，而是有两个或更多个，即同时考察两个或更多个因素对试验指标的影响，可利用两因素或多因素方差分析。这里首先讨论影响因素有两个的情况，即两因素方差分析，根据每个处理有无重复，可分为无重复观测值的两因素方差分析、有重复观测值的两因素方差分析。

5.2.1 无重复观测值的两因素方差分析

【例5.9】（数据：example5.3.csv）要进行大豆品种和施肥的试验，将土质条件相同的试验地等分为12块，对大豆的4个品种甲、乙、丙、丁分别施用Ⅰ、Ⅱ、Ⅲ 3种不同的磷肥，其产量如表5.16所示，试问不同大豆品种和不同肥料对产量是否有显著影响（$\alpha = 0.05$）。

表5.16　不同大豆品种和磷肥下的产量　　　　　　　　　　　　　　　　　　　单位：kg

大豆品种（A）	磷肥（B）		
	I	II	III
甲	54	41	47
乙	57	52	50
丙	63	42	53
丁	58	48	47

将大豆品种视为因素A，磷肥视为因素B，A因素的每个水平都会和B因素的每个水平相遇，该试验结果随着两个因素A和B的水平不同而变化，且两个因素的水平都是可控的，是固定的，故该问题是固定因素的方差分析。

在某项试验中，如果根据专业知识或经验判断两因素无交互作用，那么每个处理可不设重复。设因素A有k个不同的水平$A_1, A_2, \cdots, A_k$，因素B有m个不同的水平$B_1, B_2, \cdots, B_m$。这样A与B共有$k \times m$个不同的水平组合(A_i, B_j)，即$k \times m$个处理，每个处理(A_i, B_j)做1次试验，试验结果写成表5.17的形式。

表5.17　无重复观测值的两因素数据资料

因素A	因素B				
	B_1	B_2	$\cdots$	B_m	$\bar{y}_{i\cdot}$
A_1	y_{11}	y_{12}	$\cdots$	y_{1m}	$\bar{y}_{1\cdot}$
A_2	y_{21}	y_{22}	$\cdots$	y_{2m}	$\bar{y}_{2\cdot}$
$\cdots$	$\cdots$	$\cdots$	$\cdots$	$\cdots$	$\cdots$
A_k	y_{k1}	y_{k2}	$\cdots$	y_{km}	$\bar{y}_{k\cdot}$
$\bar{y}_{\cdot j}$	$\bar{y}_{\cdot 1}$	$\bar{y}_{\cdot 2}$	$\cdots$	$\bar{y}_{\cdot m}$	$\bar{y}$

$$\bar{y}_{i\cdot} = \frac{1}{m} \sum_{j=1}^{m} y_{ij}, \ (i = 1, 2, \cdots, k)$$

$$\bar{y}_{\cdot j} = \frac{1}{k} \sum_{i=1}^{k} y_{ij}, \ (j = 1, 2, \cdots, m)$$

$$\bar{y} = \frac{1}{k \times m} \sum_{j=1}^{m} \sum_{i=1}^{k} y_{ij}$$

试验结果y_{ij}受到因素A的影响，又受到因素B的影响，无重复观测的两因素方差分析的线性统计模型为

$$\begin{cases} y_{ij} = \mu + \alpha_i + \beta_j + \varepsilon_{ij}; \ i=1,2,\cdots,k,\ j=1,2,\cdots,m \\ \varepsilon_{ij} \ 相互独立,且\ \varepsilon_{ij} \sim N(0,\sigma^2) \end{cases} \quad (5.18)$$

式5.18中α_i和β_j分别是A因素和B因素的效应，这里主要研究固定效应，因此

$$\sum_{i=1}^{k} \alpha_i = 0, \quad \sum_{j=1}^{m} \beta_j = 0, \quad (i=1,2,\cdots,k, j=1,2,\cdots,m) \quad (5.19)$$

要判断A和B的影响是否显著，等价于检验假设条件

$$\begin{array}{l} H_{01}: \alpha_1 = \alpha_2 = \cdots = \alpha_k = 0, \ H_{11}: \alpha_1, \alpha_2, \cdots, \alpha_k \ 不全为0 \\ H_{02}: \beta_1 = \beta_2 = \cdots = \beta_m = 0, \ H_{12}: \beta_1, \beta_2, \cdots, \beta_m \ 不全为0 \end{array} \quad (5.20)$$

效应检验

针对要检验的假设式5.20，类似单因素方差分析的方法，通过对总的离差平方和进行分解，构造检验统计量，研究各因素对实验指标影响的显著性。

1. 分解总的离差平方和

$$SS_T = \sum_{i=1}^{k} \sum_{j=1}^{m} (y_{ij} - \bar{y})^2 = \sum_{i=1}^{k} \sum_{j=1}^{m} [(\bar{y}_{i\cdot} - \bar{y}) + (\bar{y}_{\cdot j} - \bar{y}) + (y_{ij} - \bar{y}_{i\cdot} - \bar{y}_{\cdot j} + \bar{y})]^2$$

可证明展开式中各二项交叉乘积和为0，这里不再展开证明，由此可得

$$SS_T = \sum_{i=1}^{k} \sum_{j=1}^{m} (\bar{y}_{i\cdot} - \bar{y})^2 + \sum_{i=1}^{k} \sum_{j=1}^{m} (\bar{y}_{\cdot j} - \bar{y})^2 + \sum_{i=1}^{k} \sum_{j=1}^{m} (y_{ij} - \bar{y}_{i\cdot} - \bar{y}_{\cdot j} + \bar{y})^2$$

记 $SS_A = \sum_{i=1}^{k} \sum_{j=1}^{m} (\bar{y}_{i\cdot} - \bar{y})^2$，$SS_B = \sum_{i=1}^{k} \sum_{j=1}^{m} (\bar{y}_{\cdot j} - \bar{y})^2$，$SS_E = \sum_{i=1}^{k} \sum_{j=1}^{m} (y_{ij} - \bar{y}_{i\cdot} - \bar{y}_{\cdot j} + \bar{y})^2$。由此可得$SS_T = SS_A + SS_B + SS_E$。

从上面的公式可以看出：SS_A是因素A的离差平方和，它反映了因素A不同水平之间的差异；SS_B是因素B的离差平方和，它反映了因素B不同水平之间的差异。SS_E反映了随机误差，也叫误差的离差平方和。

2. 构造检验统计量

当H_{01}和H_{02}为真时，可以证明

$$\frac{SS_A}{\sigma^2} = \frac{\sum_{i=1}^{k} \sum_{j=1}^{m} (\bar{y}_{i\cdot} - \bar{y})^2}{\sigma^2} \sim \chi^2(k-1)$$

$$\frac{SS_B}{\sigma^2} = \frac{\sum_{i=1}^{k}\sum_{j=1}^{m}(\overline{y}_{.j} - \overline{y})^2}{\sigma^2} \sim \chi^2(m-1)$$

$$\frac{SS_E}{\sigma^2} = \frac{\sum_{i=1}^{k}\sum_{j=1}^{m}(y_{ij} - \overline{y}_{i.} - \overline{y}_{.j} + \overline{y})^2}{\sigma^2} \sim \chi^2((m-1)(k-1))$$

由F分布的定义可知

$$F_A = \frac{SS_A/\sigma^2(k-1)}{SS_E/\sigma^2(k-1)(m-1)} = \frac{MS_A}{MS_E} \sim F((k-1),(k-1)(m-1))$$

$$F_B = \frac{SS_B/\sigma^2(m-1)}{SS_E/\sigma^2(k-1)(m-1)} = \frac{MS_B}{MS_E} \sim F((m-1),(k-1)(m-1))$$

类似单因素方差分析，MS_A、MS_B和MS_E分别称为因素A、因素B和误差项的均方，利用均方比较排除了自由度不同产生的干扰。如果MS_A或MS_B明显大于MS_E，那么F_A或F_B有明显偏大的趋势，说明数据的波动不能由随机误差解释，认为因素A或因素B的各水平间有差异，即因素A或因素B的主效应显著；否则认为数据的波动是由随机误差引起的，主效应不显著，由此分析可提出H_0的拒绝域。

3. 确定拒绝域

给定显著水平α，有

$$P\{F_A \geqslant F_\alpha(k-1,(k-1)(m-1))\} = \alpha \text{ 和 } P\{F_B \geqslant F_\alpha((m-1),(k-1)(m-1))\} = \alpha$$

得到H_{01}的拒绝域为$F_A \geqslant F_\alpha((k-1),(k-1)(m-1))$，$H_{02}$的拒绝域为$F_B \geqslant F_\alpha((m-1),(k-1)(m-1))$。

将上面的讨论结果列成表5.18。

表5.18 无重复观测值的两因素方差分析表

变异来源	平方和	自由度	均方	F比
因素A	SS_A	$k-1$	$MS_A = \dfrac{SS_A}{k-1}$	$F_A = \dfrac{MS_A}{MS_E}$
因素B	SS_B	$m-1$	$MS_B = \dfrac{SS_B}{m-1}$	$F_B = \dfrac{MS_B}{MS_E}$
误差E	SS_E	$(k-1)(m-1)$	$MS_E = \dfrac{SS_E}{(k-1)(m-1)}$	
总和	SS_T	$km-1$		

下面求解例5.3

解：①设大豆品种为因素A，4个品种是4个水平分别记为A_1、A_2、A_3、A_4，磷肥为因素B，不同的3种磷肥分别记为B_1、B_2、B_3，α_i和β_j分别是因素A和因素B的效应($i=1,2,3,4$；$j=1,2,3$)。

检验大豆品种效应的假设条件为H_{01}：$\alpha_1=\alpha_2=\alpha_3=\alpha_4=0$，$H_{11}$：$\alpha_1,\alpha_2,\alpha_3,\alpha_4$不全为0；

检验磷肥效应的假设条件为H_{02}：$\beta_1=\beta_2=\beta_3=0$，$H_{12}$：$\beta_1,\beta_2,\beta_3$不全为0，

由表5.16数据资料表可计算出$\bar{y}_{i.}$、$\bar{y}_{.j}$、$\bar{y}$等值，将其列入表5.19。

表5.19　无重复观测值的两因素方差分析表

大豆品种（A）	磷肥（B）			$\bar{y}_{i.}$
	B_1	B_2	B_3	
A_1	54	41	47	47.3
A_2	57	52	50	53
A_3	63	42	53	52.7
A_4	58	48	47	51
$\bar{y}_{.j}$	58	45.75	49.25	$\bar{y}=51$

计算

$$SS_T = \sum_{i=1}^{4}\sum_{j=1}^{3}(y_{ij}-\bar{y})^2 = \sum_{i=1}^{4}\sum_{j=1}^{3}(y_{ij}-51)^2 = 466$$

$$SS_A = \sum_{i=1}^{4}\sum_{j=1}^{3}(\bar{y}_{i.}-\bar{y})^2 = 3\sum_{i=1}^{4}(\bar{y}_{i.}-\bar{y}) = 60.7$$

$$SS_B = \sum_{i=1}^{4}\sum_{j=1}^{3}(\bar{y}_{.j}-\bar{y})^2 = 4\sum_{j=1}^{3}(\bar{y}_{.j}-\bar{y}) = 318.5$$

$$SS_E = SS_T - SS_A - SS_B = 86.8$$

②将以上数据填入表5.20。

表5.20　大豆品种和磷肥对产量影响的方差分析表

变异来源	平方和	自由度	均方	F比
因素A	$SS_A=60.7$	$4-1=3$	$MS_A=20.2$	$F_A=1.39$
因素B	$SS_B=318.5$	$3-1=2$	$MS_B=159.3$	$F_B=11.00$
误差E	$SS_E=86.8$	6	$MS_E=14.5$	
总和	$SS_T=466$	11		

③给定显著水平$\alpha = 0.05$，查附表四知$F_{0.05}(3, 6) = 4.76$、$F_{0.05}(2, 6) = 5.14$，由于$F_A = 1.39 < 4.76$、$F_B = 11.00 > 5.14$，故不拒绝H_{01}，拒绝H_{02}，即在显著水平$\alpha = 0.05$下，认为大豆品种对产量无显著影响，而磷肥对大豆产量有显著影响。

④多重比较，这里使用Duncan法。由上面的分析可知，磷肥对大豆产量有显著影响，下面对3种磷肥的大豆产量进行多重比较。

根据式5.14，首先计算$LSR_\alpha = SSR_\alpha \sqrt{MS_E/r}$，由表5.20知$MS_E$为14.5，$r$为4（即把品种数看作重复），因此$\sqrt{MS_E/r} = 1.904$；如果要比较品种间的差异，$r$为3（即把磷肥种类看作重复），$\sqrt{MS_E/r} = 2.198$，由于该因素不显著，这里不进行多重比较。对于不同磷肥大豆产量的多重比较，误差项自由度为6，将$p = 2$或3时的SSR值及LSR值列入表5.21。

表5.21　不同肥料大豆产量多重比较的SSR值和LSR值

项目	p	
	2	3
$SSR_{0.05}$	3.46	3.59
$SSR_{0.01}$	5.25	5.44
$LSR_{0.05}$	6.58	6.84
$LSR_{0.01}$	9.996	10.36

为了讨论方便，将磷肥3个水平的均值从高到低排列，均值差分别和表5.21中相应的$LSR_{0.05}$和$LSR_{0.01}$作比较，从而判断各水平之间差异是否显著，梯形标注法如表5.22所示，字母标注法如表5.23所示。

表5.22　多重比较 Duncan法（梯形标注法）

水平	均值	显著性	
		$\bar{y}_{\cdot i} - \bar{y}_{\cdot 2}$	$\bar{y}_{i\cdot} - \bar{y}_{3\cdot}$
B_1	58	12.25**	8.75*
B_3	49.25	3.5	
B_2	45.75		

注：*，在显著水平0.05下有显著差异；**，在显著水平0.01下有显著差异。

表5.23　多重比较Duncan法（字母标注法）

水平	均值	差异显著性	
		$\alpha=0.05$	$\alpha=0.01$
B_1	58	a	A
B_3	49.25	b	AB
B_2	45.75	b	B

注：不同的小写字母表示在显著水平0.05下有显著差异；不同的大写字母表示在显著水平0.01下有显著差异。

由表5.22和表5.23的多重比较结果可知，在显著水平0.05下，B_2和B_3之间无显著差异，B_1和B_2、B_3有显著差异，B_1显著地高于B_2、B_3；在显著水平0.01下，B_1与B_3之间无显著差异，B_1和B_2有显著差异，B_1显著地高于B_2。

无重复观测值的两因素方差分析的R程序和结果如下：

```
>da3<-read.csv('F:/data/ch5/example5.3.csv',T)
>head(da3,3)
      A    B   yield
1    A1   B1    54
2    A1   B2    41
3    A1   B3    47
#分类变量转变为因子类型
>da3$A<-as.factor(da3$A)
>da3$B<-as.factor(da3$B)
#绘制品种和磷肥种类的箱线图（图5.4）
>par(mfrow=c(1,2))
>boxplot(yield~A,data=da3)
>boxplot(yield~B,data=da3)
```

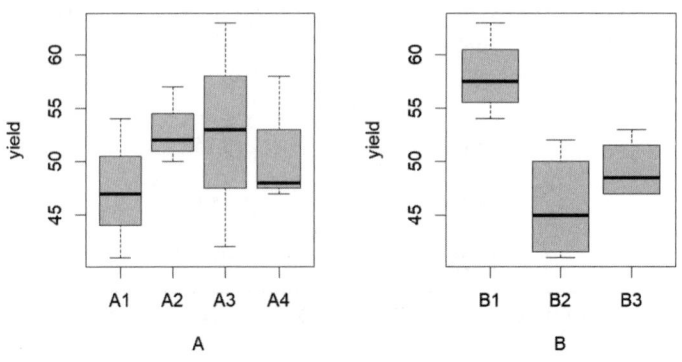

图5.4　品种的箱线图（左）和磷肥的箱线图（右）

```
#方差齐性检验
>library(car)
>leveneTest(yield~A, data=da3)        #因素A的方差齐性检验
     Levene's Test for Homogeneity of Variance(center=median)
          Df  F value  Pr(>F)
   group   3   0.5253  0.6771
           8
>leveneTest(yield~B, data=da3)        #因素B的方差齐性检验
     Levene's Test for Homogeneity of Variance(center=median)
          Df  F value  Pr(>F)
   group   2   1.2042  0.344
           9
#数据正态性检验
>tapply(da3$yield, da3$A, shapiro.test)
              Shapiro-Wilk
              normality test
       A1     w=0.99803         p-value=0.9152
       A2     w=0.94231         p-value=0.5367
       A3     w=0.99924         p-value=0.9475
       A4     w=0.81757         p-value=0.1572
>tapply>(da3$yield, da3$B, shapiro.test)
              Shapiro-Wilk
              normality test
       B1     w=0.96058         p-value=0.7825
       B2     w=0.90697         p-value=0.4665
       B3     w=0.86337         p-value=0.2725
#进行方差分析（没有重复，无交互项）
>model.2<-aov(yield~A+B, data=da3)
>summary(model.2)
方差分析结果：
              Df   Sum Sq   Mean Sq   F value   Pr(>F)
       A       3    60.7     20.22     1.397    0.3319
       B       2    318.5    159.25    11.004   0.00983
   Residuals   6    86.8     14.47
```

```
#对因素B进行多重比较
>library(agricolae)
#多重比较（duncan法）
>print(duncan.test(model.2,'B',group=F))
$comparison
         difference   pvalue   signif.   LCL          UCL
B1-B2    12.25        0.0046   **        5.428056     19.071944
B1-B3    8.75         0.0174   *         2.167803     15.332197
B2-B3    -3.50        0.2409             -10.082197   3.082197
#标记字母（duncan法）
>dunout<-duncan.test(model.2,'B',group=T)
>dunout$group
     yield   groups
B1   58.00   a
B3   49.25   b
B2   45.75   b
```

解释：

从箱线图（图5.4）上可观察数据的基本特征，方差齐性和正态性检验的p值均大于0.05，说明数据满足方差齐性和正态性的前提条件；方差分析结果表明，A因素对大豆产量影响不显著（$p=0.3319>0.05$），B因素对大豆产量影响显著（$p=0.00983<0.01$）；因素B的Duncan法多重比较结果表明，B_1和B_2有显著差异（$p=0.0046<0.01$），B_1和B_3有显著差异（$p=0.0174<0.05$），B_1显著高于B_2和B_3，而B_2和B_3之间没有显著差异（$p=0.2409>0.05$）。

5.2.2 有重复观测值的两因素方差分析

假设在某项试验中，有两个影响因素A和B，设因素A有k个不同的水平$A_1, A_2, \cdots, A_k$，因素B有m个不同的水平$B_1, B_2, \cdots, B_m$，这样A与B交叉分组，共有$k \times m$个不同的水平组合(A_i, B_j)，对每个水平组合(A_i, B_j)独立重复t次试验，记试验结果为y_{ijl}（$i=1,2,\cdots,k$; $j=1,2,\cdots,m$; $l=1,2,\cdots,t$），两因素等重复试验的数据结构如表5.24所示。

表5.24 两因素等重复试验的结果

	B_1	B_2	$\cdots$	B_m
A_1	$y_{111}, y_{112}, \cdots, y_{11t}$	$y_{121}, y_{122}, \cdots, y_{12t}$	$\cdots$	$y_{1m1}, y_{1m2}, \cdots, y_{1mt}$
A_2	$y_{211}, y_{212}, \cdots, y_{21t}$	$y_{221}, y_{222}, \cdots, y_{22t}$	$\cdots$	$y_{2m1}, y_{2m2}, \cdots, y_{2mt}$

（续表）

	B_1	B_2	$\cdots$	B_m
$\vdots$	$\vdots$	$\vdots$		$\vdots$
A_k	$y_{k11}, y_{k12}, \cdots, y_{k1t}$	$y_{k21}, y_{k22}, \cdots, y_{k2t}$	$\cdots$	$y_{km1}, y_{km2}, \cdots, y_{kmt}$

5.2.2.1 固定模型

对于交叉分组资料，一般两个因素的水平是有目的地挑选出来的，因此固定模型比较常见，下面重点讲解。把每一个水平组合(A_i, B_j)下的试验结果记为Y_{ij}，把它视为一个总体，这样共有$k \times m$个总体，$y_{ij1}, y_{ij2} \cdots, y_{ijt}$视为从总体$Y_{ij}$中抽取的容量为$t$的样本。

设$y_{ijl} = \mu_{ij} + \varepsilon_{ijl}$，$\mu_{ij}$表示水平组合$(A_i, B_j)$下的试验结果的总体均值，已知$\varepsilon_{ijl}$是水平组合$(A_i, B_j)$下第$l$次重复试验的随机误差，是人为不可观测的随机变量。假定ε_{ijl}互相独立且服从正态分布$N(0, \sigma^2)$。这样就得到模型为

$$\begin{cases} y_{ijl} = \mu_{ij} + \varepsilon_{ijl} \\ \varepsilon_{ijl} \sim N(0, \sigma^2) \end{cases} i = 1, 2, \cdots, k; \; j = 1, 2, \cdots, m; \; l = 1, 2, \cdots, t \quad (5.21)$$

式中，μ_{ij}、σ^2都是未知的参数。

为了今后讨论方便，将其改变一下形式，记$\mu = \dfrac{1}{km} \sum_{i=1}^{k} \sum_{j=1}^{m} \mu_{ij}$为总平均值，变为

$$\begin{cases} \mu_{i\cdot} = \dfrac{1}{m} \sum_{j=1}^{m} \mu_{ij}, & \alpha_i = \mu_{i\cdot} - \mu, \; (i = 1, 2, \cdots, k) \\ \mu_{\cdot j} = \dfrac{1}{k} \sum_{i=1}^{k} \mu_{ij}, & \beta_j = \mu_{\cdot j} - \mu, \; (j = 1, 2, \cdots, m) \end{cases} \quad (5.22)$$

式中，α_i为水平A_i对试验结果的效应；β_j为水平B_j对试验结果的效应。

由于存在两个影响因素，这就可能出现新的情况，一个因素的效果是否会随着另一个因素水平的变化而发生变化，例如将分别使试验指标达到最大的两个因素水平搭配在一起，反而产生使试验指标下降的情况，这种各个因素的不同水平的搭配对试验指标所产生的新的影响，称为交互作用。把因素A与因素B对试验指标的交互作用设想为某一因素的效应，记作$A \times B$。

由于$\mu_{ij} - \mu$是反映(A_i, B_j)对试验指标的总效应。总效应减去A_i的效应α_i和B_j的效应β_j所得的γ_{ij}称为A_i与B_j对试验指标的交互效应，为

$$\mu_{ij} - \mu - \alpha_i - \beta_j \stackrel{记}{=} \gamma_{ij} \quad (5.23)$$

综上所述，两因素方差分析的数学模型式5.18又可写成

$$\begin{cases} y_{ijl} = \mu + \alpha_i + \beta_j + \gamma_{ij} + \varepsilon_{ijl} \\ \varepsilon_{ijl} \sim N(0, \sigma^2), \quad (i=1,2,\cdots,k;\ j=1,2,\ldots,m;\ l=1,2,\ldots,t) \end{cases} \quad (5.24)$$

对于固定效应模型，有

$$\sum_{i=1}^{k} \alpha_i = 0, \quad \sum_{j=1}^{m} \beta_j = 0, \quad \sum_{i=1}^{k} \gamma_{ij} = \sum_{j=1}^{m} \gamma_{ij} = 0 \quad (5.25)$$

1. 提出假设条件

检验因素A对试验指标是否有显著影响，假设

$$H_{01}:\ \alpha_1 = \alpha_2 = \cdots = \alpha_k = 0, \quad H_{11}:\ \alpha_1, \alpha_2, \cdots, \alpha_k 不全为0$$

检验因素B对试验指标是否有显著影响，假设

$$H_{02}:\ \beta_1 = \beta_2 = \cdots = \beta_m = 0, \quad H_{12}:\ \beta_1, \beta_2, \cdots, \beta_m 不全为0$$

检验交互作用$A \times B$对试验指标是否有显著影响，假设

$$H_{03}:\ \gamma_{ij} = 0 (i=1,2,\cdots,k;\ j=1,2,\cdots,m), \quad H_{13}:\ \gamma_{ij} 不全为0$$

为了对H_{01}、H_{02}、H_{03}进行显著性检验，类似单因素方差分析的方法，对总差异的平方和进行分解，构造检验统计量并寻找拒绝域。

2. 构造检验统计量

记

$$\bar{y} = \frac{1}{kmt}\sum_{i=1}^{k}\sum_{j=1}^{m}\sum_{l=1}^{t} y_{ijl}, \quad \bar{y}_{ij\cdot} = \frac{1}{t}\sum_{l=1}^{t} y_{ijl}, \quad \bar{y}_{i\cdot\cdot} = \frac{1}{mt}\sum_{j=1}^{m}\sum_{l=1}^{t} y_{ijl}, \quad \bar{y}_{\cdot j\cdot} = \frac{1}{kt}\sum_{i=1}^{k}\sum_{l=1}^{t} y_{ijl}$$

总的离差平方和为

$$SS_T = \sum_{i=1}^{k}\sum_{j=1}^{m}\sum_{l=1}^{t}(y_{ijl} - \bar{y})^2$$

$$= \sum_{i=1}^{k}\sum_{j=1}^{m}\sum_{l=1}^{t}[(\bar{y}_{i\cdot\cdot} - \bar{y}) + (\bar{y}_{\cdot j\cdot} - \bar{y}) + (\bar{y}_{ij\cdot} - \bar{y}_{i\cdot\cdot} - \bar{y}_{\cdot j\cdot} + \bar{y}) + (y_{ijl} - \bar{y}_{ij\cdot})]^2$$

将上式各项和的平方展开，并注意展开式中各交叉项乘积之和为0（证明略）。如果记：

A因素平方和：$SS_A = \sum_{i=1}^{k}\sum_{j=1}^{m}\sum_{l=1}^{t}(\bar{y}_{i\cdot\cdot} - \bar{y})^2$；

B因素平方和：$SS_B = \sum_{i=1}^{k}\sum_{j=1}^{m}\sum_{l=1}^{t}(\bar{y}_{.j.} - \bar{y})^2$ ；

A与B交互平方和：$SS_{A\times B} = \sum_{i=1}^{k}\sum_{j=1}^{m}\sum_{l=1}^{t}(\bar{y}_{ij.} - \bar{y}_{i..} - \bar{y}_{.j.} + \bar{y})^2$ ；

误差平方和：$SS_E = \sum_{i=1}^{k}\sum_{j=1}^{m}\sum_{l=1}^{t}(y_{ijl} - \bar{y}_{ij.})^2$ 。

那么$SS_T = SS_A + SS_B + SS_{A\times B} + SS_E$，与以上各平方和相对应的自由度为：

总自由度：$df_T = kmt - 1$；

A因素自由度：$df_A = k - 1$；

B因素自由度：$df_B = m - 1$；

$A\times B$自由度：$df_{A\times B} = (k-1)(m-1)$；

误差自由度：$df_E = km(t-1)$；

自由度满足关系：$kmt - 1 = k - 1 + m - 1 + (k-1)(m-1) + km(t-1)$。

当H_{01}、H_{02}和H_{03}成立时，可以证明（略）

$$\frac{SS_T}{\sigma^2} \sim \chi^2(kmt-1)，\quad \frac{SS_A}{\sigma^2} \sim \chi^2(k-1)$$

$$\frac{SS_B}{\sigma^2} \sim \chi^2(m-1)，\quad \frac{SS_E}{\sigma^2} \sim \chi^2(km(t-1))$$

$$\frac{SS_{A\times B}}{\sigma^2} \sim \chi^2((k-1)(m-1))$$

由于SS_A、$SS_{A\times B}$、SS_B、SS_E互相独立，由F分布的定义可得

$$\begin{cases} F_A = \dfrac{SS_A/\sigma^2(k-1)}{SS_E/\sigma^2 km(t-1)} = \dfrac{MS_A}{MS_E} \sim F((k-1), km(t-1)) \\ F_B = \dfrac{SS_B/\sigma^2(m-1)}{SS_E/\sigma^2 km(t-1)} = \dfrac{MS_B}{MS_E} \sim F((m-1), km(t-1)) \\ F_{A\times B} = \dfrac{SS_{A\times B}/\sigma^2(k-1)(m-1)}{SS_E/\sigma^2 km(t-1)} = \dfrac{MS_{A\times B}}{MS_E} \sim F((k-1)(m-1), km(t-1)) \end{cases}$$

3. 确定拒绝域

给定显著水平α，可知：

H_{01}的拒绝域为：$F_A \geq F_\alpha((k-1), km(t-1))$；

H_{02}的拒绝域为：$F_B \geq F_\alpha((m-1), km(t-1))$；

H_{03}的拒绝域为：$F_{A\times B} \geq F_\alpha((k-1)(m-1), km(t-1))$。

综上所述，可列成表5.25。

表5.25 有交互作用的两因素方差分析表

来源	平方和	自由度	均方	$F_{比}$
因素A	SS_A	$k-1$	$MS_A = \dfrac{SS_A}{k-1}$	$F_A = \dfrac{MS_A}{MS_E}$
因素B	SS_B	$m-1$	$MS_B = \dfrac{SS_B}{m-1}$	$F_B = \dfrac{MS_B}{MS_E}$
$A \times B$	$SS_{A \times B}$	$(k-1)(m-1)$	$MS_{A \times B} = \dfrac{SS_{A \times B}}{(k-1)(m-1)}$	$F_{A \times B} = \dfrac{MS_{A \times B}}{MS_E}$
误差E	SS_E	$km(t-1)$	$MS_E = \dfrac{SS_E}{km(t-1)}$	
总和	SS_T	$kmt-1$		

【例5.10】（数据：example5.4.csv）为了研究2种不同的土壤A和3种不同的肥料B对小麦产量的影响，做盆种试验，土壤有2个水平A_1、A_2；肥料有3个水平B_1、B_2、B_3，每种土壤和肥料试种3盆，产量用$y_{ijl}(i=1,2,3; j=1,2; l=1,2,3)$表示，具体结果见表5.26，试进行方差分析。

表5.26 土壤和肥料小麦产量资料

肥料B	土壤A					
	A_1			A_2		
B_1	19.6	18.8	16.4	13	13.7	12
B_2	17.6	16.6	17.5	13.3	14	13.9
B_3	21.4	21.2	20.1	12	14.2	12.1

解：①本例是研究土壤和肥料对产量的影响，这两个因素可以人为控制，都是固定因素，首先计算各组合平均值如表5.27所示。

表5.27 各组合产量平均值

$\bar{y}_{11\cdot}$	$\bar{y}_{12\cdot}$	$\bar{y}_{13\cdot}$	$\bar{y}_{21\cdot}$	$\bar{y}_{22\cdot}$	$\bar{y}_{23\cdot}$	$\bar{y}_{\cdot1\cdot}$	$\bar{y}_{\cdot2\cdot}$	$\bar{y}_{\cdot3\cdot}$	$\bar{y}_{1\cdot\cdot}$	$\bar{y}_{2\cdot\cdot}$	$\bar{y}$
18.27	17.23	20.90	12.90	13.73	12.77	15.58	15.45	16.85	18.80	13.13	15.97

$$SS_T = \sum_{i=1}^{2}\sum_{j=1}^{3}\sum_{l=1}^{3}(y_{ijl} - \bar{y})^2 = \sum_{i=1}^{2}\sum_{j=1}^{3}\sum_{l=1}^{3} y_{ijl}^2 - 2 \times 3 \times 3 \times \bar{y}^2 = 179.56$$

$$SS_A = \sum_{i=1}^{2}\sum_{j=1}^{3}\sum_{l=1}^{3}(\overline{y}_{i\cdot\cdot} - \overline{y})^2 = 3\times 3\times \sum_{i=1}^{2}\overline{y}_{i\cdot\cdot}^2 - 2\times 3\times 3\times \overline{y}^2 = 144.50$$

$$SS_B = \sum_{i=1}^{2}\sum_{j=1}^{3}\sum_{l=1}^{3}(\overline{y}_{\cdot j\cdot} - \overline{y})^2 = 2\times 3\times \sum_{j=1}^{3}\overline{y}_{\cdot j\cdot}^2 - 2\times 3\times 3\times \overline{y}^2 = 6.79$$

$$SS_{A\times B} = \sum_{i=1}^{2}\sum_{j=1}^{3}\sum_{l=1}^{3}(\overline{y}_{ij\cdot} - \overline{y}_{i\cdot\cdot} - \overline{y}_{\cdot j\cdot} + \overline{y})^2 = 3\sum_{i=1}^{2}\sum_{j=1}^{3}\overline{y}_{ij\cdot}^2 - 2\times 3\times 3\times \overline{y}^2 - SS_A - SS_B = 16.30$$

$$SS_E = SS_T - SS_A - SS_B - SS_{A\times B} = 11.97$$

②列出方差分析表（表5.28）。

表5.28 两种土壤三种肥料的小麦产量方差分析

方差来源	平方和	自由度	均方	$F_{比}$
因素A	$SS_A = 144.50$	1	$MS_A = 144.5$	$F_A = 144.903$
因素B	$SS_B = 6.79$	2	$MS_B = 3.39$	$F_B = 3.404$
$A\times B$	$SS_{A\times B} = 16.30$	2	$MS_{A\times B} = 8.15$	$F_{A\times B} = 8.174$
误差E	$SS_E = 11.97$	12	$MS_E = 0.9975$	
总和	$SS_T = 179.56$	17		

③查附表四知$F_{0.05}(1,12) = 4.75$、$F_{0.01}(1,12) = 9.33$，$F_{0.05}(2,12) = 3.89$、$F_{0.01}(2,12) = 6.93$。

由于$F_A = 144.903 > 9.33$、$F_B = 3.404 < 3.89$，$F_{A\times B} = 8.174 > 6.93$，故在显著水平0.01下，土壤A以及土壤A和肥料B的交互作用$A\times B$对小麦产量有显著影响；在显著水平0.05下，肥料B对小麦产量无显著影响。

④在显著水平0.01下，A因素对小麦产量有显著影响，A有两个水平，因此不用多重比较，A_1和A_2的均值分别为18.80和13.31，A_1的均值显著高于A_2的均值。

⑤在显著水平0.01下，A和B的交互作用显著，一般要把A和B的每个水平组合看成整体，类似单因素方差分析进行比较，下面用Duncan法进行多重比较，选出最优的水平组合。

将例5.10中各处理组合的均值从大到小排列20.90（A_1B_3）、18.27（A_1B_1）、17.23（A_1B_2）、13.73（A_2B_2）、12.90（A_2B_1）、12.77（A_2B_2），首先计算$LSR_\alpha = SSR_\alpha\sqrt{MS_E/r}$，本问题$MS_E$为0.9975，$r$为每个处理的重复3，因此$\sqrt{MS_E/r} = 0.577$，当误差项自由度为12，将$p$为2、3、4、5、6时的$SSR$值及$LSR$值列入表5.29。

表5.29　例5.4资料多重比较的 SSR 值和 LSR 值

项目	p				
	2	3	4	5	6
$SSR_{0.05}$	3.08	3.22	3.31	3.37	3.41
$SSR_{0.01}$	4.32	4.5	4.62	4.71	4.77
$LSR_{0.05}$	1.78	1.86	1.91	1.94	1.97
$LSR_{0.01}$	2.49	2.60	2.67	2.71	2.75

将均值20.90（A_1B_3）、18.27（A_1B_1）、17.23（A_1B_2）、13.73（A_2B_2）、12.90（A_2B_1）、12.77（A_2B_3）依次记作 $m_1 \sim m_6$，并求出各对差值，列入表5.30。

表5.30　例5.4资料均值的多重比较（Duncan法，梯形标注法）

水平	均值	显著性分析				
		$m_i - m_6$	$m_i - m_5$	$m_i - m_4$	$m_i - m_3$	$m_i - m_2$
m_1	20.90	8.13**	8.00**	7.17**	3.67**	2.63**
m_2	18.27	5.50**	5.37**	4.54**	1.04	
m_3	17.23	4.46**	4.33**	3.50**		
m_4	13.73	0.96	0.83			
m_5	12.90	0.13				
m_6	12.77					

注：*，在显著水平0.05下有显著差异；**，在显著水平0.01下有显著差异。

用字母标注法表示例5.4的多重比较结果，如表5.31所示。

表5.31　例5.4资料均值的多重比较（Duncan法，字母标注法）

水平	均值	差异显著性	
		$\alpha = 0.05$	$\alpha = 0.01$
m_1	20.90	a	A
m_2	18.27	b	B
m_3	17.23	b	B
m_4	13.73	c	C
m_5	12.90	c	C
m_6	12.77	c	C

注：不同的小写字母表示在显著水平0.05下有显著差异；不同的大写字母表示在显著水平0.01下有显著差异。

从表5.30可以看出，在显著水平0.05下，m_1与m_2、m_3、m_4、m_5、m_6均有显著差异，m_2和m_3均与m_4、m_5、m_6有显著差异，m_2和m_3间没有显著差异，m_4、m_5、m_6间也没有显著差异。在显著水平0.01下，得到相同的结论。本例研究指标为小麦产量，数值越大越好，因此m_1对应的A_1B_3为最优处理，其次为m_2对应的处理A_1B_1和m_3对应的处理A_1B_2。

对于例5.10方差分析，R程序和结果如下。

首先，假设条件检验和方差分析。

```
>da4<-read.csv('F:/data/ch5/example5.4.csv',T)
>head(da4,3)
         soil    fertilizer output
1        A1      B1         19.6
2        A1      B1         18.8
3        A1      B1         16.4
```

#简单了解数据

```
>library(ggpubr)
```

#分类变量转化为因子

```
>da4$soil<-as.factor(da4$soil)
>da4$fertilizer<-as.factor(da4$fertilizer)
```

#绘制箱线图（图5.5）

```
>ggboxplot(da4,x='fertilizer',y='output',linetype='soil')
```

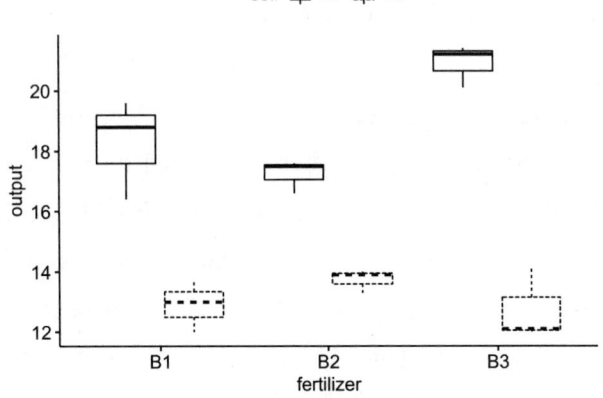

图5.5　不同肥料下两种土壤的箱线图

#方差齐性检验

```
>library(car)
>leveneTest(output~soil*fertilizer,data=da4)
Levene's Test for Homogeneity of Variance (center=median)
```

	Df	F value	Pr(>F)
group	5	0.431	0.8186
	12		

#正态性检验

```
>model.3<-aov(output~soil*fertilizer,datal=da4)
>aov_residuals<-residuals(object=model.3)
>shapiro.test(aov_residuals)
Shapiro-Wilk normality test
Data: aov_residuals, W=0.95864  p-value=0.5755
```

#输出方差分析结果

```
>summary(model.3)
```

	Df	Sum Sq	Mean Sq	F value	Pr(>F)	sig
soil	1	144.50	144.50	144.903	4.67e-08	***
fertilizer	2	6.79	3.39	3.404	0.06744	
soil:fertilizer	2	16.30	8.15	8.174	0.00575	**
Residuals	12	11.97	1			

程序说明：

利用ggpubr包中的函数ggboxplot(data, x, y, linetype, color, …)绘制箱线图，data为数据框，x定义横坐标，y定义纵坐标，linetype定义箱线的类型，如果定义的是因子变量，得到的是多组箱线图，color定义箱线的颜色。考虑交互作用的两因素方差分析的函数仍为aov()，R表达式为：y~A*B，或者y~A+B+A:B。

输出结果分析：

从图5.5可以看出，在因素fertilizer的不同水平上，因素soil各水平的均值是有差异的；方差齐性检验的p值为0.8186>0.05，因此在显著水平0.05下，不拒绝方差齐性的原假设。正态性检验的p值为0.5755>0.05，因此在显著水平0.05下，不拒绝数据服从正态分布的原假设。方差分析结果表明，在显著水平0.01下，因素soil对试验指标影响显著（$p=4.67e-08$），soil和fertilizer的交互作用对试验指标影响显著（$p=0.00575$），因素fertilizer对试验指标影响不显著（$p=0.06744$）。下面着重分析交互作用。

其次，对soil和fertilizer的各水平组合的均值进行多重比较。

```
>library(agricolae)
```

#duncan法多重比较（标记字母）

```
>duncan.test(model.3,c('soil','fertilizer'),alpha=0.05,console=T)
Alpha: 0.05;DF Error: 12
```

```
Critical Range:
         2        3        4        5        6
    1.776521 1.859507 1.909788 1.943065 1.966145
Means with the same letter are not significantly different.
              output    groups
       A1:B3  20.90000    a
       A1:B1  18.26667    b
       A1:B2  17.23333    b
       A2:B2  13.73333    c
       A2:B1  12.90000    c
       A2:B3  12.76667    c
```

#bonferroni法校正（输出p值，显著性和置信区间）
>LSD.test(model.3, c('soil', 'fertilizer'), alpha=0.05, p.adj='bonferroni', group=F)

$comparison

```
              difference pvalue  signif. LCL      UCL
A1:B1 - A1:B2  1.0333    1               -1.9418  4.0085
A1:B1 - A1:B3 -2.6333    0.1084          -5.6085  0.3418
A1:B1 - A2:B1  5.3667    0.0004  ***     2.3915   8.3418
A1:B1 - A2:B2  4.5333    0.0019  **      1.5582   7.5085
A1:B1 - A2:B3  5.5000    0.0003  ***     2.5248   8.4751
A1:B2 - A1:B3 -3.6667    0.0110  *       -6.6418  -0.6915
A1:B2 - A2:B1  4.3333    0.0028  **      1.3582   7.3085
A1:B2 - A2:B2  3.5000    0.0157  *       0.5248   6.4752
A1:B2 - A2:B3  4.46667   0.0021  **      1.4915   7.4418
A1:B3 - A2:B1  8.0000    0.0000  ***     5.0248   10.9752
A1:B3 - A2:B2  7.1667    0.0000  ***     4.1915   10.1418
A1:B3 - A2:B3  8.1333    0.000   ***     5.1582   11.1085
A2:B1 - A2:B2 -0.8333    1               -3.80085 2.1418
A2:B1 - A2:B3  0.1333    1               -2.8418  3.1085
A2:B2 - A2:B3  0.9667    1               -2.0085  3.9418
```

#bonferroni法校正（标记字母）
>LSD.test(model.3, c('soil', 'fertilizer'), alpha=0.05, p.adj='bonferroni', console=T)

```
Alpha: 0.05;DF Error: 12
Critical Value of t: 3.648889
Minimum Significant Difference: 2.975165
              output    groups
     A1:B3    20.90000  a
     A1:B1    18.26667  ab
     A1:B2    17.23333  b
     A2:B2    13.73333  c
     A2:B1    12.90000  c
     A2:B3    12.76667  c
```

解释：

关于交互效应多重比较的结果，Duncan法可参照前面的例题分析；LSD法（Bonferroni法校正）多重比较表明，在显著水平0.05下，A1:B3、A1:B1和A1:B2显著地高于A2:B1、A2:B2和A2:B3，A1:B3显著地高于A1:B2、A1:B3和A1:B1之间没有显著差异，A1:B1和A1:B2之间没有显著差异，A2:B1、A2:B2和A2:B3之间没有显著差异。A1:B3和A1:B1是比较好的组合。

最后，进行可视化。作出因素soil和fertilizer的交互效应图，如图5.6所示。

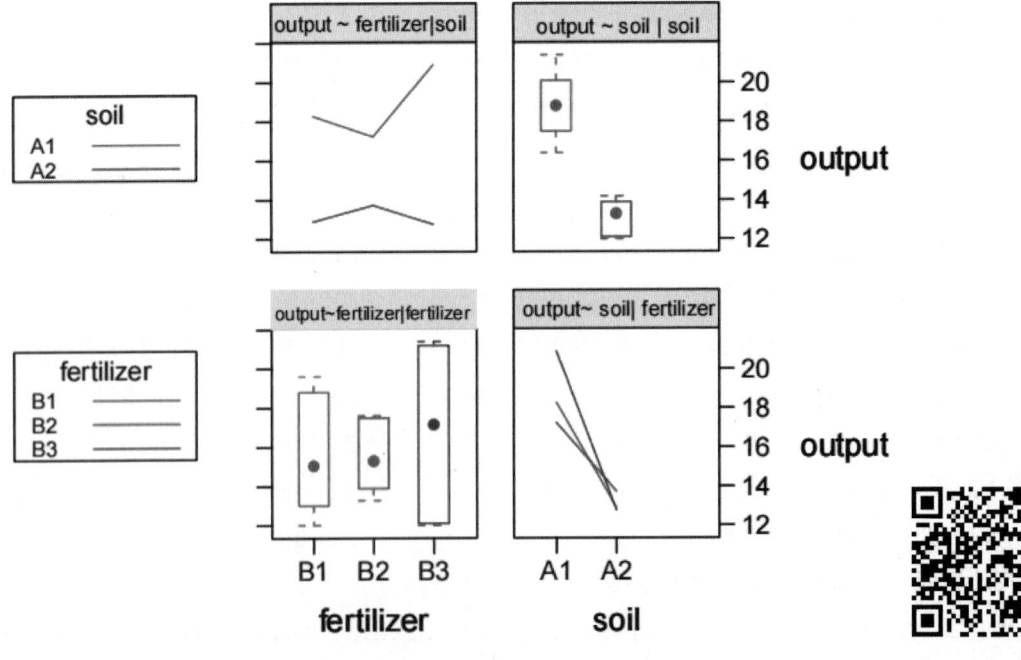

图5.6 例5.4方差分析的主效应和交互效应图

```
#方法一：利用HH包中的函数interaction2wt()
>attach(da4)
>library(HH)
>interaction2wt(output ~ fertilizer + soil)
>detach(da4)
#方法二：利用ggpubr包中的函数ggline()绘制交互效应图（图5.7）。
>library(ggpubr)
>ggline(da4, x = 'soil', y = 'output', linetype = 'fertilizer', add =
c('mean_ci'))                        #添加置信区间
>ggline(da4, x = 'fertilizer', y = 'output', linetype = 'soil', add =
c('mean_ci'))
```

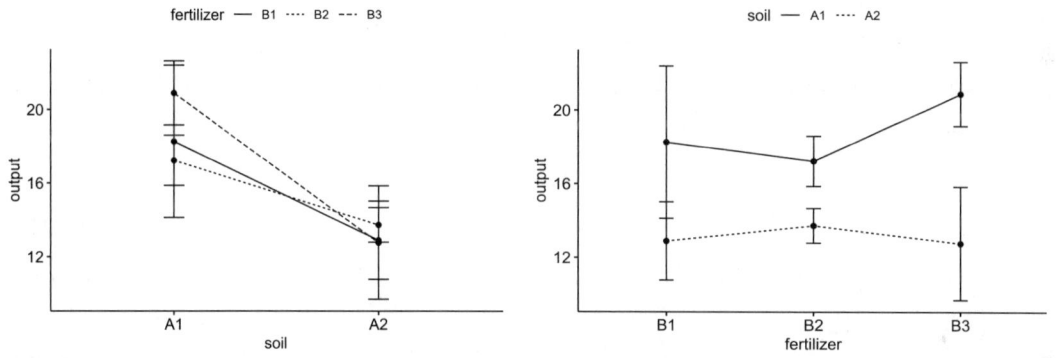

图5.7 例5.4中soil和fertilizer的交互效应图

输出结果分析：

图5.6的箱线图反映了两个因素的主效应，可观察土壤和化肥种类对产量是否有影响；图5.6的折线图反映了两个因素的交互效应，由于图中各条折线不平行且有交叉，说明两个因素间存在交互效应。图5.7（左）的折线图主要反映了不同的fertilizer水平的产量随soil类型的变化情况，图5.7（右）的折线图反映了不同的soil类型的产量随fertilizer水平的变化情况。利用函数ggline()绘图也可以绘制交互图。通过改变其中的参数，展示两因素之间的关系（图5.7），比较灵活方便。

对均值多重比较结果的可视化（图5.8）（以步骤2中的Bonferroni法为例）的程序和结果如下。

```
>library(ggplot2)
#计算均值
>aggregate(output ~ fertilizer*soil, data = da4, FUN = mean)
#计算标准差，以备后面绘制误差棒
```

```
>aggregate(output ~ fertilizer*soil, data = da4, FUN = sd)
#准备函数ggplot2()画图用的数据框
>data_summary <- data.frame(soil = c('A1', 'A1', 'A1', 'A2', 'A2', 'A2'),
                    fertilizer = c('B1', 'B2', 'B3', 'B1', 'B2', 'B3'),
                    mean = c(18.27, 17.23, 20.90, 12.90, 13.73, 12.77),
                    sd = c(1.67, 0.55, 0.70, 0.85, 0.38, 1.24),
                    sig = c('ab', 'b', 'a', 'c', 'c', 'c'))
>ggplot(data_summary, aes(x = fertilizer, y = mean, fill = soil)) +
geom_bar(stat = 'identity', position = 'dodge', alpha = 0.5, width = 0.8, color = 'black') +
geom_errorbar(aes(ymin = mean - sd, ymax = mean + sd), position = position_dodge(0.9), width = 0.1) +
geom_text(aes(label = sig), position = position_dodge(0.90), size = 3, vjust = -3, color = 'black') +
labs(x = 'fertilizer', y = 'mean of output') +
scale_y_continuous(expand = c(0, 0), limits = c(0, 25)) +    #y的范围
scale_fill_manual(name = 'soil' , values = c('grey100', 'grey80')) +  #修改填充颜色
theme_bw() + theme(panel.grid.major = element_blank(),    #设置背景
panel.grid.minor = element_blank()) + theme(legend.position = c(0.9, 0.8))
```

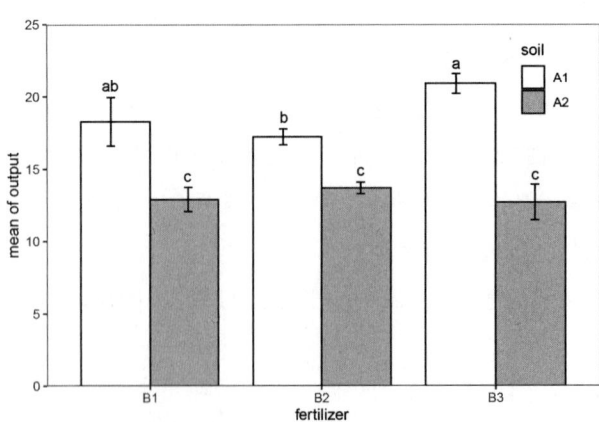

图5.8　例5.4资料Bonferroni多重比较结果

从图5.8可以清晰直观地观察到两因素各水平组合的均值的Bonferroni多重比较结果。

5.2.2.2 随机模型

假设因素A和因素B均为随机因素，统计模型仍为

$$\begin{cases} y_{ijl} = \mu + \alpha_i + \beta_j + \gamma_{ij} + \varepsilon_{ijl} \\ \varepsilon_{ijl} \sim N(0,\sigma^2), \ (i=1,2,\cdots,k;\ j=1,2,\cdots,m;\ l=1,2,\cdots,t) \end{cases} \qquad (5.26)$$

由于主效应和交互效应无法预料，因而α_i、β_j、γ_{ij}均为随机变量，它们满足的条件为：α_i独立且$\alpha_i \sim N(0,\sigma_\alpha^2)$；$\beta_j$独立且$\beta_j \sim N(0,\sigma_\beta^2)$；$\gamma_{ij}$独立且$\gamma_{ij} \sim N(0,\sigma_\gamma^2)$。

此时$D(y_{ijl}) = \sigma_\alpha^2 + \sigma_\beta^2 + \sigma_\gamma^2 + \sigma^2$，要检验的假设条件为

$$H_{01}: \sigma_\alpha^2 = 0, \ H_{11}: \sigma_\alpha^2 \neq 0$$

$$H_{02}: \sigma_\beta^2 = 0, \ H_{12}: \sigma_\beta^2 \neq 0$$

$$H_{03}: \sigma_\gamma^2 = 0, \ H_{13}: \sigma_\gamma^2 \neq 0$$

总的离差平方和的分解以及自由度的分解和固定模型相同，为

$$SS_T = SS_A + SS_B + SS_{A \times B} + SS_E$$

自由度为$kmt - 1 = k - 1 + m - 1 + (k-1)(m-1) + km(t-1)$。

各假设的检验统计量为

$$\begin{cases} F_A = \dfrac{MS_A}{MS_{A \times B}} \sim F((k-1),(k-1)(m-1)) \\ F_B = \dfrac{MS_B}{MS_{A \times B}} \sim F((m-1),(k-1)(m-1)) \\ F_{A \times B} = \dfrac{MS_{A \times B}}{MS_E} \sim F((k-1)(m-1), km(t-1)) \end{cases} \qquad (5.27)$$

由此可以写出原假设的拒绝域。

5.2.2.3 混合模型

假设因素A为固定型，因素B为随机型，这种情况较常见，统计模型仍为

$$\begin{cases} y_{ijl} = \mu + \alpha_i + \beta_j + \gamma_{ij} + \varepsilon_{ijl} \\ \varepsilon_{ijl} \sim N(0,\sigma^2), \ (i=1,2,\cdots,k;\ j=1,2,\cdots,m;\ l=1,2,\cdots,t) \end{cases} \qquad (5.28)$$

α_i为固定效应，β_j和γ_{ij}为随机效应，它们满足的条件变为

$$\sum_{i=1}^{k} \alpha_i = 0, \ \beta_j\text{独立且}\beta_j \sim N(0,\sigma_\beta^2) \qquad (5.29)$$

γ_{ij}不是完全独立的，满足

$$\sum_{i=1}^{k}\gamma_{ij}=0, \gamma_{ij} \sim N(0,\sigma_\gamma^2) \tag{5.30}$$

此时，要检验的假设条件为

$$\begin{cases} H_{01}: a_i=0, & H_{11}: a_i; \text{不全为0} \\ H_{02}: \sigma_\beta^2=0, & H_{12}: \sigma_\beta^2 \neq 0; \\ H_{02}: \sigma_\gamma^2=0, & H_{13}: \sigma_\gamma^2 \neq 0; \end{cases} \tag{5.31}$$

总的离差平方和的分解以及自由度的分解和固定模型相同，为

$$SS_T = SS_A + SS_B + SS_{A \times B} + SS_E$$

自由度分解为 $kmt-1=k-1+m-1+(k-1)(m-1)+km(t-1)$。

各假设的检验统计量为

$$\begin{cases} F_A = \dfrac{MS_A}{MS_{A \times B}} \sim F((k-1),(k-1)(m-1)) \\ F_B = \dfrac{MS_B}{MS_E} \sim F((m-1),km(t-1)) \\ F_{A \times B} = \dfrac{MS_{A \times B}}{MS_E} \sim F((k-1)(m-1),km(t-1)) \end{cases} \tag{5.32}$$

由此可以写出原假设的拒绝域。

【例5.11】（数据：example5.5.csv）为检验3种饲料的效果，从3窝仔猪中各选9只，随机分成3组，分别喂食3种饲料，仔猪日均增重如表5.32所示，试对结果进行统计分析。

表5.32 仔猪日均增重

饲料A	不同窝别B日均增重/kg								
	B_1			B_2			B_3		
A_1	1.38	1.30	1.25	1.26	1.23	1.30	1.19	1.23	1.25
A_2	1.29	1.32	1.23	1.22	1.28	1.25	1.23	1.18	1.17
A_3	1.35	1.40	1.36	1.32	1.28	1.35	1.27	1.31	1.26

解：本例中，饲料A是固定因素，窝别B间的差异主要是由于遗传背景不同造成的，无法控制的，因而属于随机因素，可采用混合模型分析，目的是通过控制随机因素，比较固定因素水平间的差异。这里主要讲解如何用R实现，R程序和结果如下：

```
>library(lme4)
>library(lmerTest)
```

```
#导入数据
>da5<-read.csv('F:/data/ch5/example5.5.csv',T)
>head(da5,3)
          weight   home   food
    1     1.38    B1     A1
    2     1.30    B1     A1
    3     1.25    B1     A1
#分类变量因子化
>da5$home<-as.factor(da5$home)
>da5$food<-as.factor(da5$food)
#混合模型的方差分析
>model.4<-lmer(weight~food+(1|home)+(1|home:food),da5)
#固定因素food对weight的影响
>anova(model.4)
Type III Analysis of Variance Table with Satterthwaite's method
       Sum Sq   Mean Sq   NumDF   DenDF   F value   Pr(>F)
food   0.03116  0.01558   2       22      12.794    0.0002061
#因素home和home:food对weight的影响
>ranova(model.4)
ANOVA-like table for random-effects: Single term deletions
              npar   loglik   AIC       LRT     Df   Pr(>Chisq)  sig
(1|home)      5      36.833   -63.667   7.3769  1    0.006607    **
(1|home:food) 5      40.522   -71.044   0.0000  1    0.999998
Signif. codes: 0 '***' 0.001 '**' 0.01 '*' 0.05 '.' 0.1 ' ' 1
#交互作用不显著，去掉交互项后再分析
>model.5<-lmer(weight ~ food+(1|home),da5)
#固定因素food对weight的影响
>anova(model.5)
Type III Analysis of Variance Table with Satterthwaite's method
       Sum Sq   Mean Sq   NumDF   DenDF   F value  Pr(>F)
food   0.03116  0.01558   2       22      12.794   0.0002061
#随机因素home对weight的影响
>ranova(model.5)
ANOVA-like table for random-effects: Single term deletions
```

	npar	loglik	AIC	LRT	Df	Pr(>Chisq)	sig
(1|home)	5	34.257	−60.515	12.529	1	0.0004007	***

#计算food各水平的均值
>aggregate(weight ~ food, data = da5, FUN = mean)

	food	weight
1	A1	1.265556
2	A2	1.241111
3	A3	1.32222

#对固定因素food进行多重比较
>ls_means(model.5, which = 'food', pairwise = TRUE)
Least Squares Means table:

	Estimate	Std.Error	df	t value	lower	upper	Pr(>|t|)	sig
foodA1-foodA2	0.024444	0.0164509	22	1.4859	−0.009673	0.05856	0.1515	
foodA1-foodA3	−0.056667	0.01645	22	−3.4446	−0.090784	−0.0225496	0.002311	**
foodA2-foodA3	−0.081111	0.01645	22	−4.9305	−0.11523	−0.046994	6.235e-05	***

程序说明：

利用函数lmer()实现随机效应方差分析，以两因素方差分析为例，如果A与B均为随机因素，公式为：y ~ (1|A)+(1|B)+(1|A:B)这种情况不太常见；如果A为固定因素，B为随机因素，公式为：y ~ A+(1|B)+(1|A:B)，其中1是指随机截距，竖线右侧是随机分组因子。如果交互作用不显著，可以去掉(1|A:B)项，再进行分析。由函数anova()输出固定因素的F检验结果，ranova()输出随机因素的似然比检验(LRT)结果；若固定因素显著，可利用函数ls_means()对该因素各水平的均值进行多重比较。

输出结果分析：

由于本问题home和food的交互作用不显著（$p=0.999998$），去掉该项后的分析结果可知，固定因素food和随机因素home对试验指标weight影响显著，p值分别为0.0002061和0.0004007，均小于0.01；对固定因素food的多重比较结果表明，A1与A2的均值没有显著差异（$p=0.1515>0.05$），A1与A3的均值差异显著（$p=0.002311<0.01$），A2与A3的均值差异显著（$p=6.235\text{e}-05<0.01$），且A3的均值显著高于A1与A2。

5.3 效应量分析

由于统计显著性容易受到样本容量大小的影响，而效应量（effect size）是衡量因素对试验指标影响程度大小的量，效应量越大，因素和试验指标的关系越强。它具有与量纲无关、不受样本容量大小的影响等性质，许多统计显著的研究结果其效应量可能很小。在方差分析中，如果处理数比较多，通过均值两两比较来衡量效应量不太恰当，因此需要一个全局的统计量，用来反映某个因素的效果。

以两因素方差分析为例，设有 A、B 两个因素，其中的 $A \times B$ 表示交互作用，下面给出计算公式。

5.3.1 效应量 η^2

反映每个因素对试验指标的单独影响大小，具体计算方法是每个因素的平方和除以总的离差平方和。

A 的效应量为

$$\eta_A^2 = \frac{SS_A}{SS_T} \tag{5.33}$$

B 的效应量为

$$\eta_B^2 = \frac{SS_B}{SS_T} \tag{5.34}$$

$A \times B$ 的效应量为

$$\eta_{A \times B}^2 = \frac{SS_{A \times B}}{SS_T} \tag{5.35}$$

式中，$SS_T = SS_A + SS_B + SS_{A \times B} + SS_E$。

例5.10中因素 A、B 以及交互作用 $A \times B$ 的效应量分别为

$$\eta_A^2 = \frac{144.5}{179.56} = 0.8047, \quad \eta_B^2 = \frac{6.79}{179.56} = 0.0378, \quad \eta_{A \times B}^2 = \frac{16.3}{179.56} = 0.0908$$

因素 A 解释了总离差平方和的80.47%，因素 B 解释了总离差平方和的3.78%，交互作用 $A \times B$ 解释了总离差平方和的9.08%，由于 η^2 的分母相同，可用于互相比较且具有可加性，A、B 和 $A \times B$ 共解释了总离差平方和的93.33%。因而，本问题中因素 A 对产量的影响最大，其次是交互效应。

5.3.2 偏效应量η^2

在排除其他因素影响的情况下,当前因素对试验指标的解释效应。

因素A、B和$A \times B$的偏效应量分别为

$$\text{偏}\eta_A^2 = \frac{SS_A}{SS_A + SS_E}, \quad \text{偏}\eta_B^2 = \frac{SS_B}{SS_B + SS_E}, \quad \text{偏}\eta_{A \times B}^2 = \frac{SS_{A \times B}}{SS_{A \times B} + SS_E} \tag{5.36}$$

例5.10中A,B以及交互作用$A \times B$的偏效应分别为

$$\text{偏}\eta_A^2 = \frac{144.5}{144.5 + 11.97} = 0.9235$$

$$\text{偏}\eta_B^2 = \frac{6.79}{6.79 + 11.97} = 0.3619$$

$$\text{偏}\eta_{A \times B}^2 = \frac{16.3}{16.3 \pm 11.97} = 0.5766$$

偏η_A^2表示在排除其他因素影响后,因素A的解释效应为92.35%,其他偏效应量解释类似。由于偏效应量的分母不一致,因而不具有可加性。

效应量分析的R程序及结果如下:

```
>library(DescTools)
#model.3是例5.10中方差分析结果保存的对象,eta.sq为效应量,eta.sq.part为偏效应量
>EtaSq(model.3, anova = T)
                  eta.sq  eta.sq.part  SS       df  MS      F       p
soil              0.8047  0.9235       144.5000  1  144.5   144902  4.6704e-8
fertilizer        0.0378  0.3620       6.7900    2  3.3950  3.4044  6.7438e-02
soil:fertilizer   0.0907  0.5767       16.3033   2  8.1517  8.1743  5.7528e-03
Residuals         0.0666  NA           11.9667   12 0.9972  NA      NA
```

方差分析是数据分析的一个重要工具,但使用方差分析也是有条件的,即方差分析的有效性是建立在一些基本假定上,如果分析的数据不符合这些假定条件,得出的结论就不正确。一是正态性,试验误差独立且服从正态分布,如果正态性不能满足,可采用适当的数据变换。二是可加性,处理效应和误差效应是可加的,每一次观察值包含了总体平均数、因素总效应、随机效应三部分,这些组成部分必须是叠加的方式综合起来的,即每一个观察值都可视为这些组成部分的累加和,这样才能将试验的总变异分解为各种原因引起的变异,然后确定各变异在总变异中所占的比例,对试验结果进行客观评价。如果数据服从对数正态分布(数据取对数后服从正态分布)时,各部分是以连乘的形式综合起来,此

时就要先对数据进行对数变换，保证误差服从正态分布和满足可加性的要求。三是方差齐性，即要求所有处理随机误差的方差都相等，也就是说不同处理不能影响随机误差的方差。如果这些条件不能满足，可以考虑对数据进行转化，比如通过对数变换、平方根变换、倒数变换、平方根反正弦变换等方法，也可考虑非参数方差分析。

5.4 重复测量方差分析

重复测量数据是指对同一个体的同一观察指标在不同时间的测量值，用于分析该观察指标在不同时间上的变化特点，从广义上讲，重复测量数据也可以是对同一个体的同一观察指标在不同部位或场合的观测值。这种数据在生物学研究中较为常见，比较典型的数据形式：一是对一组个体的不同时间点的观测结果；二是将个体分配到不同处理中，对每个处理的个体在不同时间点的观测结果。由于重复测量数据在不同时间点的测量值高度相关，因而不能采用独立数据的统计推断方法进行分析。而重复测量方差分析能够有效地考虑数据点之间的相关性，并给出合理的统计推断。下面介绍该方法的思想和分析过程。

5.4.1 单因素重复测量方差分析

重复测量方差分析仍是属于方差分析的范畴，因此其思路也是基于离差平方和的分解，从实际应用来看，重复测量方差分析可用于以下目的：比较组间有无差异；比较各时间有无差异；比较组间和时间有无交互效应。下面首先考虑最简单的情况，只有一个影响因素，即单因素重复测量方差分析（One-way Repeated Measures ANOVA）。

假定有 m 个受试者（subjects），在 k 个不同时间（T）接受重复测量，测量值为 $y_{ij}(i=1,2,\cdots,m;j=1,2,\cdots,k)$，这里时间是影响试验指标的因素，数据结构如表5.33所示。

表5.33 单因素重复测量数据

受试者	时间			
	T_1	T_2	$\cdots$	T_k
s_1	y_{11}	y_{12}	$\cdots$	y_{1k}
s_2	y_{21}	y_{22}	$\cdots$	y_{2k}
$\vdots$	$\vdots$	$\vdots$		$\vdots$
s_m	y_{m1}	y_{m2}	$\cdots$	y_{mk}

对于常规的方差分析，要求随机误差是独立的，而对于重复测量方差分析，不同时间

的观测变量不满足独立性，若满足球形性（sphericity）特征，即同一试验单元的任意两个观测值之差的方差都相等，则可以用常规的方差分析方法。因此在进行重复测量方差分析前首先进行球形假设检验，如果不满足则需要对检验方法进行球形性校正。

重复测量方差分析是检验相关总体均值间是否存在显著差异，因此假设条件为

$$H_0: \mu_1 = \mu_2 = \cdots = \mu_k, \quad H_1: \mu_1, \mu_2, \cdots, \mu_k \text{不全相等}$$

其中，$\mu_1, \mu_2, \cdots, \mu_k$ 表示 k 个时间点总体的均值。

重复测量方差分析的思路和方差分析非常相似，也是对总离差平方和 SS_T 进行分解，把时间看作分组变量，将总离差平方和分解为不同时间点，即组间平方和 SS_b 和组内平方和 SS_w，为

$$\begin{aligned}SS_T &= \sum_{i=1}^{m}\sum_{j=1}^{k}(y_{ij}-\overline{y})^2 = \sum_{i=1}^{m}\sum_{j=1}^{k}(y_{ij}-\overline{y}_{.j}+\overline{y}_{.j}-\overline{y})^2 \\ &= \sum_{i=1}^{m}\sum_{j=1}^{k}(y_{ij}-\overline{y}_{.j})^2 + \sum_{i=1}^{m}\sum_{j=1}^{k}(\overline{y}_{.j}-\overline{y})^2 = SS_w + SS_b\end{aligned} \quad (5.37)$$

式中，$\overline{y}_{.j} = \dfrac{1}{m}\sum_{i=1}^{m} y_{ij}$。

方差分析是将组内平方和 SS_w 看作误差项，由于重复测量方差分析使用相同的受试者 subjects，我们应该从 SS_w 中减去受试者之间的差异 SS_{subjects} 得到误差项 SS_E：

方差分析中：$SS_E = SS_w$；

重复测量方差分析中：$SS_E = SS_w - SS_{\text{subjects}}$。

据此，SS_w 可进一步分解为

$$\begin{aligned}SS_w &= \sum_{i=1}^{m}\sum_{j=1}^{k}(y_{ij}-\overline{y}_{.j})^2 \\ &= \sum_{i=1}^{m}\sum_{j=1}^{k}(\overline{y}_{i.}-\overline{y})^2 + \sum_{i=1}^{m}\sum_{j=1}^{k}(y_{ij}-\overline{y}_{i.}-\overline{y}_{.j}+\overline{y})^2 = SS_{\text{subjects}} + SS_E\end{aligned} \quad (5.38)$$

$$SS_T = SS_{\text{subjects}} + SS_E + SS_b \quad (5.39)$$

式中，$\overline{y}_{i.} = \dfrac{1}{k}\sum_{j=1}^{k} y_{ij}$。

相应的自由度为 $df_T = mk-1$，$df_{\text{subjects}} = m-1$，$df_E = (m-1)(k-1)$，$df_b = k-1$。

自由度之间的关系为 $df_T = df_{\text{subjects}} + df_E + df_b$，离差平方和除以自由度后，得到均方，由此可得 F 统计量，可以证明（略）

$$F = \frac{SS_b/(k-1)}{SS_E/(m-1)(k-1)} = \frac{MS_b}{MS_E} \sim F(k-1, (m-1)(k-1))$$

给定显著水平 α，由 $P\{F \geqslant F_\alpha(k-1,(m-1)(k-1))\}=\alpha$，可知 H_0 的拒绝域为

$$F \geqslant F_\alpha((k-1),(m-1)(k-1))$$

【例5.12】（数据：example5.6.csv）研究6个月的运动训练对血压的影响，随机选择6个受试者（subjects），在3个不同的时间（time）——运动前（pre）、运动中（3 months）和运动后（6 months）测量其低压，具体测试结果如表5.34所示，问运动前、运动中、运动后血压是否有显著差异。

表5.34　受试者3次重复测量结果　　　　　　　　　　　　　　　单位：mmHg

subjects	T_1(pre)	T_2(3 months)	T_3(6 months)
s_1	45	50	55
s_2	42	42	45
s_3	36	41	43
s_4	39	35	40
s_5	51	55	59
s_6	44	49	56

解： 本问题血压是研究指标，时间是影响因素，有3次重复。

假设 H_0：$\mu_1=\mu_2=\mu_3$，H_1：μ_1、μ_2、μ_3 不全相等。

由表5.34可得到平均值 $\bar{y}_{i\cdot}$、$\bar{y}_{\cdot j}$、$\bar{y}$ 如表5.35所示。

表5.35　各平均值计算结果

$\bar{y}_{1\cdot}$	$\bar{y}_{2\cdot}$	$\bar{y}_{3\cdot}$	$\bar{y}_{4\cdot}$	$\bar{y}_{5\cdot}$	$\bar{y}_{6\cdot}$	$\bar{y}_{\cdot 1}$	$\bar{y}_{\cdot 2}$	$\bar{y}_{\cdot 3}$	$\bar{y}$
50	43	40	38	55	49.7	42.8	45.3	49.7	45.9

由此可计算出

$$SS_{\text{time}} = SS_b = \sum_{i=1}^{6}\sum_{j=1}^{3}(\bar{y}_{\cdot j}-\bar{y})^2$$

$$= 6[(42.8-45.9)^2+(45.3-45.9)^2+(49.7-45.9)^2]=143.44$$

$$SS_w = \sum_{i=1}^{6}\sum_{j=1}^{3}(y_{ij}-\bar{y}_{\cdot j})^2=[(45-42.8)^2+(42-42.8)^2+\ldots+(44-42.8)^2]$$

$$+(50-45.3)^2+\ldots+(49-45.3)^2+(55-49.7)^2+\ldots+(56-49.7)^2=715.5$$

$$SS_{\text{subjects}} = \sum_{i=1}^{6}\sum_{j=1}^{3}(\bar{y}_{i\cdot}-\bar{y})^2=3[(50-45.9)^2+(43-45.9)^2+(40-45.9)^2$$

$$+(38-45.9)^2+(55-45.9)^2+(49.7-45.9)^2]=658.3$$

$$SS_E = SS_w - SS_{\text{subjects}} = 715.5-658.3=57.2$$

将以上数据填入单因素重复测量方差分析表（表5.36）。

表5.36 单因素重复测量方差分析表

变异来源	平方和	自由度	均方	$F_比$
time	143.44	2	71.72	12.53
subjects	658.28	5	131.66	23.02
误差E	57.22	10	5.72	
总和T	858.94	17		

常见的重复测量方差分析表中不显示subjects行和与总和行，于是得单因素重复测量方差分析表（表5.37）。

表5.37 单因素重复测量方差分析表（不含subjects行与总和行）

变异来源	平方和	自由度	均方	$F_比$
time	143.44	2	71.72	12.53
误差E	57.2	10	5.72	

查附表四知$F_{0.05}(2, 10) = 4.1028$，由于$F_0 = 12.53 > 4.1028$，因此在显著水平0.05下拒绝H_0，时间time对血压影响显著，即运动前、运动中和运动后血压有显著差异。具体哪些水平间差异显著需要进行多重比较，这里主要介绍如何用R实现，R程序和结果如下：

```
>library(ez)
>library(tidyverse)
>rep.aov<-read.csv('F:/data/ch5/example5.6.csv',header=T)
>head(rep.aov, 3)
       people time1 time2 time3
            1    45    50    55
            2    42    42    45
            3    36    41    43
```
#宽格式数据整理成长格式数据，key为分类变量，BP为数值变量，2:4为要合并的数据所在的列
```
>rep.aov1<-rep.aov%>% gather(key=Time,value=BP,2:4)
>head(rep.aov1, 6)
       people Time  BP
            1 time1 45
            2 time1 42
```

3	time1	36
4	time1	39
5	time1	51
6	time1	44

```
#分类变量转化为因子类型
>rep.aov1$Time <-as.factor(rep.aov1$Time)
>rep.aov1$people <-as.factor(rep.aov1$people)
#进行重复测量方差分析
>model.6<- ezANOVA(rep.aov1,dv=BP,wid=people,within=.
(Time),return_aov=TRUE,detailed=TRUE)
>model.6
$ANOVA
```

Effect	DFn	DFd	SSn	SSd	F	p	p<.05	ges
(Intercept)	1	5	37996.055	658.27778	288.60199	1.292904e-05	*	0.9815171
Time	2	10	143.4444	57.22222	12.53398	1.885591e-03	*	0.1670008

$'Mauchly's Test for Sphericity'

Effect	W	p	p<.05
Time	0.4335338	0.1879515	

```
#多重比较
>pairwise.t.test(rep.aov1$BP,rep.aov1$Time,paired=T,p.
adjust='bonferroni')
    Pairwise comparisons using paired t tests
    data: rep.aov1$BP and rep.aov1$Time
```

	time1	time2
time2	0.4842	—
time3	0.0305	0.0053

```
P value adjustment method: bonferroni
```

程序说明：

利用函数ezANOVA(data, dv, wid, within, …)进行重复测量方差分析，data为数据框，为长格式数据，dv为试验指标，wid为受试对象，within为重复测量的变量，该变量要放入括号中，注意括号前面有一个点；函数pairwise.t.test()对显著的变量进行均值多重比较，其中参数p.adjust定义p值校正的具体方法，可以从holm、hochberg、hommel、bonferroni、BH、BY、fdr、none中选择。

输出结果分析：

重复测量方差分析，首先看Mauchly's Test球形检验的结果，该检验的原假设是数据满足球形性，检验p值为0.1879515，在显著水平0.05下不拒绝原假设，说明数据满足球形假设，无需进行自由度的校正，ANOVA结果表明，因素Time对血压有显著影响（$p=0.001885<0.01$）；对因素Time的各水平均值进行多重比较，结果表明，time1(mean=42.8)和time2(mean=45.3)之间差异不显著（$p=0.4842>0.05$），time1和time3(mean=49.7)之间差异显著（$p=0.0305<0.05$），time2和time3之间受试者的血压差异也显著（$p=0.0053<0.01$），从均值可以看出，经过6个月的运动训练，训练后的低压显著地高于训练前和训练中，受试者的低压显著上升。说明低压患者经过适当的运动，可以达到升压的目的。

多重比较结果可视化的R程序和结果如下：

```
>library(ggpubr)
#将ggboxplot函数作图结果保存为对象p
>p<-ggboxplot(rep.aov1,x='Time',y='BP')
#在对象p上，加方括号和显著性，并保存为对象p1
>p1<-p+geom_bracket(xmin=c('time1','time2'),xmax=c('time3','time3'),y.position=c(62,60.5),
    label=c('p=0.0305','p=0.0053'))
>p1
```

程序说明：

利用函数ggboxplot(data, x, y, …)画箱线图，data为长格式数据，x和y分别定义纵横坐标；利用函数geom_bracket()增加方括号和显著性，xmin和xmax分别定义要比较的两个水平的起点和终点，y.position定义方括号所在的位置，label设置显著性标记或p值，具体如图5.9所示。

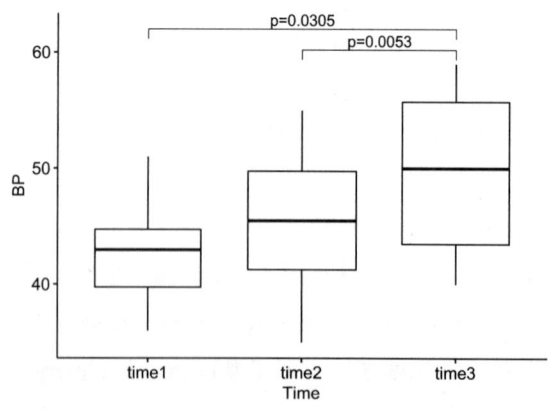

图5.9　例5.6单因素重复测量方差分析多重比较

5.4.2 两因素重复测量方差分析

两因素重复测量方差分析（Two-way Repeated Measures ANOVA）是在单因素重复测量方差分析基础上增加了一个处理因素，需要考虑两个因素的影响。一个因素是处理；另一个因素是重复测量变量，比如时间。因此两因素重复测量数据的总变异可分解为处理因素、重复测量因素、处理因素和重复测量因素的交互作用、受试对象间的随机误差和重复测量的随机误差。

假设因素treatment(A)有g个水平，每个水平有n个受试对象，因素time(B)有m个水平，即研究指标被重复测量m次，试验指标用y_{ijk}($i=1,2,\cdots,g$; $j=1,2,\cdots,m$; $k=1,2,\cdots,n$)表示，数据结构如表5.38。

表5.38 两因素重复测量数据结构

treatment (A)	subjects	time(B)				
		B_1	B_2	$\cdots$	B_m	$\bar{y}_{i\cdot k}$
A_1	1	y_{111}	y_{121}	$\cdots$	y_{1m1}	$\bar{y}_{1\cdot 1}$
	$\vdots$	$\vdots$	$\vdots$		$\vdots$	$\vdots$
	n	y_{11n}	y_{12n}	$\cdots$	y_{1mn}	$\bar{y}_{1\cdot n}$
	$\bar{y}_{1j\cdot}$	$\bar{y}_{11\cdot}$	$\bar{y}_{12\cdot}$	$\cdots$	$\bar{y}_{1m\cdot}$	$\bar{y}_{1\cdot\cdot}$
A_2	1	y_{211}	y_{221}	$\cdots$	y_{2m1}	$\bar{y}_{2\cdot 1}$
	$\vdots$	$\vdots$	$\vdots$		$\vdots$	$\vdots$
	n	y_{21n}	y_{22n}	$\cdots$	y_{2mn}	$\bar{y}_{2\cdot n}$
	$\bar{y}_{2j\cdot}$	$\bar{y}_{21\cdot}$	$\bar{y}_{22\cdot}$	$\cdots$	$\bar{y}_{2m\cdot}$	$\bar{y}_{2\cdot\cdot}$
$\vdots$	$\vdots$	$\vdots$	$\vdots$		$\vdots$	$\vdots$
A_g	1	y_{g11}	y_{g21}	$\cdots$	y_{gm1}	$\bar{y}_{g\cdot 1}$
	$\vdots$	$\vdots$	$\vdots$		$\vdots$	$\vdots$
	n	y_{g1n}	y_{g2n}	$\cdots$	y_{gmn}	$\bar{y}_{g\cdot n}$
	$\bar{y}_{gj\cdot}$	$\bar{y}_{g1\cdot}$	$\bar{y}_{g2\cdot}$	$\cdots$	$\bar{y}_{gm\cdot}$	$\bar{y}_{g\cdot\cdot}$
	$\bar{y}_{\cdot j\cdot}$	$\bar{y}_{\cdot 1\cdot}$	$\bar{y}_{\cdot 2\cdot}$	$\cdots$	$\bar{y}_{\cdot m\cdot}$	$\bar{y}$

表5.38中各均值的定义为

$$\bar{y}_{ij\cdot} = \frac{1}{n}\sum_{k=1}^{n} y_{ijk}, \quad \bar{y}_{i\cdot k} = \frac{1}{m}\sum_{j=1}^{m} y_{ijk}, \quad \bar{y}_{i\cdot\cdot} = \frac{1}{mn}\sum_{j=1}^{m}\sum_{k=1}^{n} y_{ijk}, \quad \bar{y} = \frac{1}{gmn}\sum_{i=1}^{g}\sum_{j=1}^{m}\sum_{k=1}^{n} y_{ijk}$$

首先给出假设条件：

检验因素A对试验指标是否有显著影响：H_{01}：$\alpha_1 = \alpha_2 = \cdots = \alpha_g = 0$，$H_{11}$：$\alpha_1, \alpha_2, \cdots, \alpha_g$不全为0；

检验因素B对试验指标是否有显著影响：H_{02}：$\beta_1 = \beta_2 = \cdots = \beta_m = 0$，$H_{12}$：$\beta_1, \beta_2, \cdots, \beta_m$不全为0；

检验交互作用$A \times B$对试验指标是否有显著影响：H_{03}：$\gamma_{ij} = 0$ ($i = 1, 2, \cdots, g$; $j = 1, 2, \cdots, m$)，H_{13}：γ_{ij}不全为0。

对总的离差平方和进行分解，为

$$\begin{aligned} SS_T &= \sum_{i=1}^{g}\sum_{j=1}^{m}\sum_{k=1}^{n}(y_{ijk} - \bar{y})^2 = \sum_{i=1}^{g}\sum_{j=1}^{m}\sum_{k=1}^{n}(\bar{y}_{i\cdot k} - \bar{y} + y_{ijk} - \bar{y}_{i\cdot k})^2 \\ &= \sum_{i=1}^{g}\sum_{j=1}^{m}\sum_{k=1}^{n}(\bar{y}_{i\cdot k} - \bar{y})^2 + \sum_{i=1}^{g}\sum_{j=1}^{m}\sum_{k=1}^{n}(y_{ijk} - \bar{y}_{i\cdot k})^2 = SS_{\text{受试对象间}} + SS_{\text{受试对象内}} \end{aligned} \quad (5.40)$$

df：$gmn - 1 = (gn - 1) + (gmn - gn)$

受试对象间分解，为

$$\begin{aligned} SS_{\text{受试对象间}} &= \sum_{i=1}^{g}\sum_{j=1}^{m}\sum_{k=1}^{n}(\bar{y}_{i\cdot k} - \bar{y})^2 = \sum_{i=1}^{g}\sum_{j=1}^{m}\sum_{k=1}^{n}(\bar{y}_{i\cdot\cdot} - \bar{y})^2 + \sum_{i=1}^{g}\sum_{j=1}^{m}\sum_{k=1}^{n}(\bar{y}_{i\cdot k} - \bar{y}_{i\cdot\cdot})^2 \\ &= SS_A + SS_{E1} \end{aligned} \quad (5.41)$$

df：$gn - 1 = (g - 1) + (gn - g)$

SS_A是由因素A引起，它反映了不同处理之间的差异，SS_{E1}反映了试验单元间的差异称为试验误差，在对处理进行检验时，要用试验误差的均方作为F统计量的分母。

受试对象内分解，为

$$\begin{aligned} SS_{\text{受试对象内}} &= \sum_{i=1}^{g}\sum_{j=1}^{m}\sum_{k=1}^{n}(y_{ijk} - \bar{y}_{i\cdot k})^2 = \sum_{i=1}^{g}\sum_{j=1}^{m}\sum_{k=1}^{n}[(\bar{y}_{\cdot j\cdot} - \bar{y}) + (\bar{y}_{ij\cdot} - \bar{y}_{i\cdot\cdot} - \bar{y}_{\cdot j\cdot} + \bar{y}) \\ &\quad + (y_{ijk} - \bar{y}_{ij\cdot} - \bar{y}_{i\cdot k} + \bar{y}_{i\cdot\cdot})]^2 = \sum_{i=1}^{g}\sum_{j=1}^{m}\sum_{k=1}^{n}(\bar{y}_{\cdot j\cdot} - \bar{y})^2 \\ &\quad + \sum_{i=1}^{g}\sum_{j=1}^{m}\sum_{k=1}^{n}(\bar{y}_{ij\cdot} - \bar{y}_{i\cdot\cdot} - \bar{y}_{\cdot j\cdot} + \bar{y})^2 + \sum_{i=1}^{g}\sum_{j=1}^{m}\sum_{k=1}^{n}(y_{ijk} - \bar{y}_{ij\cdot} - \bar{y}_{i\cdot k} + \bar{y}_{i\cdot\cdot})^2 \\ &= SS_B + SS_{A \times B} + SS_{E2} \end{aligned} \quad (5.42)$$

df：$gmn - gn = (m - 1) + (g - 1)(m - 1) + g(m - 1)(n - 1)$

SS_B是由因素B引起，它反映了不同时间点之间的差异；$SS_{A \times B}$反映了因素A和B的交互作用；SS_{E2}反映了受试对象重复测量的差异称为抽样误差。在对重复测量因素以及交互项进行检验时，要用抽样误差的均方作为F统计量的分母。

对于两因素重复测量方差分析，有两个相应的方差分析表如表5.39、表5.40所示。

表5.39 受试对象间的方差分析表

变异来源	平方和	自由度	均方	$F_\text{比}$
A	SS_A	$g-1$	MS_A	$\dfrac{MS_A}{MS_{E1}}$
误差	SS_{E1}	$gn-g$	MS_{E1}	
受试对象间	$SS_{\text{受试对象间}}$	$gn-1$		

表5.40 受试对象内的方差分析表

变异来源	平方和	自由度	均方	$F_\text{比}$
B	SS_B	$m-1$	MS_B	MS_B/MS_{E2}
$A \times B$	$SS_{A \times B}$	$(g-1)(m-1)$	$MS_{A \times B}$	$MS_{A \times B}/MS_{E2}$
误差	SS_{E2}	$g(m-1)(n-1)$	MS_{E2}	
受试对象内	$SS_{\text{受试对象内}}$	$gn(m-1)$		

【例5.13】（数据：example5.7.csv）在不同二氧化碳浓度下，研究植物类型A对二氧化碳吸收量的影响，这里二氧化碳的浓度B设置了5个水平B_1、B_2、B_3、B_4、B_5，浓度依次增加，植物对二氧化碳的吸收量（mL/L）的测量数据如表5.41所示，试对该数据进行统计分析。

表5.41 不同类型植物对二氧化碳吸收量的重复测量结果 单位：mL/L

A	subjects	B_1	B_2	B_3	B_4	B_5
A_1	s_1	16	30.4	34.8	37.2	35.3
A_1	s_2	13.6	27.3	37.1	41.8	40.6
A_1	s_3	16.2	32.4	40.3	42.1	42.9
A_1	s_4	14.2	24.1	30.3	34.6	32.5
A_1	s_5	9.3	27.3	35	38.8	38.6
A_1	s_6	15.1	21	38.1	34	38.9
A_2	s_7	10.6	19.2	26.2	30	30.9
A_2	s_8	12	22	30.6	31.8	32.4
A_2	s_9	11.3	19.4	25.8	27.9	28.5
A_2	s_{10}	10.5	14.9	18.1	18.9	19.5
A_2	s_{11}	7.7	11.4	12.3	13	12.5
A_2	s_{12}	10.6	18	17.9	17.9	17.9

解：该问题有二氧化碳浓度和植物类型两个影响因素，每棵植物在不同情况下对二氧化碳的吸收量被重复测量5次，考虑采用两因素重复测量方差分析，下面给出假设条件：

H_{01}：$\alpha_1 = \alpha_2 = 0$ H_{11}：α_1、α_2 不全为0

H_{02}：$\beta_1 = \beta_2 = \cdots = \beta_5$ H_{12}：β_j 不全为0，$j = 1, 2, \cdots, 5$

H_{03}：$\gamma_{ij} = 0$ H_{13}：γ_{ij} 不全为0，$i = 1, 2, j = 1, 2, \cdots, 5$

两因素重复测量数据结构如表5.42所示。

表5.42　两因素重复测量数据结构

A	subjects	B_1	B_2	B_3	B_4	B_5	$\bar{y}_{i \cdot k}$
A_1	s_1	16	30.4	34.8	37.2	35.3	30.74
A_1	s_2	13.6	27.3	37.1	41.8	40.6	32.08
A_1	s_3	16.2	32.4	40.3	42.1	42.9	34.78
A_1	s_4	14.2	24.1	30.3	34.6	32.5	27.14
A_1	s_5	9.3	27.3	35	38.8	38.6	29.8
A_1	s_6	15.1	21	38.1	34	38.9	29.42
	$\bar{y}_{1j \cdot}$	14.06	27.08	35.93	38.08	38.13	$\bar{y}_{1 \cdot \cdot} = 30.66$
A_2	s_7	10.6	19.2	26.2	30	30.9	30.66
A_2	s_8	12	22	30.6	31.8	32.4	23.38
A_2	s_9	11.3	19.4	25.8	27.9	28.5	25.76
A_2	s_{10}	10.5	14.9	18.1	18.9	19.5	22.58
A_2	s_{11}	7.7	11.4	12.3	13	12.5	16.38
A_2	s_{12}	10.6	18	17.9	17.9	17.9	11.38
	$\bar{y}_{2j \cdot}$	10.45	17.48	21.81	23.25	23.61	$\bar{y}_{2 \cdot \cdot} = 19.32$
	$\bar{y}_{\cdot j \cdot}$	12.26	22.28	28.88	30.67	30.88	$\bar{y} = 24.99$

计算可得

$$SS_{受试对象间} = \sum_{i=1}^{2}\sum_{j=1}^{5}\sum_{k=1}^{6}(\bar{y}_{i \cdot k} - \bar{y})^2 = 5\sum_{i=1}^{2}\sum_{k=1}^{6}(\bar{y}_{i \cdot k} - \bar{y})^2$$
$$= 5[(30.74 - 24.99)^2 + \cdots + (29.42 - 24.99)^2 + (30.66 - 24.99)^2 + \cdots$$
$$+ (11.38 - 24.99)^2] = 2838.38$$

$$SS_A = \sum_{i=1}^{2}\sum_{j=1}^{5}\sum_{k=1}^{6}(\bar{y}_{i \cdot \cdot} - \bar{y})^2 = 5 \times 6[(30.66 - 24.99)^2 + (19.32 - 24.99)^2] = 1928.9$$

$$SS_{E1} = 2838.38 - 1927.8 = 910.58$$

$$SS_{\text{受试对象内}} = \sum_{i=1}^{2}\sum_{j=1}^{5}\sum_{k=1}^{6}(y_{ijk} - \overline{y}_{i \cdot k})^2 = [(16-30.74)^2 + \cdots + (13.6-32.08)^2 + \cdots + (15.1-29.42)^2 + \cdots$$
$$+ (10.6-30.66)^2 + \cdots + (12-23.38)^2 + \cdots + (10.6-11.38)^2 + \cdots] = 3623.73$$

$$SS_B = \sum_{i=1}^{2}\sum_{j=1}^{5}\sum_{k=1}^{6}(\overline{y}_{\cdot j \cdot} - \overline{y})^2 = 2 \times 6 \sum_{j=1}^{5}(\overline{y}_{\cdot j \cdot} - \overline{y})^2 = 12[(12.26-24.99)^2 + \cdots + (30.88-24.99)^2]$$
$$= 3016.46$$

$$SS_{A \times B} = \sum_{i=1}^{2}\sum_{j=1}^{5}\sum_{k=1}^{6}(\overline{y}_{ij \cdot} - \overline{y}_{i \cdot \cdot} - \overline{y}_{\cdot j \cdot} + \overline{y})^2$$
$$= 6[(\overline{y}_{11 \cdot} - \overline{y}_{1 \cdot \cdot} - \overline{y}_{\cdot 1 \cdot} + \overline{y})^2 + (\overline{y}_{12 \cdot} - \overline{y}_{1 \cdot \cdot} - \overline{y}_{\cdot 2 \cdot} + \overline{y})^2 + \cdots] = 278.04$$

$$SS_{E2} = SS_{\text{受试对象内}} - SS_B - SS_{A \times B} = 3623.73 - 3016.46 - 278.04 = 329.23$$

列出受试对象间的方差分析表（表5.43）。

表5.43 受试对象间的方差分析表

变异来源	平方和	自由度	均方	$F_{\text{比}}$
A	1927.8	1	1927.8	$F_A = 21.17$
误差E_1	910.58	10	91.058	
受试对象间	2838.38	11		

列出受试对象内的方差分析表（表5.44）。

表5.44 受试对象内的方差分析表

变异来源	平方和	自由度	均方	$F_{\text{比}}$
B	3016.47	4	754.11	$F_B = 91.62$
$A \times B$	278.05	4	69.51	$F_{A \times B} = 8.45$
误差E_2	329.23	40	8.23	
受试对象内	3623.75	48		

由于，$F_{0.01}(1, 10) = F_A = 21.17 > 10.04$，因此在显著水平0.01下，不同类型植物对二氧化碳吸收量有显著差异，A_1的吸收量显著高于A_2。

由于$F_B = 91.62$、$F_{A \times B} = 8.45$都大于$F_{0.01}(4, 40) = 3.828$，因此因素B以及A和B的交互作用对二氧化碳吸收量均有显著影响。

该例的R程序和结果如下：

```
>library(ez)
>library(tidyverse)
>da1<-read.csv('F:/data/ch5/example5.7.csv',header=T)
#显示数据框da1的前3行
```

```
>head(da1, 3)
          A      subjects   B1     B2     B3     B4     B5
          A1     s1         16     30.4   34.8   37.2   35.3
          A1     s2         13.6   27.3   37.1   41.8   40.6
          A1     s3         16.2   32.4   40.3   42.1   42.9
```

#宽数据变为长数据

```
>da2<-da1%>% gather(key=B, value=uptake, 3:7)
```

#显示数据框da2的前3行

```
>head(da2, 3)
          A        subjects      B        uptake
          A1       s1            B1       16.0
          A1       s2            B1       13.6
          A1       s3            B1       16.2
```

#分类变量转化为因子

```
>da2$A<-as.factor(da2$A)
>da2$subjects<-as.factor(da2$subjects)
>da2$B<-as.factor(da2$B)
```

#进行重复测量方差分析

```
>model_2<-ezANOVA(da2, dv=uptake, wid=subjects, within=.(B),
         between=A, return_aov=TRUE, detailed=TRUE)
> model_2
$ANOVA
```

Effect	DFn	DFd	SSn	SSd	F	p	p<.05	ges
(Intercept)	1	10	37475.00	910.58	411.55	1.86e-09	*	0.9679
A	1	10	1927.80	910.58	21.17	9.78e-04	*	0.6086
B	4	40	3016.47	329.23	91.62	1.38e-19	*	0.7087
A:B	4	40	278.05	329.23	8.45	4.89e-05	*	0.1831

$'Mauchly's Test for Sphericity'

Effect	W	p	p<.05
B	0.0109	2.44e-05	*
A:B	0.0109	2.44e-05	*

$'Sphericity Corrections'

Effect	GGe	p[GG]	p[GG]<.05	HFe	p[HF]	p[HF]<.05
B	0.4215	2.08e-09	*	0.4976	9.39e-11	*

A:B   0.4215 4.04e-03 *   0.4976 2.23e-03 *

程序说明：

函数gather(data,key,value,…)是将宽数据转换为长数据，函数ezANOVA()的用法和例5.6类似，由于例5.7有两个影响因素，一个为浓度B，另一个为植物类型A，可由within定义重复测量的变量，参数between定义另一个分类变量A，如果有多个分类变量，比如A和C，可作如下定义，between=c(A,C)。

输出结果分析：

由ANOVA输出结果可知，因素A对试验指标影响显著（$p=9.78e-04<0.01$）；对重复测量的变量需进行球形性检验，首先看球形检验结果，若数据满足球形性，则不进行自由度校正，解释以ANOVA输出结果为准，否则进行自由度校正，以Sphericity Corrections输出结果为准。这里Mauchly's Test结果表明，因素B、A与B的交互作用均不满足球形假设（$p=2.44e-05<0.01$），因此需要进行自由度的校正。R输出结果中有GG和HF两种校正法，Mauchly's Test for Sphericity中，若W<0.75，则采用GGe校正，若W>0.75，则采用HFe校正，校正后该变量的显著性为p[HF]或p[GG]。这里W=0.0109<0.75，因而采用GGe校正，因素B对试验指标有显著影响（p[GG]=2.08e-09<0.01），同理$A:B$对试验指标也有显著影响（p[GG]=0.00404<0.01）。即在0.01显著水平下，因素A、B以及A与B的交互均对试验指标均有显著影响。由于因素A有两个水平，A_1(mean=30.66)显著地高于水平A_2(mean=24.99)，不需进行多重比较。

对因素B进行多重比较，R程序和结果如下：
#因素B各水平的均值和标准差
>library(rstatix)
>da2%>%group_by(B)%>%get_summary_stats(uptake,type='mean_sd')

B	variable	n	mean	sd
B1	uptake	12	12.3	2.74
B2	uptake	12	22.3	6.27
B3	uptake	12	28.9	8.99
B4	uptake	30	30.7	9.60
B5	uptake	30	30.9	9.67

#因素B不同水平均值的多重比较
>pairwise.t.test(da2$uptake,da2$B,paired=T,p.adjust='bonferroni')
Pairwise comparisons using paired t tests
data: da2$uptake and da2$B

	B1	B2	B3	B4
B2	0.00012	-	-	-
B3	5.7e-05	0.0035	-	-
B4	6.1e-05	0.00047	0.25657	-
B5	5.8e-05	0.00128	0.00694	1.0000

程序说明：

利用函数pairwise.t.test()进行多重比较，用法同例5.6，本例采用Bonferroni法对检验的p值进行调整。

输出结果分析：

在不同二氧化碳浓度下，植物的吸收量显著不同。在显著水平0.001下，B2、B3、B4、B5的均值显著高于B1，B4显著高于B2；在显著水平0.01下，B3、B5的均值显著高于B2，B5显著高于B3。从B1到B5，二氧化碳的浓度逐渐增加，因此随着二氧化碳浓度的增加，植物对二氧化碳吸收量有不同程度的增加。

各水平组合间差异显著性检验的R程序和结果如下：

```
>pairwise.t.test(da2$uptake,
    interaction(da2$A,da2$B),paired=T,p.adjust.method='fdr')
```

	A1B1	A2B1	A1B2	A2B2	A1B3	A2B3	A1B4	A2B4	A1B5
A2B1	0.0073	-	-	-	-	-	-	-	-
A1B2	0.00299	0.00082	-	-	-	-	-	-	-
A2B2	0.03194	0.00301	0.00875	-	-	-	-	-	-
A1B3	0.0003	0.00013	0.00875	0.00031	-	-	-	-	-
A2B3	0.02656	0.00875	0.09209	0.03633	0.00719	-	-	-	-
A1B4	0.00031	0.00013	0.00076	0.00031	0.17892	0.00301	-	-	-
A2B4	0.02401	0.00875	0.20063	0.03462	0.01247	0.05690	0.00624	-	-
A1B5	0.00031	0.00013	0.00499	0.00032	0.01459	0.00499	0.96443	0.00875	-
A2B5	0.02478	0.00972	0.2617	0.03633	0.01690	0.06058	0.0081	0.15638	0.01128

程序说明：

利用函数pairwise.t.test()进行不同水平组合间的比较，由p.adjust.method定义校正p值的方法，在R中，可以选择的方法有holm、hochberg、hommel、bonferroni、BH、BY、fdr共7种方法，若不进行校正，则定义为none。由于Bonferroni法过于严格，可能会导致没有显著的组合对，因此这里选择了fdr校正法。

输出结果分析：

同一二氧化碳浓度下，在显著水平0.01下显著的组合有A1B1与A2B1（$p=0.0073$）、A1B2与A2B2（$p=0.00875$）、A1B3与A2B3（$p=0.00719$）、A1B4与A2B4

（$p=0.00624$）；在显著水平0.05下显著的组合有A1B5与A2B5（$p=0.01128$）。

分析结果可视化程序和结果如下：

```
>library(ggpubr)
#准备用于作图的数据集
>p2 <-
data.frame(B=c('conc95','conc175','conc250','conc350','conc500'),
            group1 = rep('A1', 5),
            group2 = rep('A2', 5),
            p.adj=c(0.0073, 0.00875, 0.00719, 0.00624, 0.01128),
            xmin = c(0.8, 1.8, 2.8, 3.8, 4.8),
            xmax = c(1.2, 2.2, 3.3, 4.2, 5.2),
            y.position = c(17.5, 32, 40, 42, 42.5))
 >ggline(da4, x = 'B', y = 'uptake', add = 'mean_sd', linetype = 'Type') + stat_pvalue_manual(p, tip.length = 0)
```

由图5.10可以看出，相同的二氧化碳浓度下，植物类型A_1比A_2的吸收能力显著增加，检验的p值分别为0.0073、0.00875、0.00719、0.00624、0.01128，随着二氧化碳浓度的增加，两者之间的差异越来越明显。

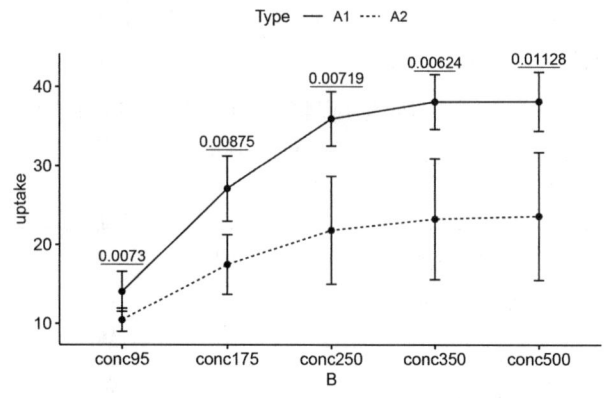

图5.10 二氧化碳浓度和植物类型与二氧化碳吸收量的交互作用

重复测量方差分析中由于每个个体作为自身的对照，克服了个体间的差异，分析时更好的集中于处理效应，另外研究时所用的个体相对较少，因而更经济。但由于数据不满足独立性，不能按照通常的方差分析解决，因此在分析方法上较为复杂。

习题

1. 选取16块条件相似、面积相同的地块，对某种农作物按照4种不同施肥方法进行种植试验，每种施肥方法种植4块，产量数据（kg）如下：

方法	A_1	A_2	A_3	A_4
产量	67	96	60	79
	67	96	69	64
	55	91	50	81
	42	66	35	70

设作物产量服从方差相等的正态分布，试在显著水平$\alpha = 0.05$下：

①检验不同的施肥方法对产量的影响是否有显著差异。

②对不同水平的均值进行多重比较（LSD法）。

③求$\mu_1 - \mu_2$的置信度为0.95的置信区间。

2. 研究5个不同小麦品种（A_1, A_2, A_3, A_4, A_5）的株高（cm）是否有显著差异，测量结果如下：

A_1	A_2	A_3	A_4	A_5
64.6	64.5	67.8	71.8	69.2
65.3	65.3	66.3	72.1	68.2
64.8	64.6	67.1	70.0	69.8
66.0	63.7	66.8	69.1	68.3
65.8	63.9	68.5	71.0	67.5

试在显著水平$\alpha = 0.05$下，检验5个不同小麦品种的株高是否有显著差异，并利用Duncan法进行多重比较。

3. 某种试验有二个因素A和B，因素A有4个水平，因素B有3个水平。每种水平组合进行一次试验，填写下面方差分析表中的"？"并判断各因素对试验结果的影响是否显著（$\alpha = 0.01$）。

变异来源	平方和	自由度	均方	F比
A	$SS_A = 157.6$	?	?	?
B	$SS_B = ?$	?	112	?
误差	$SS_E = ?$	?	?	
总和	$SS_T = 1113$	11		

4. 某试验有二个因素A和B，因素A有5个水平，因素B有4个水平。每种水平组合搭配进行3次试验，填写下面方差分析表中的"？"并判断A、B及$A \times B$对试验结果的影响是否显著（$\alpha = 0.05$）。

变异来源	平方和	自由度	均方	F比
A	$SS_A = 262$	?	?	?
B	$SS_B = ?$	3	124	?

（续表）

变异来源	平方和	自由度	均方	$F_{比}$
$A \times B$	$SS_{A \times B} = 1769$	?	?	?
误差	$SS_E = ?$	?	?	
总和	$SS_T = 2938$	59		

5. 某化工产品的转化率与反应温度和反应时间有关，今取3种不同的温度（℃），与3种不同的时间（min）搭配进行试验，得转化率（%）数据如下：

温度/℃	90 min	120 min	150 min
80	30%	50%	62%
85	51%	49%	65%
90	36%	45%	66%

在显著水平$\alpha = 0.05$下，试检验：

①反应温度对转化率是否有显著影响；

②反应时间对转化率是否有显著影响。

6. 为研究不同除草技术A和施肥量B对某种农作物产量的影响，现有3种除草技术，5种化肥用量，每个处理设置4个重复，产量（kg）如下：

A	B				
	B_1	B_2	B_3	B_4	B_5
A_1	27	26	31	30	25
	29	25	30	30	25
	26	24	30	31	26
	26	29	31	30	24
A_2	30	28	31	32	28
	30	27	31	34	29
	28	26	30	33	28
	29	25	32	32	27
A_3	33	33	35	35	30
	33	34	33	34	29
	34	34	37	33	31
	32	35	35	35	30

在显著水平$\alpha = 0.05$下，试检验：

①除草剂技术对作物产量是否有显著影响；

②施肥量对作物产量是否有显著影响；

③除草剂技术和施肥量的交互作用对作物产量是否有显著影响。

7. 对枸杞不同树龄6、7月果中的多糖含量（%）进行检测，观测结果如下：

月份	树龄5年	树龄10年	树龄15年	树龄20年
6	4.3	4.8	5	4.7
7	3.9	3.6	4.1	2.8

在显著水平 $\alpha=0.05$ 下，试检验：

①树龄对多糖含量是否有显著影响；

②月份对多糖含量是否有显著影响。

8. 用2种不同的饲料添加剂 A 和 B，以不同比例搭配饲养大白鼠，每一种饲料添加剂各取4个水平，每种处理设置2个重复，大白鼠增重（g）结果如下：

因素 A	因素 B			
	B_1	B_2	B_3	B_4
A_1	32	28	18	23
	36	22	16	21
A_2	26	29	27	17
	24	33	23	19
A_3	33	30	33	23
	39	24	37	27
A_4	39	31	28	36
	43	35	32	34

请对该问题进行方差分析。

9. 研究两种饲料对某动物的增重（g）效果，选择6只该动物随机分成两组，每周测量1次，共测量4次，具体结果如下：

subjects	treatment	W_1	W_2	W_3	W_4
s_1	T_1	13.2	29.3	32.5	38.7
s_2	T_1	12.3	27.1	40.5	44.4
s_3	T_1	12.1	28.1	38.9	41.4
s_4	T_2	11.5	19.1	20.5	22.9
s_5	T_2	10.7	15.3	16.5	17.4
s_6	T_2	10.6	14.9	17.9	19.9

试进行统计分析。

第六章　回归分析

在许多实际问题中，经常要寻找两个（或多个）变量之间的关系。量与量之间的关系，一般分为两类。

一类是变量间具有完全确定性的关系，它们可以表述为函数关系，若给定其中一个变量或多个变量的值，就能精确计算出另外变量确定的对应值。比如：路程s与时间t的关系可表述为$s=gt^2/2$，若t值确定，则S的值也可以确定，这类是确定性函数关系。

另一类是非确定性关系。变量间不能用确切的函数表达式来表示，如：人的身高与体重之间有一定的关系，通常身高越高，体重越重，但两者不存在确切的函数表达式，如果给出身高，不能精确地计算出人的体重；在农业生产中，小麦的亩产量与所施的肥料有一定的关系，两者也不存在确切的函数关系，如果知道施肥量是多少，无法确切计算出小麦的产量。以上的两个例子中的变量之间都存在着比较密切的关系，一个变量发生变化，另一个也会发生变化，回归分析是研究两个或两个以上变量间相关关系的一种统计方法。

设变量Y与$x_1, x_2, \cdots, x_k$有相关关系，且Y受$x_1, x_2, \cdots, x_k$的影响，则$x_1, x_2, \cdots, x_k$称为自变量，一般来说自变量的值是可以控制或精确测量的，认为它是非随机变量（也有的情形是随机变量，这里不作研究）；变量Y是因变量，虽然它是依赖于自变量，但对给定的x_i的值，Y的取值事先是不能确定的，所以在给定x_i的条件下，Y是一个随机变量。由于Y和$x_1, x_2, \cdots, x_k$不存在确切的函数关系，因此必须把随机波动考虑进去，故引入数学模型

$$Y = f(x_1, x_2, \cdots, x_k) + \varepsilon \tag{6.1}$$

式中，ε为随机误差，一般假设$\varepsilon \sim N(\mu, \sigma^2)$。

由于ε的随机性，导致Y是随机变量。函数f可以是线性关系，也可以是非线性关系。

回归分析是研究变量间相关关系的方法，是根据已得的试验结果来建立统计模型，帮助我们通过一个或一些变量取得的值去估计另一个变量的取值。

在实际应用中，通常要对具有相关关系的变量进行大量观察，收集数据，并从这些数据出发，排除随机因素的干扰，寻找这些变量之间的统计规律，它通常要研究下面3个问题：

①从一组数据出发，确定变量之间的数学表达式——称为经验回归方程；
②利用统计方法检验回归关系的显著性；

③利用所得的结果对问题进行预测。

本章主要介绍一元线性回归、非线性回归,以及多元线性回归。

6.1 一元线性回归

设Y与x之间存在某种相关关系,这里x是可控制的或可以精确观察到的变量,Y是依赖于x的随机变量,其一元线性回归模型是

$$Y = \beta_0 + \beta_1 x + \varepsilon, \quad \varepsilon \sim N(0, \sigma^2) \tag{6.2}$$

式中,β_0、β_1为回归系数;β_0、β_1和σ^2都是未知参数。

由式6.2可知:

①$E(Y)$是x的线性函数;

②正态性,ε服从正态分布;

③方差齐性,即对未知参数β_0、β_1进行估计时,需要收集独立样本观测值(x_i, y_i),$i=1,2,\cdots,n$,假定对一切$i=1,2,\cdots,n$,都有$D(y_i)=\sigma^2$或者$D(\varepsilon_i)=\sigma^2$。

将n次独立重复观察得到的n对样本值(x_i, y_i),$i=1,2,\cdots,n$,在平面直角坐标系上描出它的相应的点,这种图称为散点图(图6.1)。

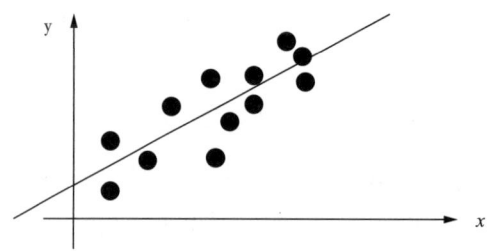

图6.1 散点图

由散点图可以粗略地观察变量间的关系。若散点图大致呈曲线状,可以在散点图的n个点之间尽量拟合一条光滑的曲线。如果散点图的趋势大致呈直线状,就可以假定两者有线性关系,用式6.2表示。

用于拟合散点图的直线方程可写为$\hat{Y} = \hat{\beta}_0 + \hat{\beta}_1 x$,称作经验回归直线方程,其中$\hat{\beta}_0$、$\hat{\beta}_1$是$\beta_0$、$\beta_1$的估计值,$\hat{\beta}_0$、$\hat{\beta}_1$分别称作回归直线的截距和斜率。

模型$Y = \beta_0 + \beta_1 x + \varepsilon$,$\varepsilon \sim N(0, \sigma^2)$中,$Y$是随机变量。样本$Y_1, Y_2, \cdots, Y_n$互相独立,且与总体$Y$同分布,即有

$$Y_i = \beta_0 + \beta_1 x_i + \varepsilon_i, \quad \varepsilon_i \sim N(0, \sigma^2), \quad i=1,2,\cdots,n, \quad \varepsilon_i \text{ 互相独立}$$

也可写为

$$Y_i \sim N(\beta_0 + \beta_1 x_i, \sigma^2), \quad i=1,2,\cdots,n, \quad Y_1, Y_2, \cdots, Y_n \text{ 互相独立}$$

6.1.1 一元线性回归方程的参数估计

可用最小二乘法估计β_0、β_1。

散点与经验直线方程的关系如图6.2所示。

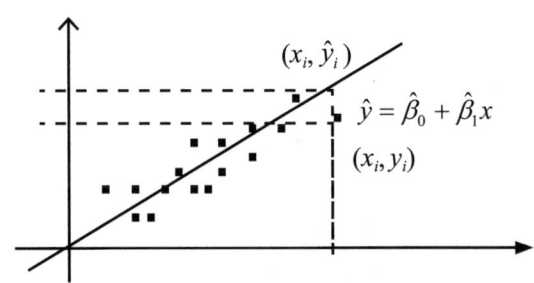

图6.2 散点与经验直线方程的关系

估计β_0、β_1的一个直观的想法是要求各样本点到直线的"距离"越小越好,也就是求β_0、β_1的值,使这些"距离"之和达到最小。为了计算简便和避免正负偏差抵消,选用使各样本点的预测值$\hat{y}_i = \hat{\beta}_0 + \hat{\beta}_1 x_i$和实测值$y_i$差的平方和$Q$达到最小,即

$$Q = \sum_{i=1}^{n}(y_i - \hat{y}_i)^2 = \sum_{i=1}^{n}(y_i - \hat{\beta}_0 - \hat{\beta}_1 x_i)^2$$

称Q为残差平方和,也记作SS_E。

寻求参数β_0、β_1的估计,使Q达到最小值,这种方法叫最小二乘法。

求式6.3的解,得到β_0、β_1的最小二乘估计

对$\hat{\beta}_0$、$\hat{\beta}_1$求偏导得

$$\begin{cases} \dfrac{\partial Q}{\partial \beta_0} = -2\sum_{i=1}^{n}(y_i - \hat{\beta}_0 - \hat{\beta}_1 x_i) = 0 \\ \dfrac{\partial Q}{\partial \beta_1} = -2\sum_{i=1}^{n}(y_i - \hat{\beta}_0 - \hat{\beta}_1 x_i)x_i = 0 \end{cases} \quad (6.3)$$

整理,得

$$\begin{cases} n\hat{\beta}_0 + \sum_{i=1}^{n} x_i \hat{\beta}_1 = \sum_{i=1}^{n} y_i \\ \sum_{i=1}^{n} x_i \hat{\beta}_0 + \sum_{i=1}^{n} x_i^2 \hat{\beta}_1 = \sum_{i=1}^{n} x_i y_i \end{cases} \quad (6.4)$$

若令 $\bar{x} = \frac{1}{n}\sum_{i=1}^{n}x_i$、$\bar{y} = \frac{1}{n}\sum_{i=1}^{n}y_i$，式6.4可变形为

$$\begin{cases} \hat{\beta}_0 + \bar{x}\hat{\beta}_1 = \bar{y} \\ n\bar{x}\hat{\beta}_0 + \sum_{i=1}^{n}x_i^2\hat{\beta}_1 = \sum_{i=1}^{n}x_iy_i \end{cases} \quad (6.5)$$

通常称式6.4或式6.5为正规方程组，由于$x_1, x_2, \cdots, x_n$不完全相等，式6.5的系数行列式为

$$\begin{vmatrix} 1 & \bar{x} \\ n\bar{x} & \sum_{i=1}^{n}x_i \end{vmatrix} = \sum_{i=1}^{n}x_i^2 - n\bar{x}^2 = \sum_{i=1}^{n}(x_i - \bar{x})^2 > 0$$

由克莱姆法则可得

$$\begin{cases} \hat{\beta}_0 = \bar{y} - \hat{\beta}_1\bar{x} \\ \hat{\beta}_1 = \dfrac{\sum_{i=1}^{n}(x_i - \bar{x})(y_i - \bar{y})}{\sum_{i=1}^{n}(x_i - \bar{x})^2} \overset{记}{=} \dfrac{L_{xy}}{L_{xx}} \end{cases} \quad (6.6)$$

上述结果式6.6称为β_0、β_1的最小二乘估计，称$\hat{y} = \hat{\beta}_0 + \hat{\beta}_1 x$为$Y$关于$x$的一元线性经验回归方程，简称回归方程，称其图形为回归直线。

从式6.6可以得到$\bar{y} = \hat{\beta}_0 + \hat{\beta}_1\bar{x}$，说明回归直线经过点$(\bar{x}, \bar{y})$。

将$\hat{\beta}_0 = \bar{y} - \hat{\beta}_1\bar{x}$代入$\hat{y} = \hat{\beta}_0 + \hat{\beta}_1 x$，可得$\hat{y} = \bar{y} - \hat{\beta}_1\bar{x} + \hat{\beta}_1 x = \bar{y} + \hat{\beta}_1(x - \bar{x})$，因此可得回归方程的等价形式为$\hat{y} = \bar{y} + (x - \bar{x})\hat{\beta}_1$。

由以上讨论，求经验回归方程的一般步骤如下：

①求出$\sum_{i=1}^{n}x_i$、$\sum_{i=1}^{n}y_i$及$\bar{x}, \bar{y}$；

②求出$\sum_{i=1}^{n}x_i^2$、$\sum_{i=1}^{n}x_iy_i$，可按公式求

$$L_{xx} = \sum_{i=1}^{n}(x_i - \bar{x})^2 = \sum_{i=1}^{n}x_i^2 - n\bar{x}^2, \quad L_{xy} = \sum_{i=1}^{n}(x_i - \bar{x})(y_i - \bar{y}) = \sum_{i=1}^{n}x_iy_i - n\bar{x}\cdot\bar{y}$$

③由式6.6，求出$\hat{\beta}_0$和$\hat{\beta}_1$，写出经验回归方程$\hat{y} = \hat{\beta}_0 + \hat{\beta}_1 x$。

【例6.1】研究小猪进食量x（g）和增重量y（g）之间的关系，经过一段时间观察，测得数据如表6.1所示。

表6.1 小猪进食量和增重量

进食量x/g	800	780	720	867	690	787	931	750
增重量y/g	165	158	130	170	124	160	186	133

试求出小猪增重关于其进食量的经验回归方程。

解： 利用最小二乘法估计回归系数，首先计算

$$\bar{x} = 790.625, \quad \bar{y} = 153.25$$

$$L_{xx} = \sum_{i=1}^{10} x_i^2 - n\bar{x}^2 = 42515.88, \quad L_{xy} = \sum_{i=1}^{10} x_i y_i - n\bar{x} \cdot \bar{y} = 11319.75$$

$$\hat{\beta}_1 = \frac{L_{xy}}{L_{xx}} = 0.2662, \quad \hat{\beta}_0 = \bar{y} - \hat{\beta}_1 \bar{x} = -57.25$$

所求经验回归方程为 $\hat{y} = -57.25 + 0.2662x$。

例6.1的R程序和结果如下：

```
>x<-c(800,780,720,867,690,787,931,750)
>y<-c(165,158,130,170,124,160,186,133)
>da1<-data.frame(x,y)
#首先画出散点图（图6.3），加入拟合的直线，观察变量间的关系
>library(ggplot2)
>ggplot(da1,aes(x,y))+geom_point()+geom_smooth(method=lm,se=F,linetype=2,col='black',size=0.5)+
theme_classic()
```

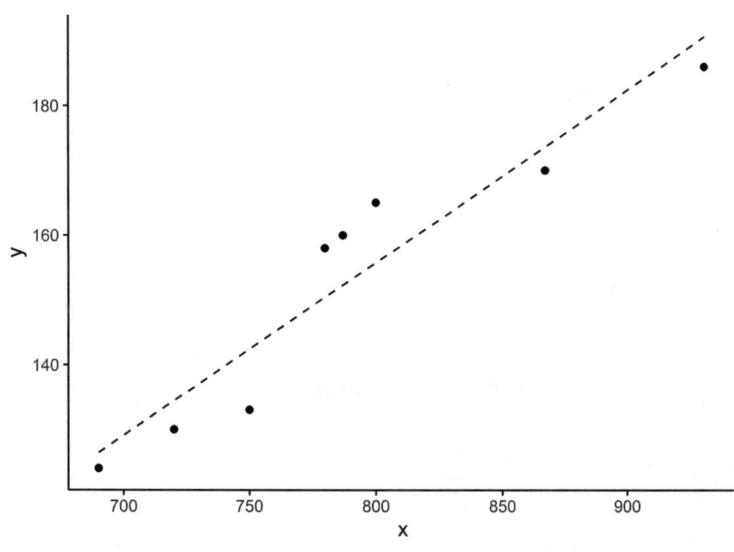

图6.3 小猪进食量和增重的散点图

```
#利用函数lm()进行回归分析
>model1<-lm(y~x,da1)
#输出回归分析结果
>summary(model1)
Coefficients    Estimate    std.Error    t value    Pr(>|t|)     Signif
(Intercept)     -57.25      29.47875     -1.942     0.100144
x               0.2662      0.03713      7.171      0.000371     ***
ignif. codes: 0 '***' 0.001 '**' 0.01 '*' 0.05 '.' 0.1 ' ' 1
Residual standard error: 7.656 on 6 degrees of freedom
Multiple R-squared: 0.8955, Adjusted R-squared: 0.8781
F-statistic: 51.42 on 1 and 6 DF, p-value: 0.0003714
```

程序说明：

利用函数ggplot()绘制散点图，并拟合回归直线，各参数的用法参照第一章介绍。函数lm($y \sim x$, data)用于线性回归分析，其中y为因变量，$\sim$的右边为自变量，这里x为自变量，如果有多个自变量，彼此间用加号连结，数据框data为变量所在的数据集。利用函数summary(model1)输出模型拟合的结果，model1为回归分析结果保存的对象。

输出结果分析：

从图6.3可以看出，两个变量大致呈线性关系，随着变量x的增加，变量y有变大的趋势，各观测点基本随机分布在直线周围，可以选择一元线性回归模型来描述变量间的关系。由回归分析的结果可知，经验回归方程为$\hat{y}=-57.25+0.2662x$，x的系数为0.2662（$p=0.0003714<0.01$），在显著水平0.01下显著不为0，因此该回归方程是有意义的，回归系数显著性检验的理论知识下面会详细介绍。

6.1.2 回归系数的性质及分布

定理6.1 式6.2中，若$\hat{\beta}_0$、$\hat{\beta}_1$分别为β_0、β_1的最小二乘估计，则$\hat{\beta}_0$、$\hat{\beta}_1$分别为β_0、β_1的无偏估计，且有

$$\hat{\beta}_0 \sim N\left(\beta_0, \left(\frac{1}{n}+\frac{\bar{x}^2}{L_{xx}}\right)\sigma^2\right); \quad \hat{\beta}_1 \sim N\left(\beta_1, \frac{\sigma^2}{L_{xx}}\right) \tag{6.7}$$

证明： 先把$\hat{\beta}_1$变形写成关于y_i的线性函数形式

$$L_{xY}=\sum_{i=1}^{n}(x_i-\bar{x})(Y_i-\bar{Y})=\sum_{i=1}^{n}x_iY_i-\bar{x}\sum_{i=1}^{n}Y_i-\bar{Y}\sum_{i=1}^{n}X_i+n\bar{x}\cdot\bar{Y}$$

$$=\sum_{i=1}^{n}x_iY_i-\bar{x}\sum_{i=1}^{n}Y_i-n\bar{x}\cdot\bar{Y}+n\bar{x}\cdot\bar{Y}=\sum_{i=1}^{n}x_iY_i-\bar{x}\sum_{i=1}^{n}Y_i=\sum_{i=1}^{n}(x_i-\bar{x})Y_i$$

所以

$$\hat{\beta}_1 = \frac{\sum_{i=1}^{n}(x_i - \overline{x})Y_i}{\sum_{i=1}^{n}(x_i - \overline{x})^2}$$

由于 $Y_i \sim N(\beta_0 + \beta_1 x_i, \sigma^2)$，$i = 1, 2, \cdots, n$（这里要注意的是：$x_1, x_2, \cdots, x_n$ 是确定的量，而 $Y_1, Y_2, \cdots, Y_n$ 是互相独立的随机变量），显然 $\hat{\beta}_1 = \dfrac{\sum_{i=1}^{n}(x_i - \overline{x})Y_i}{\sum_{i=1}^{n}(x_i - \overline{x})^2}$ 是 n 个互相独立的服从正态分布的随机变量 $Y_1, Y_2, \cdots, Y_n$ 的线性组合，因此 $\hat{\beta}_1$ 服从正态分布，设 $\hat{\beta}_1 \sim N(E(\hat{\beta}_1)、D(\hat{\beta}_1))$，则

$$E(\hat{\beta}_1) = \frac{\sum(x_i - \overline{x})}{\sum(x_i - \overline{x})^2} E(Y_i - \overline{Y}) = \frac{\sum(x_i - \overline{x})}{\sum(x_i - \overline{x})^2} \beta_1(x_i - \overline{x}) = \beta_1$$

即 $\hat{\beta}_1$ 是 β_1 的无偏估计

$$D(\hat{\beta}_1) = \frac{\sum(x_i - \overline{x})^2}{\left[\sum(x_i - \overline{x})^2\right]^2} D(Y_i) = \frac{\sigma^2}{\sum(x_i - \overline{x})^2} = \frac{\sigma^2}{L_{xx}}$$

于是可知

$$\hat{\beta}_1 \sim N\left(\beta_1, \frac{\sigma^2}{\sum(x_i - \overline{x})^2}\right)$$

标准化后得

$$u = \frac{\hat{\beta}_1 - \beta_1}{\sqrt{\sigma^2 / \sum(x_i - \overline{x})^2}} \sim N(0, 1)$$

同理，也将 $\hat{\beta}_0$ 改写为

$$\hat{\beta}_0 = \overline{y} - \hat{\beta}_1 \overline{x} = \frac{1}{n}\sum_{i=1}^{n} Y_i - \frac{\sum_{i=1}^{n}(x_i - \overline{x})Y_i}{L_{xx}} \overline{x} = \sum_{i=1}^{n}\left(\frac{1}{n} - \frac{x_i - \overline{x}}{L_{xx}}\overline{x}\right)Y_i$$

可见 $\hat{\beta}_0$ 也是 n 个独立的正态分布随机变量 $Y_1, Y_2, \cdots, Y_n$ 的线性组合，所以

$$\hat{\beta}_0 \sim N\left(E(\hat{\beta}_0), D(\hat{\beta}_0)\right)$$

又

$$E(\hat{\beta}_0) = E(\bar{y} - \hat{\beta}_1\bar{x}) = E(\bar{Y}) - \bar{x}E(\hat{\beta}_1) = \beta_0 + \beta_1\bar{x} - \beta_1\bar{x} = \beta_0$$

即 $\hat{\beta}_0$ 是 β_0 的无偏估计

$$D(\hat{\beta}_0) = \sum_{i=1}^{n}\left(\frac{1}{n} - \frac{x_i - \bar{x}}{L_{xx}}\bar{x}\right)^2 D(y_i) = \left(\frac{1}{n} + \frac{\bar{x}^2}{L_{xx}}\right)\sigma^2$$

故

$$\hat{\beta}_0 \sim N\left(\beta_0, \left(\frac{1}{n} + \frac{\bar{x}^2}{L_{xx}}\right)\sigma^2\right)$$

由以上的证明可以知道 $\hat{\beta}_0$、$\hat{\beta}_1$ 分别是 β_0、β_1 的无偏估计。从它们的方差可看出，要想提高 β_0、β_1 的估计精度，应该加大样本量 n，$x_1, x_2, \cdots, x_n$ 的取值尽量分散一些，增大 L_{xx} 的值。

定理6.2 式6.2中，若 $\hat{\beta}_0$、$\hat{\beta}_1$ 分别为 β_0、β_1 的最小二乘估计，则 $\hat{\sigma}^2 = \dfrac{\sum_{i=1}^{n}(y_i - \hat{y}_i)^2}{n-2} = \dfrac{Q}{n-2}$ 是 σ^2 的无偏估计量（证明略）。

6.1.3 回归方程的显著性检验

定理6.3 式6.2中，若 $\hat{\beta}_0$、$\hat{\beta}_1$ 分别是 β_0、β_1 的最小二乘估计，则有

$$\frac{(n-2)\hat{\sigma}^2}{\sigma^2} = \frac{\sum_{i=1}^{n}(y_i - \hat{y}_i)^2}{\sigma^2} = \frac{Q}{n-2} = \frac{SS_E}{\sigma^2} \sim \chi^2(n-2) \tag{6.8}$$

对于一元线性回归模型式6.2，要检验 Y 与 x 是有线性关系，等价于检验 β_1 显著不为0，下面介绍两种检验方法。

6.1.3.1 t 检验法

①假设 H_0：$\beta_1 = 0$，H_1：$\beta_1 \neq 0$。
②构造检验统计量。

由定理6.1知 $\hat{\beta}_1 \sim N\left(\beta_1, \dfrac{\sigma^2}{\sum(x_i - \bar{x})^2}\right)$，因此 $u = \dfrac{\hat{\beta}_1 - \beta_1}{\sigma/\sqrt{L_{xx}}} \sim N(0,1)$。

由定理6.3知 $v = \dfrac{(n-2)\hat{\sigma}^2}{\sigma^2} \sim \chi^2(n-2)$，可以证明 $\hat{\sigma}^2$ 和 $\hat{\beta}_1$ 互相独立（证明略），因此u和v独立，所以由t分布的定义得到

$$\frac{u}{\sqrt{v/(n-2)}} = \frac{\hat{\beta}_1 - \beta_1}{\sqrt{\hat{\sigma}^2}}\sqrt{L_{xx}} = \frac{\hat{\beta}_1 - \beta_1}{\hat{\sigma}/\sqrt{L_{xx}}} \sim t(n-2)$$

且在H_0成立的条件下，有 $\dfrac{\hat{\beta}_1}{\hat{\sigma}/\sqrt{L_{xx}}} \sim t(n-2)$。

③给定显著水平α，使 $P\left\{\dfrac{|\hat{\beta}|}{\hat{\sigma}/\sqrt{L_{xx}}} \geq t_{\alpha/2}(n-2)\right\} = \alpha$，记 $\dfrac{|\hat{\beta}|}{\hat{\sigma}/\sqrt{L_{xx}}} = k$，故$H_0$的拒绝域为 $|k| \geq t_{\alpha/2}(n-2)$。

④代入数据计算k，查附表二可得$t_{\alpha/2}(n-2)$。

⑤若$|k| \geq t_{\alpha/2}(n-2)$，则拒绝$H_0$，认为$\beta_1 \neq 0$，即$Y$与$x$回归关系显著；若$|k| < t_{\alpha/2}(n-2)$，则不拒绝$H_0$，即$Y$与$x$回归关系统计上不显著。

如果经判断，在显著水平α下，拒绝H_0，即$\beta_1 \neq 0$，认为Y与x的线性关系显著，若给定置信度$1-\alpha$，可由

$$P\left\{\frac{|\hat{\beta}_1 - \beta_1|}{\hat{\sigma}/\sqrt{L_{xx}}} < t_{\alpha/2}(n-2)\right\} = 1 - \alpha$$

得到β_1的置信度为$1-\alpha$的置信区间为

$$\left(\hat{\beta}_1 - t_{\alpha/2}(n-2)\frac{\hat{\sigma}}{\sqrt{L_{xx}}},\ \hat{\beta}_1 + t_{\alpha/2}(n-2)\frac{\hat{\sigma}}{\sqrt{L_{xx}}}\right)$$

式中，$\hat{\sigma} = \sqrt{\hat{\sigma}^2}$。

【例6.2】 某科学家收集了大量父亲身高x（in）与儿子身高y（in）的资料，其中10对的数据如表6.2所示。试求y关于x的回归方程，检验回归关系的显著性，并求β_1的置信度为0.95的置信区间。

表6.2 父亲身高与儿子身高资料

父亲身高x/in	60	62	64	65	66	67	68	70	72	74
儿子身高y/in	63.6	65.2	66	65.5	66.9	67.1	67.4	68.3	70.1	70

解：设$Y = \beta_0 + \beta_1 x + \varepsilon$，$\varepsilon \sim N(0, \sigma^2)$。

用最小二乘法估计β_0、β_1，首先计算

$$\bar{x}=66.8，\bar{y}=67.01，L_{xy}=79.72，L_{xx}=171.6$$

$$\hat{\beta}_1=\frac{L_{xy}}{L_{xx}}=\frac{79.72}{171.6}=0.4646，\hat{\beta}_0=\bar{y}-\hat{\beta}_1\bar{x}=35.9768$$

可得经验回归方程$\hat{y}=35.9768+0.4646x$。

下面进行回归方程的显著性检验。

①假设H_0：$\beta_1=0$，H_1：$\beta_1\neq 0$。

②选取检验统计量

$$k=\frac{\hat{\beta}}{\hat{\sigma}/\sqrt{L_{xx}}}\sim t(n-2)$$

式中，$\hat{\sigma}^2=\frac{1}{n-2}\sum_{i=1}^{n}(y_i-\hat{y}_i)^2$。

计算得$\hat{\sigma}^2=0.1867$

③H_0的拒绝域为W_0：$|k|\geqslant t_{\alpha/2}(n-2)$。

④计算$|k|=\frac{0.4646}{\sqrt{0.1867/171.6}}=14.085$；查附表二，知$t_{0.005}(8)=3.3554$。

⑤因为$|k|=14.085>3.3554$，所以在显著水平0.01下，拒绝H_0，即y和x的回归关系显著。

⑥最后，求β_1的置信度为0.95的置信区间

$$\left(\hat{\beta}_1-t_{\alpha/2}(n-2)\frac{\hat{\sigma}}{\sqrt{L_{xx}}}, \hat{\beta}+t_{\alpha/2}(n-2)\frac{\hat{\sigma}}{\sqrt{L_{xx}}}\right)$$

先计算$t_{\alpha/2}(n-2)\frac{\hat{\sigma}}{\sqrt{L_{xx}}}=3.3554\times\sqrt{\frac{0.1867}{171.6}}=0.1107$，代入可得$\beta_1$的置信度为0.95的置信区间为$(0.4646-0.1107, 0.4646+0.1107)$，即$(0.3539, 0.5753)$。

例6.2的R程序和结果如下：

```
>x<-c(60,62,64,65,66,67,68,70,72,74)
>y<-c(63.6,65.2,66,65.5,66.9,67.1,67.4,68.3,70.1,70)
>da2<-data.frame(x,y)
#绘制散点图（图6.4），观察变量间的关系
>library(ggplot2)
>ggplot(da2,aes(x,y))+geom_point()+
```

```
geom_smooth(method=lm,se=F,linetype=2,col='black',size=
0.5)+theme_classic()
```

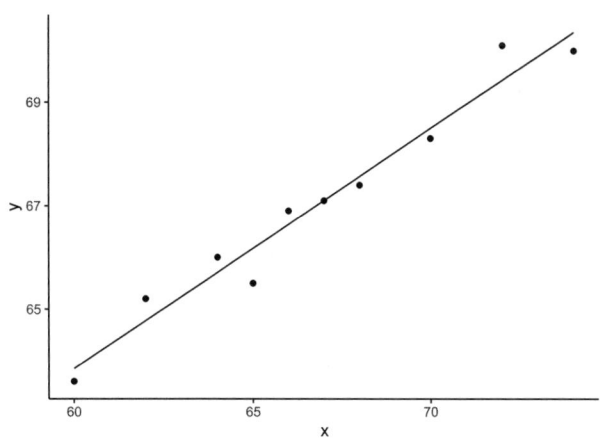

图6.4 父亲和儿子身高的散点图（加入回归直线）

从图6.4散点图可以看出，随着x的增加，y逐渐增加，各观测点基本上随机分布在直线周围，猜测可以用一元线性回归描述两者间的关系。

```
#回归分析
>model2<-lm(y~x,da2)
>summary(model2)
Coefficients     Estimate   Std.Error  t value  Pr(>|t|)  Signif
(Intercept)      35.97681   2.20760    16.30    2.02e-07  ***
x                0.46457    0.03298    14.08    6.27e-07  ***
Signif. codes: 0 '***' 0.001 '**' 0.01 '*' 0.05 '.' 0.1 ' ' 1
Residual standard error: 0.4321 on 8 degrees of freedom
Multiple R-squared: 0.9612,Adjusted R-squared: 0.9564
F-statistic: 198.4 on 1 and 8 DF,p-value: 6.273e-07
#回归系数的置信区间
>confint(model2,level=0.99)
                 0.5 %              99.5 %
Intercept        28.5694557         43.3841574
x                0.3538929          0.5752446
```

输出结果分析：

回归分析结果中x的系数为0.46457，检验统计量$t(8)=14.08$，检验概率$p=6.27e-07$，在显著水平0.01下显著，拒绝原假设，因此线性回归关系显著；决定系数R^2为0.9612，因变量y的总离差平方和的96.12%可以由自变量x解释，模型拟合程度较高。β_1的置信区间下限为0.3538929>0，因此以95%的可靠性认为x的系数不为0。

回归分析结果可视化（图6.5）的R程序和结果如下：

```
>library(ggplot2)
>ggplot(da2,aes(x,y))+geom_point()+
  geom_smooth(method=lm,color='red',level=0.95,size=0.5,linetype=1,alpha=0.5,se=T)+
  annotate('text',x=65,y=70,label='y=0.4646x+35.97,R\uoob2=0.9612',color='red',
  fontface='bold')+labs(title='my plot')+theme_bw()+theme(plot.title=element_text(size=15,face='bold'))+theme(plot.title=element_text(hjust=0.5))
```

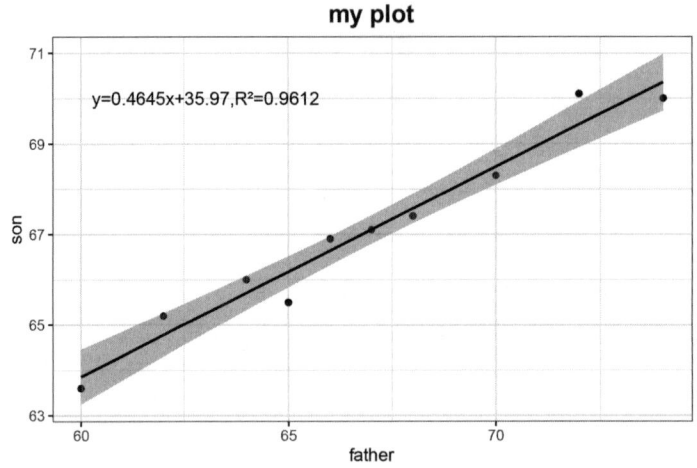

图6.5　父亲和儿子身高回归分析结果

程序说明：

利用函数ggplot()绘图，函数geom_point()用于绘制散点图，函数geom_smooth()在图中添加回归线，由参数method定义所用的方法，包括lm、glm、gam、loess等，函数annotate()用于增加文本注释，选择参数text，x、y指定文本的位置，label指定要加的具体内容，color定义文字的颜色，fontface定义字体，有粗体bold、斜体italic等；函数labs()用于设置坐标轴、图例和添加标题、副标题等，选择参数title，说明要增加标题；函数theme_bw()设置黑白背景。

6.1.3.2　F检验法

F检验法的想法类似于方差分析的思想，就是设法分解总的离差平方和，从而找出其检验方法。

总的离差平方和为

$$SS_T = \sum_{i=1}^{n}(y_i - \bar{y})^2 = \sum_{i=1}^{n}[(y_i - \hat{y}_i) + (\hat{y}_i - \bar{y})]^2 \quad (6.9)$$

式6.9各项的几何意义见图6.6。

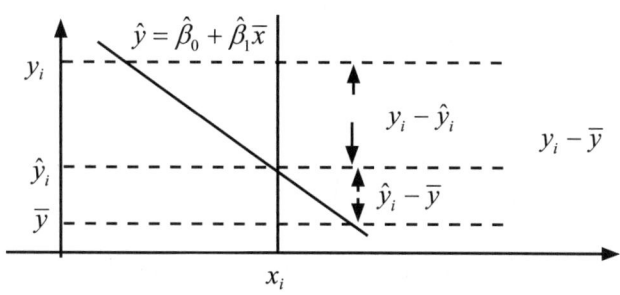

图6.6 $y_i - \bar{y}$ 的分解图

式6.9中，$y_i - \bar{y}$ 是样本值y_i与平均值$\bar{y}$的差；$y_i - \hat{y}_i$ 是x_i对应的样本值y_i与直线上对应点$\hat{y}_i$的残差；$\hat{y}_i - \bar{y}$ 是对应$x=x_i$直线上的点与平均值的差。

由于 $\hat{y} = \bar{y} + \hat{\beta}_1(x - \bar{x})$，故有 $\hat{y}_i = \bar{y} + \hat{\beta}_1(x_i - \bar{x})$，于是可得

$$\hat{y}_i - \bar{y} = \hat{\beta}_1(x_i - \bar{x}) \quad (6.10)$$

将式6.9右式展开再求和就得到

$$SS_T = \sum_{i=1}^{n}(y_i - \hat{y}_i)^2 + \sum_{i=1}^{n}(\hat{y}_i - \bar{y})^2 + 2\sum_{i=1}^{n}(y_i - \hat{y}_i)(\hat{y}_i - \bar{y}) = SS_E + SS_R \quad (6.11)$$

式中，$SS_T = L_{yy} = \sum_{i=1}^{n}(y_i - \bar{y})^2$ 是总的离差平方和；$Q = \sum_{i=1}^{n}(y_i - \hat{y}_i)^2 = SS_E$ 是残差平方和，这是由于观测值点不在回归直线上引起的。

将式6.10两边先平方，再求和可得 $\sum_{i=1}^{n}(\hat{y}_i - \bar{y})^2 = SS_R = \hat{\beta}_1^2 L_{xx}$。

这表明SS_R是与回归直线的斜率$\hat{\beta}_1$成正比，且与L_{xx}有关，说明$\hat{y}_1, \hat{y}_2, \cdots, \hat{y}_n$的离散性是由$x_1, x_2, \cdots, x_n$的离散性引起的，即$SS_R$是由回归直线引起，故称它为回归平方和。

将SS_R/SS_T定义为决定系数，也称作拟合优度，记为R^2，易知 $R^2 \in [0,1]$，理解为变量Y的变异中由回归方程所解释的变异所占的比例。

在R^2中，若SS_T一定，当SS_R越大时，SS_E就越小，R^2相应就越大，则Y与x的线性关系就越显著；反之，当SS_R越小时，SS_E就越大，R^2越小，则Y与x的线性关系就越不显著。

由此可找到一种判断回归效果是否显著的方法，如果SS_R/SS_T接近1或SS_R/SS_T较大，则认为Y与x回归直线拟合的效果好。依此来构造有关问题的统计量，通过统计量的分布，找

出H_0的拒绝域。

回归方程显著性检验步骤如下。

①假设H_0：$\beta_1=0$，H_1：$\beta_1 \neq 0$。

②构造检验统计量。

由定理6.1知道$\hat{\beta}_1 \sim N(\beta_1, \sigma^2/L_{xx})$，当$H_0$为真时，$\hat{\beta}_1 \sim N(0, \sigma^2/L_{xx})$，标准化后得$\dfrac{\hat{\beta}_1}{\sigma/\sqrt{L_{xx}}} = \dfrac{\hat{\beta}_1 \sqrt{L_{xx}}}{\sigma} \sim N(0,1)$。

由χ^2分布的定义可知$\dfrac{\hat{\beta}_1^2 L_{xx}}{\sigma^2} = \dfrac{SS_R}{\sigma^2} \sim \chi^2(1)$。

根据定理6.3知$\dfrac{SS_E}{\sigma^2} \sim \chi^2(n-2)$，且$SS_E$与$\hat{\beta}_1$独立，从而得知$SS_E$与$SS_R = \hat{\beta}_1^2 L_{xx}$互相独立。

再由F分布的定义知，当H_0为真时，$F_0 = \dfrac{SS_R/\sigma^2}{SS_E/\sigma^2(n-2)} = \dfrac{SS_R/1}{SS_E/(n-2)} \sim F(1, n-2)$。

③由前面讨论可知，如果拒绝H_0，认为Y与x线性回归效果显著，$\dfrac{SS_R}{SS_E/(n-2)}$的值应显著大。由此对给定的显著水平α，H_0的拒绝域应为W_0：$F \geq F_\alpha(1, n-2)$，对检验过程可列成方差分析表（表6.3）。

表6.3 方差分析表

来源	平方和	自由度	均方	$F_{比}$
回归	$SS_R = \hat{\beta}_1^2 L_{xx}$	1	$MS_R = SS_R$	$\dfrac{MS_R}{MS_E}$
剩余	$SS_E = SS_T - SS_R$	$n-2$	$MS_E = \dfrac{SS_E}{n-2}$	
总和	SS_T	$n-1$		

④给定显著水平α，查附表四知$F_\alpha(1, n-2)$。

⑤判断：若$F_0 \geq F_\alpha(1, n-2)$，则拒绝$H_0$，认为$Y$与$x$线性关系显著；否则，认为$Y$与$x$线性关系不显著，此时，不能由前面所求的经验回归方程描述两者间的关系。

【例6.3】为了研究温度x（℃）对某农产品产量y（kg）的影响，经试验得到数据如表6.4所示。

表6.4 温度对某农产品产量影响

温度 x/℃	-5	-4	-3	-2	-1	0	1	2	3	4	5
产量 y/kg	2	5	4	7	10	8	10	12	14	13	17

①建立Y关于x的线性回归方程。

②在正态分布下，用F检验法检验Y与x之间的线性相关关系是否显著（$\alpha=0.01$）。

解：①先画出观测数据的散点图（略），若该散点图大致呈直线形。可先假设Y与x有线性关系，建立经验直线方程如表6.5所示。

表6.5 例6.3经验直线方程

编号	x_i	y_i	x_i^2	y_i^2	$x_i y_i$
1	-5	2	25	4	-10
2	-4	5	16	25	-20
⋮	⋮	⋮	⋮	⋮	⋮
11	5	17	25	289	85
总和	0	102	110	1156	147

计算可得

$$\bar{x}=0, \quad \bar{y}=9.2727$$

$$L_{xx}=\sum_{i=1}^{11}x_i^2-11\bar{x}^2=110$$

$$L_{xy}=\sum_{i=1}^{11}x_i y_i-11\bar{x}\cdot\bar{y}=147$$

$$SS_T=\sum_{i=1}^{11}y_i^2-11\bar{y}^2=1156-11\times 9.2727^2=210.181,$$

所以，$\hat{\beta}_1=\dfrac{L_{xy}}{L_{xx}}=\dfrac{147}{110}=1.3364$，$\hat{\beta}_0=\bar{y}-\hat{\beta}_1\bar{x}=9.2727$。

由此可得经验回归直线方程为$\hat{y}=9.2727+1.3364x$。

②利用F检验法，提出假设$H_0: \beta_1=0$，$H_1: \beta_1\neq 0$。

计算

$$SS_R=\hat{\beta}_1^2 L_{xx}=\frac{L_{xy}^2}{L_{xx}}=\frac{147^2}{110}=196.445$$

$$SS_E=SS_T-SS_R=210.181-196.445=13.736$$

$$F_0=\frac{SS_R}{SS_E/(n-2)}=\frac{196.445}{13.736/9}=128.7$$

将上述各值列入方差分析表（表6.6）。

表6.5　例6.3方差分析表

来源	平方和	自由度	均方	$F_{比}$
回归	$SS_R=196.445$	1	196.445	128.7
剩余	$SS_E=13.736$	$n-2=9$	1.526	
总和	$SS_T=210.181$	$n-1=10$		

查附表四知$F_{0.01}(1,9)=10.56$，由于$F_0=128.7>10.56$，故在显著水平0.01下，拒绝H_0，认为Y与x回归关系显著。

例6.3中y与x的散点图（图6.7）的R程序和结果如下：

```
>x<-c(-5,-4,-3,-2,-1,0,1,2,3,4,5)
>y<-c(2,5,4,7,10,8,10,12,14,13,17)
>plot(x,y)
```

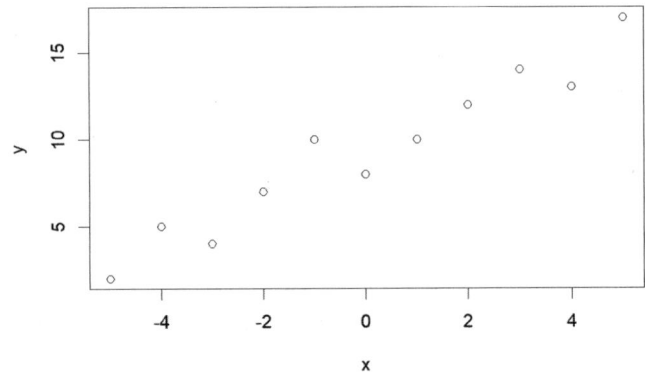

图6.7　例6.3中y与x的散点图

```
>model_3<-lm(y~x)
#输出方差分析表
>anova(model_3)
          Df    Sum Sq  Mean Sq F value  Pr(>F)    Signif
x         1     196.445 196.445 128.71   1.24e-06***
Residuals 9     13.736  1.526
```

输出结果分析：

对回归方程进行F检验的统计量$F(1,9)=128.71$（$p=1.24e-06<0.001$），因此在显著水平0.001下，拒绝原假设，变量间的线性回归关系是有意义的。

6.1.3.3　相关系数和回归系数

如果两个变量间没有自变量和因变量之分，只需了解两者间的线性相关程度，就可以计算两变量的相关系数来衡量它们的相关程度。相关系数最早是由英国统计学家Karl Pearson提出的，是研究变量之间线性相关程度的量，一般用字母ρ表示；不同类型的变量，相关系数的定义方式不同，若两个变量均为连续型且服从正态分布，则它们的线性相关性可由Pearson简单相关系数来衡量；若至少一个变量为等级变量或连续型变量不服从正态分布，它们的线性相关性可由Spearman秩相关系数或kendall等级相关系数来衡量，后两者对数据个数和分布没有要求。其中Pearson简单相关系数比较常用，其定义如下：

总体相关系数为

$$\rho = \frac{\text{cov}(X,Y)}{\sigma_x \sigma_y} = \frac{E((X-\mu_x)(Y-\mu_y))}{\sigma_x \sigma_y} \qquad (6.12)$$

样本相关系数为

$$r = \frac{\frac{1}{n-1}\sum_{i=1}^{n}(x_i-\bar{x})(y_i-\bar{y})}{\sqrt{\frac{1}{n-1}\sum_{i=1}^{n}(x_i-\bar{x})^2}\sqrt{\frac{1}{n-1}\sum_{i=1}^{n}(y_i-\bar{y})^2}} = \frac{L_{xy}}{\sqrt{L_{xx}}\sqrt{L_{yy}}} \qquad (6.13)$$

由前面所讲，得

$$\frac{SS_R}{SS_T} = \frac{\hat{\beta}_1^2 L_{xx}}{L_{yy}} = \left(\frac{L_{xy}}{L_{xx}}\right)^2 \frac{L_{xx}}{L_{yy}} = \frac{L_{xy}^2}{L_{xx}L_{yy}} \qquad (6.14)$$

因此

$$\frac{SS_R}{SS_T} = r^2 \leqslant 1, \quad \text{即} \ |r| \leqslant 1$$

当$|r| \to 1$，可得$\frac{SS_R}{SS_T} \to 1$，由于$\frac{SS_R}{SS_T} = \frac{SS_T - SS_E}{SS_T}$，说明变量间的线性相关性越强，回归效果越显著。

比较$r = \frac{L_{xy}}{\sqrt{L_{xx}}\sqrt{L_{yy}}}$与回归系数$\hat{\beta}_1 = \frac{L_{xy}}{L_{xx}}$，可以看到$r$的符号与$\hat{\beta}_1$的符号是一致的。

当$r > 0$，称Y与X正相关；当$r < 0$，称Y与X负相关。特别当$|r|=1$时，有$SS_E = 0$，则$SS_T = SS_R$，这说明Y的变化完全是由Y与X的线性关系引起的。

如果$0.8 < |r| < 1$，称作Y与X高度线性相关；$0.5 < |r| \leqslant 0.8$，称作Y与X显著线性相关；$0.3 < |r| \leqslant 0.5$，称作Y与X低度线性相关；$0 < |r| \leqslant 0.3$，称作Y与X微弱线性相关；$r=0$称作Y与X没有线性关系，但此时变量间可能存在非线性关系。相关系数仅是度量两个变量间线性相关程度的一个指标，从大小上可进行简单直观判断，其显著性需要通过检验得到。

6.1.3.4 相关系数的显著性检验

一般情况下，总体相关系数ρ是未知的，通常将样本相关系数r作为ρ的估计，由于r是根据样本数据计算出来的，因此会受到抽样随机性的影响，不同的样本会计算出不同的r值，因此r是个随机变量，如果想通过样本相关性说明总体的相关程度，就需要考察样本相关系数的可靠性，也就是进行显著性检验。

可以证明（证明略），样本相关系数r的标准差为

$$S_r = \sqrt{\frac{1-r^2}{n-2}}, \quad 且 \quad \frac{r-\rho}{S_r} \sim t(n-2)$$

总体相关系数ρ的检验步骤如下。

① 假设H_0：$\rho=0$，H_1：$\rho \neq 0$。

② 在原假设成立时，检验统计量为$t_0 = \dfrac{r}{S_r} \sim t(n-2)$。

③ 检验的拒绝域为$\left|\dfrac{r}{S_r}\right| \geq t_{\alpha/2}(n-2)$。

④ 代入样本值计算并进行判断。

【例6.4】计算例6.2中变量x与y间的相关系数，并检验其显著性。

解：① 假设H_0：$\rho=0$，H_1：$\rho \neq 0$。

② 计算两变量的相关系数，由$L_{xy}=79.72, L_{xx}=171.6、L_{yy}=38.53$可得

$$r = \frac{L_{xy}}{\sqrt{L_{xx}}\sqrt{L_{yy}}} = 0.9804, \quad s_r = \sqrt{\frac{1-0.9804^2}{10-2}} = 0.0696$$

检验统计量$t_0 = \dfrac{0.9804}{0.0696} = 14.084$。

③ 查附表二得$t_{0.005}(8)=3.3554$，由于$t_0=14.084>3.3554$，因此在显著水平0.01下拒绝原假设，即x与y间的相关关系是显著的。

例6.4的R程序和结果如下：

```
>x<-c(60,62,64,65,66,67,68,70,72,74)
>y<-c(63.6,65.2,66,65.5,66.9,67.1,67.4,68.3,70.1,70)
#求perason相关系数及其显著性检验
>cor.test(x,y,method='pearson')
Pearson's product-moment correlation, data: x and y
t=14.084, df=8, p-value=6.273e-07
alternative hypothesis: true correlation is not equal to 0
95 percent confidence interval: 0.9166 0.9955
sample estimates: cor 0.9804
```

程序说明:

函数cor.test(x, y, method…)是用来检验两个变量的相关性,并输出相关系数,method设置相关系数的类型,有3种类型可以选择:pearson、spearman和kendall,默认求Pearson相关系数。如果同时求多个变量之间的相关系数,并检验其显著性,可利用R包psych中的函数cor.test()。

输出结果分析:

x与y的Pearson相关系数为0.9804($p=6.273e-07$),在显著水平0.01下显著,置信度为0.95的置信区间为(0.9166,0.9955)。

6.1.4 回归模型的诊断

在回归分析中,如果经检验拒绝H_0: $\beta_1=0$,就表明Y与x的线性关系显著,即回归方程与观测数据拟合效果显著。所建立的回归方程是否满足假设条件,还要进一步判断,即进行回归诊断。

在回归模型式6.2中,假定满足以下几个条件:y与x之间是线性关系;残差间独立;残差服从正态分布;残差的均值为0,方差相等。回归诊断是判断上述假定条件是否成立,若不成立,需要对数据做适当变换,使其能够满足或基本满足假设条件。

残差

因变量的观测值y_i和由回归方程求出的估计值$\hat{y}_i$的差称作残差,它是由观测点不在回归直线上引起的,回归分析中第i个观测的残差可表示为$e_i = y_i - \hat{y}_i$,将残差除以其标准差后得到的数值,称作标准化残差(standardized residual),用如下公式表示:$Z_{e_i} = e_i / S_e = (y_i - \hat{y}_i)/S_e$,$S_e$是残差的标准差,在R中,分别采用函数residuals()和rstandard()来计算普通残差和标准化残差,一般把标准化残差的绝对值大于等于2的观测值认为是可疑点,把标准化残差的绝对值大于等于3的观测值认为是异常点。y与x之间线性关系的显著性,前面已经讨论过,可以通过t检验或者F检验进行判断。下面介绍残差的正态性、方差齐性和独立性几个条件的检验,这里着重介绍如何利用R实现。

【例6.5】 例6.2资料回归诊断的R程序和结果如下:

```
#首先进行回归分析
>x<-c(60,62,64,65,66,67,68,70,72,74)
>y<-c(63.6,65.2,66,65.5,66.9,67.1,67.4,68.3,70.1,70)
>model1<-lm(y~x)
#残差保存在对象re1中
>re1<-residuals(model1)
#残差的正态性检验
>shapiro.test(re1)
```

Shapiro-Wilk normality test: data: re1

W=0.97583, p-value=0.939

#残差的方差齐性检验

>library(car)

>ncvTest(model1)

Non-constant Variance Score Test Variance formula: ~fitted.values

Chisquare=0.1425934, Df=1, p=0.70572

#残差的独立性检验

>durbinWatsonTest(model1)

  lag Autocorrelation D-W   Statistic p-value

  1   -0.4651156 2.803745 0.372

Alternative hypothesis: rho !=0

>rstandard(model1)

1	2	3	4	5	6
-0.731362654	1.110628874	0.728125004	-1.661228810	0.639647281	-0.007109167

7	8	9	10
-0.410500257	-0.496403498	1.811010757	-1.062223725

程序说明：

  函数residuals()和函数rstandard()分别输出普通残差和标准化残差。利用函数Shapiro-Wilk()检验残差的正态性，函数ncvTest()检验方差的齐性，函数durbinWatsonTest()检验残差的独立性。

输出结果分析：

  在回归诊断中，残差正态性检验的概率为$0.939>0.05$，不拒绝数据服从正态分布的原假设，残差方差齐性检验的概率为$0.70572>0.05$，不拒绝残差满足齐性的原假设；残差独立性检验的概率为$0.356>0.05$，不拒绝残差独立的原假设，而且标准化残差的绝对值均小于2。以上检验说明残差服从正态分布、方差具有齐性和残差间具有独立性，满足建立回归模型的假设条件，因此所建立的回归模型是有意义的。

  检验残差的假设条件是否成立也可以通过残差图来分析，残差图是指横轴为自变量x_i或者是因变量的预测值$\hat{y}_i$，纵轴是相应的残差或者标准化残差，在图中用点表示。如果关于残差方差齐性的假设成立，那么残差图中的所有点都应随机分布在以均值0为中心的水平带形区域内，如图6.8（a）所示是比较满意的类型；如果对于不同的x值残差不相同，如图6.8（b）所示，较小的x值，对应着较小的残差，较大的x值，对应的残差也比较大，出现了异方差，违背了方差齐性的假定条件；如果随着x的增加，残差有曲线的变化趋势如图6.8（c），说明设置的模型不太合适，可能遗漏了二次项，应加入二次项后重新进行回归分析。

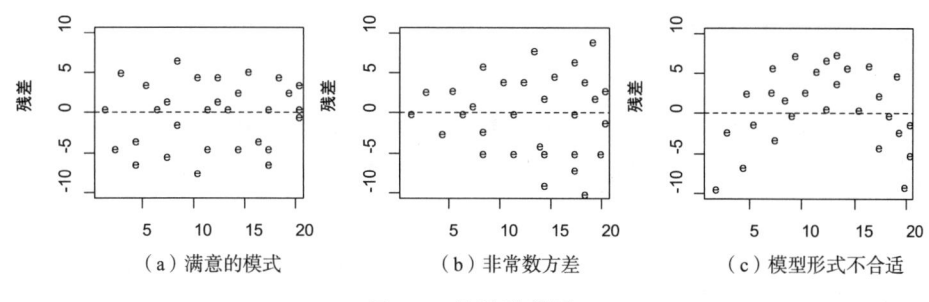

图 6.8　几种残差图

【例6.6】 例6.2资料残差图分析的R程序和结果（图6.9）如下：

>par(mfrow=c(2,2))

#实现一页多图，2行2列共4个图

>plot(model1,which=1)

#横坐标是预测值，纵坐标是残差

>plot(model1,which=2)

#残差的Q-Q图

>plot(model1,which=3)

#位置尺度图

>plot(model1,which=4)

#计算每个观测的Cook distance

输出结果分析：

图6.9（a）用于判断因变量和自变量的线性关系的假定是否成立，本问题实线和虚线

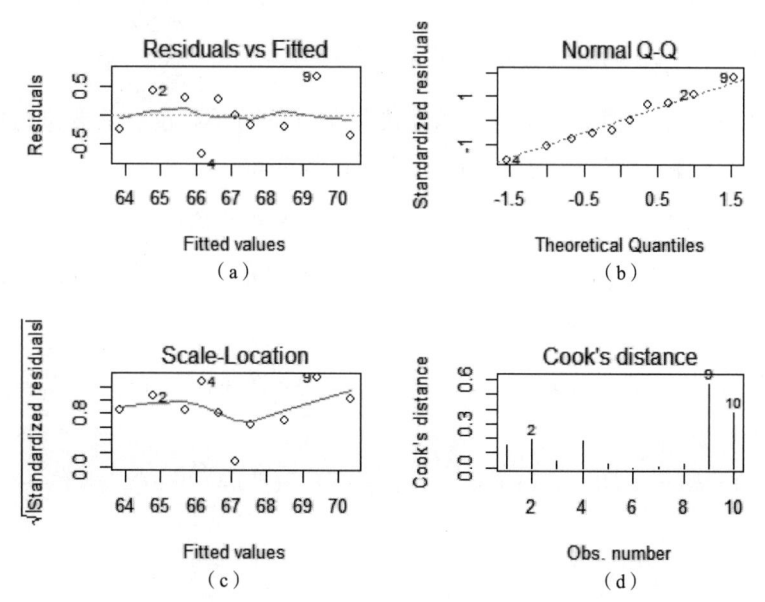

图 6.9　父亲和儿子身高的回归诊断图

比较接近，说明线性关系假设成立；图6.9（b）用于判断残差是否满足正态性，若各点随机地分布于虚线周围，残差满足正态性；图6.9（c）用于判断残差的方差是否满足齐性，由于各点在水平线周围随机分布，因此残差满足齐性；图6.9（d）用于判断强影响点，如果Cook'distance大于0.5，那么该点有可能是强影响点，如果Cook'distance大于1，那么该观测点非常有可能是强影响点，必须得到关注。

6.1.5　回归估计和预测

如果经过各种检验，判断建立的模型效果不错，就可以进一步利用模型估计和预测。这是两个不同的问题：

① 当$x = x_0$时，$E(y_0) = \beta_0 + \beta_1 x_0$是个常量，求$E(y_0)$的点估计和区间估计，这是估计问题；

② 当$x = x_0$时，y_0的观察值在什么范围内变化？由于y_0是个随机变量，为此只能求一个区间，使得y_0落在这一区间的概率为$1 - \alpha$，称该区间为y_0的概率为$1 - \alpha$的预测区间，这是预测问题。

6.1.5.1　平均值$E(y)$的估计

由一元线性回归模型可知$Y = \beta_0 + \beta_1 x + \varepsilon, \varepsilon \sim N(0, \sigma^2)$，且$E(y) = \beta_0 + \beta_1 x$。

对于某个特定的点x_0，$E(y_0) = \beta_0 + \beta_1 x_0$、$\hat{E}(y_0) = \hat{\beta}_0 + \hat{\beta}_1 x_0$，其实是用$\hat{y}_0 = \hat{\beta}_0 + \hat{\beta}_1 x_0$作为$E(y_0)$的估计值，又因为

$$E(\hat{y}_0) = E(\hat{\beta}_0 + \hat{\beta}_1 x_0) = E(\hat{\beta}_0) + x_0 E(\hat{\beta}_1) = \beta_0 + \beta_1 x_0 = E(y_0)$$

所以$\hat{y}_0 = \hat{\beta}_0 + \hat{\beta}_1 x_0$是$E(y_0) = \beta_0 + \beta_1 x_0$的一个无偏点估计。

由于$\hat{y}_0$是因变量平均值的点估计，若要度量估计的可信程度，需要进行区间估计，这里从$E(y_0)$的一个无偏点估计$\hat{y}_0$出发，首先寻找$\hat{y}_0$的分布。

因为$\hat{y}_0 = \bar{y} + \hat{\beta}_1 (x_0 - \bar{x})$，且$\bar{y}$与$\hat{\beta}_1$独立，又$y_i \sim N(\beta_0 + \beta_1 x_i, \sigma^2)$，则$\bar{y} \sim N(\beta_0 + \beta_1 \bar{x}, \sigma^2 / n)$，由前面知$\hat{\beta}_1 \sim N(\beta_1, \sigma^2 / L_{xx})$，两个服从正态分布的变量线性组合之后所得的$\hat{y}_0$仍服从正态分布，下面求$\hat{y}_0$的期望和方差：

$$E(\hat{y}_0) = E(\bar{y} + \hat{\beta}_1(x_0 - \bar{x})) = E(\hat{\beta}_0 + \hat{\beta}_1 \bar{x} + \hat{\beta}_1(x_0 - \bar{x})) = \beta_0 + \beta_1 \bar{x} + (x_0 - \bar{x})\beta_1 = \beta_0 + \beta_1 x_0$$

$$D(\hat{y}_0) = D(\bar{y}) + D(x_0 - \bar{x})\hat{\beta}_1 = \frac{\sigma^2}{n} + (x_0 - \bar{x})^2 D(\hat{\beta}_1) = \frac{\sigma^2}{n} + (x_0 - \bar{x})^2 \frac{\sigma^2}{L_{xx}}$$

$$= \left(\frac{1}{n} + \frac{(x_0 - \bar{x})^2}{L_{xx}} \right) \sigma^2$$

所以

$$\hat{y}_0 \sim N\left(\beta_0 + \beta_1 x_0, \left(\frac{1}{n} + \frac{(x_0 - \bar{x})^2}{L_{xx}}\right)\sigma^2\right)$$

即

$$\hat{y}_0 \sim N\left(E(y_0), \left(\frac{1}{n} + \frac{(x_0 - \bar{x})^2}{L_{xx}}\right)\sigma^2\right)$$

所以

$$\frac{\hat{y}_0 - E(y_0)}{\sigma\sqrt{\frac{1}{n} + \frac{(x_0 - \bar{x})^2}{L_{xx}}}} \sim N(0,1)$$

又

$$v = \frac{(n-2)\hat{\sigma}^2}{\sigma^2} \sim \chi^2(n-2)$$

$$\frac{\hat{y}_0 - E(y_0)}{\hat{\sigma}\sqrt{\left(\frac{1}{n} + \frac{(x_0 - \bar{x})^2}{L_{xx}}\right)}} \sim t(n-2)$$

于是可得 $E(y_0)$ 的置信度为 $1-\alpha$（$0<\alpha<1$）的置信区间为

$$\left(\hat{y}_0 \pm t_{\alpha/2}(n-2)\hat{\sigma}\sqrt{\frac{1}{n} + \frac{(x_0 - \bar{x})^2}{L_{xx}}}\right)$$

这里 $\hat{\sigma}^2 = \frac{1}{n-2}\sum_{i=1}^{n}(y_i - \hat{y}_i)^2$。

6.1.5.2 个别值 y_0 的预测

实际中往往更关心某个点 x_0 所对应的因变量 y_0 的取值范围，通常将 $\hat{y}_0 = \hat{\beta}_0 + \hat{\beta}_1 x_0$ 作为 y_0 的估计值，y_0 的取值与预测值 $\hat{y}_0$ 会有偏差，希望这种偏差尽量小，对于给定的 $1-\alpha$（$0<\alpha<1$），要找到一个正数 δ，使

$$P\{|y_0 - \hat{y}_0| < \delta\} = 1-\alpha \tag{6.15}$$

等价变形为 $P\{\hat{y}_0 - \delta < y_0 < \hat{y}_0 + \delta\} = 1-\alpha$，则称 $(\hat{y}_0 - \delta, \hat{y}_0 + \delta)$ 是个别值 y_0 的可靠度为 $1-\alpha$ 的预测区间。

下面的问题是怎样求 δ，类似区间估计的方法，要找到 y_0 与 $\hat{y}_0$ 的有关函数及其分布。

① 由于 y_0 是给定 $x = x_0$ 所对应 $y_0 = \beta_0 + \beta_1 x_0 + \varepsilon_0$ 的值，y_0 与实测值 $y_1, y_2, \cdots, y_n$ 相互独立，故知 y_0 与 $\hat{y}_0$ 互相独立。又由前面的研究知道 y_0 服从正态分布，又 $\hat{y}_0$ 服从正态分布，由正态分布的性质可知 $y_0 - \hat{y}_0$ 服从正态分布 $N(E(y_0 - \hat{y}_0), D(y_0 - y_0))$。

② $E(y_0 - \hat{y}_0) = E(y_0) - E(\hat{y}_0) = (\beta_0 + \beta_1 x_0) - (\beta_0 + \beta_1 x_0) = 0$，因为 $\hat{y}_0 = \bar{y} + \hat{\beta}_1 (x_0 - \bar{x})$，且 $\bar{y}$ 与 $\hat{\beta}_1$ 独立，又因为

$$D(\hat{y}_0) = D(\bar{y}) + D\left((x_0 - \bar{x})\hat{\beta}_1\right) = \frac{\sigma^2}{n} + (x_0 - \bar{x})^2 D(\hat{\beta}_1)$$

$$= \frac{\sigma^2}{n} + (x_0 - \bar{x})^2 \frac{\sigma^2}{L_{xx}} = \left[\frac{1}{n} + \frac{(x_0 - \bar{x})^2}{L_{xx}}\right]\sigma^2$$

又因为

$$D(y_0 - \hat{y}_0) \stackrel{独立}{=} D(y_0) + D(y_0) = \sigma^2 + \frac{\sigma^2}{n} + (x_0 - \bar{x})^2 \frac{\sigma^2}{L_{xx}} = \left[1 + \frac{1}{n} + (x_0 - \bar{x})^2 \frac{1}{L_{xx}}\right]\sigma^2$$

所以

$$y_0 - \hat{y}_0 \sim N\left(0, \left[1 + \frac{1}{n} + (x_0 - \bar{x})^2 \frac{1}{L_{xx}}\right]\sigma^2\right) \Rightarrow u = \frac{y_0 - \hat{y}_0}{\sigma\sqrt{1 + \frac{1}{n} + \frac{(x_0 - \bar{x})^2}{L_{xx}}}} \sim N(0,1)$$

又知 $v = \frac{(n-2)\hat{\sigma}^2}{\sigma^2} \sim \chi^2(n-2)$，且 u 与 v 独立，由 t 分布定义知

$$T = \frac{u}{\sqrt{\frac{v}{n-2}}} = \frac{y_0 - \hat{y}_0}{\hat{\sigma}\sqrt{1 + \frac{1}{n} + \frac{(x_0 - \bar{x})^2}{L_{xx}}}} \sim t(n-2)$$

③ 给定概率 $1-\alpha$，查附表二，得 $t_{\alpha/2}(n-2)$，使 $P\{|T| \leq t_{\alpha/2}(n-2)\} = 1-\alpha$ 即有

$$P\{\hat{y}_0 - \delta(x_0) \leq y_0 \leq \hat{y}_0 + \delta(x_0)\} = 1-\alpha$$

其中 $\delta(x_0) = t_{\alpha/2}(n-2)\hat{\sigma}\sqrt{1 + \frac{1}{n} + \frac{(x_0 - \bar{x})^2}{L_{xx}}}$，从而得到个别点 y_0 的概率为 $1-\alpha$ 的预测区间为

$$\left(\hat{y}_0 \pm t_{\alpha/2}(n-2)\hat{\sigma}\sqrt{1 + \frac{1}{n} + \frac{(x_0 - \bar{x})^2}{L_{xx}}}\right) \quad (6.16)$$

由式 6.16 可知，$\hat{\sigma}$ 越小，预测区间的半径 $\delta(x_0)$ 越小，即说明预测就越精确。另外，对于给定的样本值和置信度而言，若 x_0 越接近 $\bar{x}$，则预测的精度就越高。

又由于x_0的任意性,下面以x表示x_0,将均值的置信区间和个别值的预测区间画在一张图(图6.10)上,可以看出它们的图形是曲线,其间是包含回归直线的带形区域,预测区间要比置信区间宽一些。

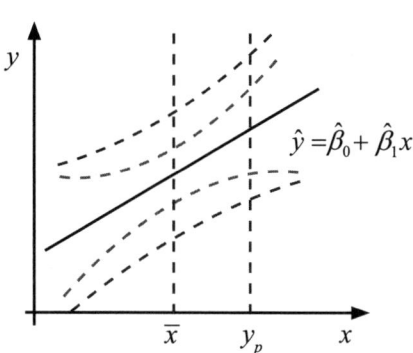

图6.10　预测区间和置信区间示意图

【例6.7】在例6.3中,当$x_0 = 2$时,求y_0的预测值以及概率为0.95的预测区间。

解:在例6.3中,已得到$\hat{y} = 9.2727 + 1.3364x$。

当$x_0 = 2$时,有$\hat{y}_0 = 9.2727 + 1.3364 \times 2 = 11.9455$。

当$x_0 = 2$时,$\delta(2) = t_{\alpha/2}(n-2)\hat{\sigma}\sqrt{1 + \dfrac{1}{n} + \dfrac{(2-\bar{x})^2}{L_{xx}}}$。

因为$\hat{\sigma}^2 = \dfrac{SS_E}{n-2} = \dfrac{13.681}{9} = 1.526 \Rightarrow \hat{\sigma} = 1.235$,查附表二$t$分布表可知$t_{0.025}(9) = 2.2622$,所以$\delta(1.235) = 1.2329 \times 2.2622\sqrt{1 + \dfrac{1}{11} + \dfrac{2^2}{110}} = 2.966$。

可得到y_0的预测区间为$(11.9455 - 2.966, 11.9455 + 2.966)$,整理可得$(8.9795, 14.9115)$。

若n很大且x在$\bar{x}$附近取值时,则有$t_{\alpha/2}(n-2) \approx z_{\alpha/2}$且$\sqrt{1 + \dfrac{1}{n} + \dfrac{(x_0-\bar{x})^2}{L_{xx}}} \approx 1$,有近似式$\delta(x) = z_{\alpha/2}\hat{\sigma}$,这时$y_0$的概率为$1-\alpha$的预测区间近似为$(\hat{y}_0 - z_{\alpha/2}\hat{\sigma}, \hat{y}_0 + z_{\alpha/2}\hat{\sigma})$。

例6.3资料的预测和估计的R程序和结果如下:

```
>x<-c(-5,-4,-3,-2,-1,0,1,2,3,4,5)
>y<-c(2,5,4,7,10,8,10,12,14,13,17)
>da2<-data.frame(x,y)
>model2<-lm(y~x,data=da2)
#个别点预测值
>predict(model2)
```

```
      1         2         3         4         5         6
2.590909   3.927273  5.263636  6.600000  7.936364  9.272727
      7         8         9        10        11
10.609091 11.945455 13.281818 14.618182 15.954545
```

>x0<-data.frame(x=da2$x)

#个别点的区间预测

>pre_int<-predict(model2,x0,interval='prediction',level=0.95)

	fit	lwr	upr
1	2.590909	-0.6177610	5.799579
2	3.927273	0.8197771	7.034768
3	5.263636	2.2371695	8.290103
4	6.600000	3.6327652	9.567235
5	7.936364	5.0052426	10.867485
6	9.272727	6.3537434	12.191711
7	10.609091	7.6779699	13.540212
8	11.945455	8.9782198	14.912689
9	13.281818	10.2553513	16.308285
10	14.618182	11.5106862	17.725677
11	15.954545	12.7458754	19.163216

#均值的置信区间

>(pre_int<-predict(model2,x0,interval='confidence',level=0.95))

	fit	lwr	upr
1	2.590909	1.014478	4.167341
2	3.927273	2.568560	5.285986
3	5.263636	4.102140	6.425133
4	6.600000	5.602977	7.597023
5	7.936364	7.052597	8.820130
6	9.272727	8.430089	10.115365
7	10.609091	9.725325	11.492857
8	11.945455	10.948432	12.942477
9	13.281818	12.120322	14.443315
10	14.618182	13.259569	15.976895
11	15.954545	14.378114	17.530977

#绘制散点图（图6.11）

```
>with(da2,plot(x,y))
#在散点图中加入回归直线，lty定义线的类型，lwd定义线的粗细
>abline(model2,lty=1,lwd=1.5)
#在散点图中加入y的预测上、下限
>lines(x0$x,pre_int[,2],lty=5,lwd=2,col='blue')
>lines(x0$x,pre_int[,3],lty=5,lwd=2,col='blue')
#在散点图中加入均值的置信上、下限
>lines(x0$x,pre_con[,2],lty=6,lwd=2,col='red')
>lines(x0$x,pre_con[,3],lty=6,lwd=2,col='red')
```

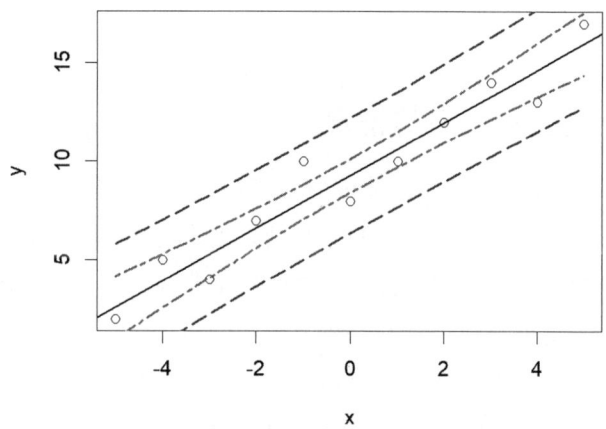

图6.11　散点图中加入置信区间和预测区间

```
#对新值的预测
>xnew<-data.frame(x=c(-1.5,2.8))
#点预测
>predict(model2,xnew)
           1         2
       7.268182  13.014545
#预测区间
>predict(model2,xnew,interval='prediction',level=0.95)
           fit        lwr        upr
    1   7.268182   4.32196    10.21440
    2   13.014545  10.00172   16.02737
#均值的置信区间
predict(model2,xnew,interval='confidence',level=0.95)
           fit        lwr        upr
```

1	7.268182	6.33552	8.200811
2	13.014545	11.889064	14.140027

6.2 非线性回归

前面介绍的变量之间的回归关系是一种线性关系，其应用非常广泛。在一些实际问题中变量间的关系并不都是线性的，如果样品的散点图大致呈某一曲线形状，这时可考虑用一条适宜的曲线去拟合，也许更能反映变量间的关系。由于曲线的形式千变万化，因此非线性回归模型要比线性回归模型复杂的多，自变量越多，变化的形式就越多，这里主要介绍一元非线性回归模型。

6.2.1 可化为一元线性回归的情况

为了方便研究，变量之间若存在某种变换使曲线"线性化"，则可以选择该变换把问题转成线性回归问题，利用线性回归的一些结果去研究问题，然后再反转换为曲线回归方程，这就是可直线化的非线性回归分析。因此确定曲线类型是解决问题的关键，通常的方法是通过图示法判断，根据散点图的趋势和已知的曲线相比较，找出与之比较近似的曲线，根据选定的曲线转换数据，将曲线方程直线化，用转换后的数据画出散点图，如果该图形呈现直线趋势，表明选择的曲线类型较恰当，否则需要重新选择。

曲线选择的是否恰当，也可以通过回归平方和与总离差平方和的比值，即拟合优度R^2的大小来衡量，如果这个值大，说明所选择的曲线和实测值吻合程度高。对于同一组观测值可以建立多个曲线回归方程，一般选择R^2大的曲线来描述变量间的关系，另外在考虑R^2大小的同时，还应该结合专业知识、经验或文献，例如，单细胞生物在生长初期符合指数函数增长，但生长一段时间后，生长会变得缓慢，其生长曲线呈"S"形分布；酶促反应动力学中的米氏方程是一种双曲线，应选择既符合生长规律、拟合效果又好的曲线回归方程来描述变量间的关系。

下面以双曲函数为例简单介绍直线化法的具体过程。

①若通过n对样本观测值(x_i, y_i)的散点图来看y与x大致呈双曲函数关系，即：$1/y=a+b/x$，可做变换，令$x^*=1/x$、$y^*=1/y$，将原双曲线写成线性函数$y^*=a+bx^*$。

再将原样本观测值(x_i, y_i)，代入$x^*=1/x$、$y^*=1/y$，样本值变为(x_i^*, y_i^*)，$i=1,2,\cdots,n$，由此用线性回归公式估计出a、b，代入$y^*=a+bx^*$就得到直线化的回归方程。

②再将y^*、x^*换回，得到方程$1/y=a+b/x$，即为所求的非线性回归方程。

下面把常见的曲线回归的函数线性化的方法列成表6.7供应用时参考。

表6.7 典型函数的线性化方法

函数名称	函数表达式	线性化方法（变换）	线性函数
双曲函数	$\dfrac{1}{y}=a+\dfrac{b}{x}$	$x^{*}=\dfrac{1}{x}$, $y^{*}=\dfrac{1}{y}$	$y^{*}=a+bx^{*}$
幂函数	$y=ax^{b}$	$x^{*}=\ln x$, $y^{*}=\ln y$, $A=\ln a$	$y^{*}=A+bx^{*}$
指数函数	$y=ae^{bx}$	$x^{*}=x$, $y^{*}=\ln y$, $A=\ln a$	$y^{*}=A+bx$
对数函数	$y=a+b\ln x$	$x^{*}=\ln x$, $y^{*}=y$	$y^{*}=a+bx^{*}$
生长函数	$y=\dfrac{1}{a+be^{-x}}$	$x^{*}=e^{-x}$, $y^{*}=\dfrac{1}{y}$	$y^{*}=a+bx^{*}$
倒数函数	$y=\dfrac{a+bx}{x}$	$x^{*}=\dfrac{1}{x}$, $y^{*}=y$	$y^{*}=b+ax^{*}$

统计学上已经证明，双曲函数、指数函数、对数函数、幂函数和生长函数这几种曲线方程，如果直线化回归关系显著，对变量反转换后得到的曲线回归关系也较好。下面通过几个例子进行介绍。

【例6.8】温度x（℃）与棉花红铃虫的产卵数y（个）有关，具体数据如表6.8所示。

表6.8 温度与棉花红铃虫产卵数的关系

温度 x	21	23	25	27	29	32	35
产卵数 y	7	11	21	24	66	115	325

试建立产卵数与温度间的回归方程。

解：这里主要以R实现为主，首先利用R绘制简单的散点图，观察图形的形状。

```
>x<-c(21,23,25,27,29,32,35)
>y<-c(7,11,21,24,66,115,325)
>plot(x,y,type='p',pch=20)
```

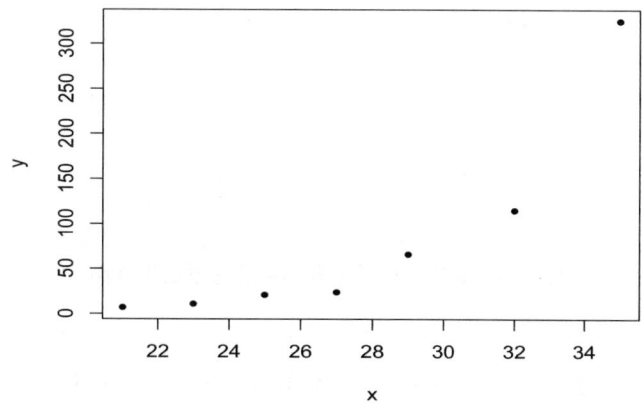

图 6.12 温度与产卵数的散点图

注意观察散点图的形状，和指数函数比较近似，下面进行拟合。

①假定适合指数函数形式 $\hat{y}=ae^{bx}$，首先对等式两端取对数

$$\ln\hat{y}=\ln ae^{bx}=\ln a+\ln e^{bx}=\ln a+bx$$

令 $\ln\hat{y}=y_1$，则 $y_1=\ln a+bx$。

R程序及结果如下：

```
>y1<-log(y)
>model1<-lm(y1~x)
>summary(model1)
Coefficients   Estimate Std.Error  t value  Pr(>|t|)  Signif
(Intercept)   -3.84917  0.41403   -9.297   0.000242  ***
x              0.27203  0.01489   18.272   9.03e-06  ***
Signif. codes: 0 '***' 0.001 '**' 0.01 '*' 0.05 '.' 0.1 ' ' 1
Residual standard error: 0.1809 on 5 degrees of freedom
Multiple R-squared: 0.9852, Adjusted R-squared: 0.9823
F-statistic: 333.9 on 1 and 5 DF, p-value: 9.027e-06
#绘制转换后数据的散点图（图6.13）
>plot(x, y1, type='p', pch=20)
#加入拟合的回归直线
>abline(model1)
```

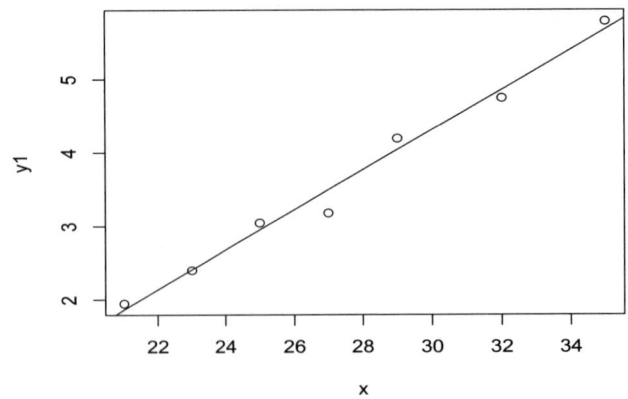

图6.13 温度与产卵数取对数的关系的散点图

输出结果分析：

转换后数据的回归结果表明，变量x的系数为0.27203（$p=9.03\text{e}-06$），在0.01水平下是显著的，经验方程为 $\hat{y}_1=-3.84917+0.27203x$，拟合优度 R^2 为0.9852，回归平方和可以

解释总离差平方和的98.52%，说明所选择的曲线与实测值吻合程度较高。从x与y_1的散点图（图6.13）也可以看出，散点的直线趋势比较明显，表明指数函数比较适合当前数据。

②转换回归方程

$$\ln \hat{y} = \hat{y}_1 = -3.8492 + 0.272x$$

即

$$\hat{y} = e^{-3.8492 + 0.272x} = e^{-3.8492} e^{0.272x}$$

由此可得拟合的曲线回归方程为

$$\hat{y} = 0.0213 e^{0.272x}$$

对于得到的观测数据，如果仅从散点图上不确定是哪种函数关系更合适，可以进行不同曲线关系的拟合，也可以进行线性关系拟合，从中选择最适宜的函数关系。

【例6.9】为了研究烘焙时间对变黄期烟叶叶绿素降解的影响，在30倍二氧化碳浓度下测定了不同烘焙时间x（h）的叶绿素含量y（%），其结果如表6.9所示。试建立时间和叶绿素之间的回归关系。

表6.9　不同烘培时间下的叶绿素含量

时间x/h	12	15	19	25	32	35
叶绿素含量y/%	0.17430	0.11080	0.06340	0.05310	0.04155	0.04080
时间x/h	38	41	46	49	58	
叶绿素含量y/%	0.04020	0.03998	0.03762	0.03538	0.03533	

解：首先利用函数plot()画简单的散点图（图6.14），观察变量间的关系。

```
>x<-c(12,15,19,25,32,35,38,41,46,49,58)
>y<-c(0.17430,0.11080,0.06340,0.05310,0.04155,0.04080,0.04020,0.03998,0.03762,0.03538,0.03533)
>plot(x,y,type='p',pch=20)
```

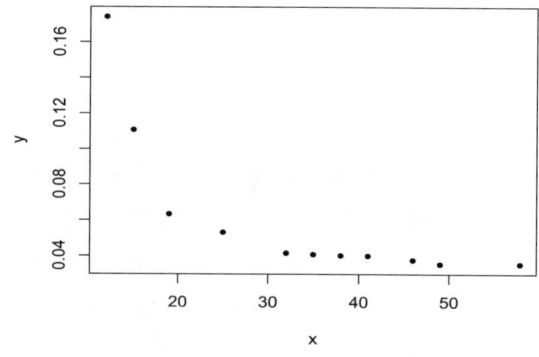

图6.14　时间与叶绿素的散点图

下面借助于R，分别用幂函数、对数函数、指数函数、线性函数和倒数函数进行拟合，从中选择比较合适的函数形式。

利用R实现的程序和结果如下：

>x1<-log(x)

>x2<-1/x

>y1<-log(y)

#幂函数：$y=ax^b$

>model1 <-lm(y1~x1)

>summary(model1)

Coefficients	Estimate	Std.Error	t value	Pr(>|t|)	Signif
(Intercept)	0.3373	0.3953	-0.853	0.416	
x1	-0.9632	0.1148	-8.392	1.51e-05	***

Signif. codes: 0 '***' 0.001 '**' 0.01 '*' 0.05 '.' 0.1 ' ' 1

Residual standard error: 0.1851 on 9 degrees of freedom

Multiple R-squared: 0.8867, Adjusted R-squared: 0.8741

F-statistic: 70.43 on 1 and 9 DF, p-value: 1.507e-05

#对数函数：$y=a+b\ln x$

>model2<-lm(y~x1)

>summary(model2)

Coefficients	Estimate	Std.Error	t value	Pr(>|t|)	Signif
(Intercept)	0.31466	0.04794	6.564	0.000103	***
x1	-0.07435	0.01392	-5.342	0.000467	***

Signif. codes: 0 '***' 0.001 '**' 0.01 '*' 0.05 '.' 0.1 ' ' 1

Residual standard error: 0.02244 on 9 degrees of freedom

Multiple R-squared: 0.7603, Adjusted R-squared: 0.7336

F-statistic: 28.54 on 1 and 9 DF, p-value: 0.0004671

#指数函数：$y=ae^{bx}$

>model3 <-lm(y1~x)

>summary(model3)

Coefficients	Estimate	Std.Error	t value	Pr(>|t|)	Signif
(Intercept)	-1.926094	0.222532	-8.655	1.17e-05	***
x	-0.030356	0.0006106	-4.971	0.000768	***

Signif. codes: 0 '***' 0.001 '**' 0.01 '*' 0.05 '.' 0.1 ' ' 1

Residual standard error: 0.2841 on 9 degrees of freedom

Multiple R-squared: 0.7331, Adjusted R-squared: 0.7034

F-statistic: 24.72 on 1 and 9 DF, p-value: 0.0007683

#线性函数:y与x

>model4 <- lm(y ~ x)

>summary(model4)

Coefficients	Estimate	Std.Error	t value	Pr(>|t|)	Signif
(Intercept)	-0.1372111	0.0231116	5.937	0.000219	***
x	-0.0022618	0.0006342	-3.567	0.006057	***

Signif. codes: 0 '***' 0.001 '**' 0.01 '*' 0.05 '.' 0.1 ' ' 1

Residual standard error: 0.0295 on 9 degrees of freedom

Multiple R-squared: 0.5856, Adjusted R-squared: 0.5396

F-statistic: 12.72 on 1 and 9 DF, p-value: 0.006057

#倒数函数:(a+bx)/x

>Model5<- lm(y ~ x2);summary(model5)

Coefficients	Estimate	Std.Error	t value	Pr(>|t|)	Signif
(Intercept)	-0.011339	0.009202	-1.232	0.249	
x	1.932344	0.215660	8.960	8.85e-06	***

Signif. codes: 0 '***' 0.001 '**' 0.01 '*' 0.05 '.' 0.1 ' ' 1

Residual standard error: 0.01455 on 9 degrees of freedom

Multiple R-squared: 0.8992, Adjusted R-squared: 0.888

F-statistic: 80.28 on 1 and 9 DF, p-value: 8.854e-06

输出结果分析:

以上5个回归方程在显著水平0.01下均显著,从拟合优度R^2大小来看,值越大,说明所选择的曲线和实测值吻合程度越高,5个回归方程的R^2分别为:幂函数0.8867、对数函数0.7603、指数函数0.7331、线性函数0.5856、倒数函数0.8992,其中倒数函数的拟合优度最大,其次为幂函数,对应的曲线方程是比较合适的选择。

将回归方程用原变量表示,于是得到转换后的回归方程如下:

幂函数方程:$\hat{y}=1.4012x^{-0.9632}$,$\ln y$关于$\ln x$线性回归的$R^2=0.8867$;

倒数函数方程:$\hat{y}=-0.01134+1.9323/x$,$y$关于$1/x$线性回归的$R^2=0.8992$。

6.2.2 Logistic生长曲线

在生物学领域中,会遇到动植物的饲养、栽培、资源、生态等方面的模拟研究,常用Logistic生长曲线描述生物的生长,其特点是初级阶段生物生长速度较为缓慢,在发展阶段,生长速度加快,在成熟阶段生长速度又趋于缓慢,曲线的形状呈"S"形,因此又称

"S"形曲线。该函数是由生物学家和统计学家R.Pearl和L.J.Reed于20世纪20年代提出的，Logistic生长曲线的方程为

$$y = \frac{k}{1+ae^{-bt}} \qquad (6.17)$$

这里t是指生长时间。曲线的形状如图6.15所示。

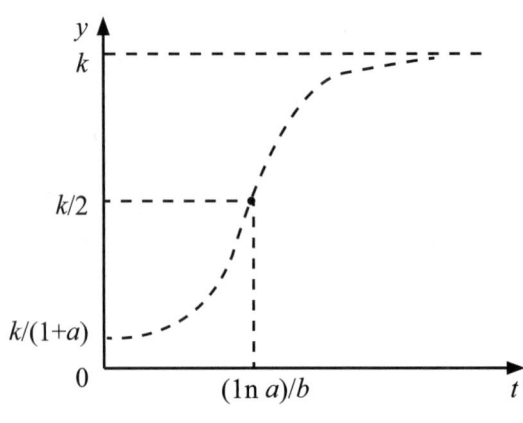

图6.15　Logistic生长曲线

Logistic生长曲线有下列特点。

①在$t=0$时，$y=k/(1+a)$，时间为0时的起始量为$k/(1+a)$；当$t\to\infty$时，$y\to k$，时间无限延长的终极量为k。

②曲线的拐点为$\left(\dfrac{\ln a}{b}, \dfrac{k}{2}\right)$，当$t<\dfrac{\ln a}{b}$时，生物的生长速度从越来越慢变为越来越快；当$t>\dfrac{\ln a}{b}$时，生物的生长速度从越来越快变为越来越慢。

下面通过一个例子说明如何确定Logistic生长曲线。

【例6.10】在良好的生长条件下，测定某种肉鸡生长时间t（week）和体重y（kg）的数据资料如表6.10所示。试确定y与t之间的Logisitic生长函数曲线方程。

表6.10　肉鸡生长时间和体重的数据资料

时间t/week	2	4	6	8	10	12	14
体重y/kg	0.3	0.86	1.73	2.2	2.47	2.67	2.8

解：这里主要介绍如何利用R实现，程序和结果如下：

```
>t<-c(2,4,6,8,10,12,14)
>y<-c(0.3,0.86,1.73,2.2,2.47,2.67,2.8)
>df<-data.frame(t,y)
```

#拟合曲线
```
>model<-nls(y~SSlogis(t,k1,k2,k3),data=df)
```
#回归分析结果
```
>summary(model)
Formula: y~SSlogis(t,k1,k2,k3)
 Parameters  Estimate  Std.Error  t value  Pr(>|t|)  Signif
 k1          2.72942   0.06673    40.90    2.14e-06  ***
 k2          5.29837   0.19203    27.59    1.03e-05  ***
 k3          1.73544   0.17190    10.10    0.000542  ***
```

程序说明：

函数nls(formula, data)是利用最小二乘法估计非线性模型，其中formula部分可以输入具体的函数表达式。这里利用 y ~ SSlogis(t, k1, k2, k3)，t为自变量，y为因变量，SSlogis()拟合的函数表达式为 $\hat{y} = \dfrac{k_1}{1+e^{-\frac{(t-k_2)}{k_3}}}$，$k_1$、$k_2$、$k_3$为要确定的参数。

输出结果分析：

对照Logistic生长函数表达式 $y = \dfrac{k}{1+ae^{-bt}}$，可知 $a = e^{k_2/k_3}$、$b = \dfrac{1}{k_3}$，从输出的结果看，k_1、k_2、k_3在显著水平0.01下显著不为0，计算可得 $a=21.1797$、$b=0.5762$、$k=2.72942$，因此估计的Logistic生长曲线方程为 $\hat{y} = \dfrac{2.72942}{1+21.1797e^{-0.5762t}}$，曲线的拐点为 $(\dfrac{\ln a}{b}, \dfrac{k}{2})$，代入计算可得拐点为（5.2986, 1.3647），当 $t \in (0, 5.2986)$时，肉鸡的生长由慢变快；当 $t \in (5.2986, \infty)$时，肉鸡的生长由越来越快变为越来越慢，在养鸡过程中，把握肉鸡生长的关键期对饲养管理非常重要。

下面通过计算拟合优度，借助于图形说明拟合效果，R程序和结果如下：
#总的离差平方和
```
>(SST<-sum((y-mean(y))^2))
[1] 5.477886
```
#实测值和预测值的相关系数及检验
```
>(cor.test(y,predict(model)))

    Pearson's product-moment correlation

data:  y and predict(model)
t=30.321, df=5, p-value=7.321e-07
alternative hypothesis: true correlation is not equal to 0
95 percent confidence interval: 0.9809309 0.9996181
sample estimates: cor 0.9972917
```

```
#残差平方和
>(SSE <- sum((y-predict(model))^2))
[1] 0.03068777
#拟和优度R²
>(R2 <- (SST-SSE)/SST)
[1] 0.9943979
#绘制散点图
>library(ggplot2)
>ggplot(df,aes(t,predict(model)))+geom_line()+geom_point(aes(y=y))+theme_bw()+
    theme(panel.grid.minor=element_blank(),panel.grid.major=element_blank())+
    scale_x_discrete(limits=c(0:15))+xlab('t(week)')+ylab('weight(kg)')
```

输出结果分析：

实测的y值与其预测值的相关系数为0.9973（$p=7.321\mathrm{e}-07$），两者高度线性相关性，在0.01水平下显著，预测模型的拟合优度R^2为0.9944，拟合效果满意。从图6.16可以看出曲线较好地拟合了散点的趋势，说明该问题资料用Logistic生长曲线方程描述是较合适的。

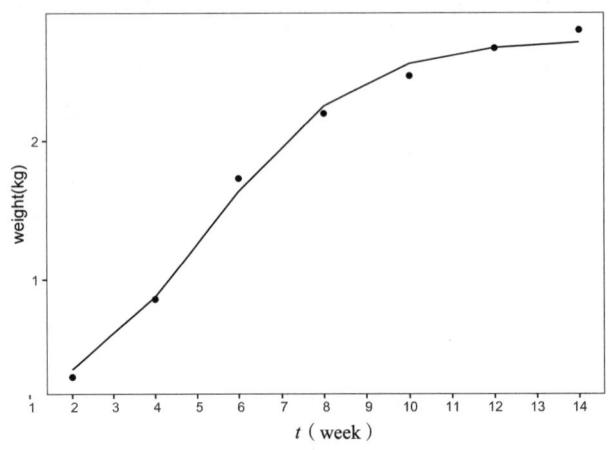

图6.16 肉鸡的Logistic生长曲线

6.2.3 分段线性回归

分段回归（piecewise regression），顾名思义是指回归式"分段"拟合。若自变量和因变量之间的关系，难以通过一个回归模型来描述，可考虑将自变量划分为几个区间，在不同区间内分别构建回归方程描述二者的关系，分段回归最简单较常见的类型是分段线性回归（piecewise linear regression），即各分段内的局部回归均为线性回归。

如果从专业经验或观察自变量和因变量的散点图，认为在自变量的不同区间内两者间的关系不同，那么可考虑使用分段回归，这里最关键的问题就是找到合适的断点位置，然后分别建立两者间的回归关系。R包segmented不仅能确定分段的节点，而且可以给出每段的线性回归结果，下面通过一个例子说明。

【例6.11】出生0~3周的火鸡幼雏在不同的蛋氨酸饲喂量x（%）下的增重y（g/d）如表6.11所示。试建立y与x之间的关系，并找出最佳的蛋氨酸饲喂量。

表6.11 出生0~3周的火鸡幼雏在不同蛋氨酸饲喂量下的增重

蛋氨酸饲喂量x/%	80	85	90	95	100	105	110	115	120
增重y/（g/d）	102	115	125	133	140	141	142	140	142

解：首先绘制该问题的散点图，R程序和结果如下：

```
>x<-c(80,85,90,95,100,105,110,115,120)
>y<-c(102,115,125,133,140,141,142,140,142)
>da1<-data.frame(x,y)
>library(ggplot2)
>ggplot(da1,aes(x,y))+geom_point()+theme_classic()
```

从散点图（图6.17）上可以看出，图形的前半部分和后半部分变化趋势不一致：前半部分，随着x值的增加，y值增加的幅度较大；后半部分随着x值的增加，y值的变化近乎水平。因此无法用同一个回归模型描述两者间的关系。

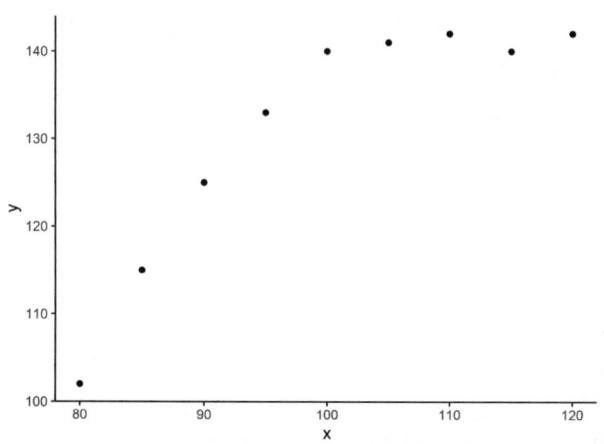

图 6.17 蛋氨酸和火鸡幼雏增重散点图

下面考虑利用分段线性回归，R程序和输出结果如下：
#一元线性回归

```
>lin.mod<-lm(y~x,data=da1)
#分段线性回归
>library(segmented)
>a<-segmented(lin.mod)
#输出分段回归的分界点
>summary(a)
Call: segmented.lm(obj=lin.mod)
Estimated Break-Point(s):
                          Est.          St.Err
                  psi1.x 97.95          0.946
#再进行分段回归
>segmented.mod<-segmented(lin.mod,seg.Z=~x,psi=97.95)
>summary(segmented.mod)
Call: segmented.lm(obj=lin.mod,seg.Z=~x,psi=97.95)
Estimated Break-Point(s): Est.          St.Err
                  psi1.x 97.95          0.946
Coefficients:   Estimate  Std.Error  t value  Pr(>|t|)   Signif
(Intercept)     -61.5000  10.7527    -5.72    0.00228    **
x               2.0600    0.1226     -13.32   1.37e-05   ***
U1.x            -2.0000   0.1502     NA
Residual standard error: 1.371 on 5 degrees of freedom
Multiple R-Squared: 0.9943, Adjusted R-squared: 0.9908
#分段回归方程的截距
>intercept(segmented.mod)
                  intercept1   -61.5
                  intercept2   134.4
#分段回归方程的斜率
>slope(segmented.mod)
Est.     Estimate   Std.Error   t value    CI(95%).l   CI(95%).u
slope1   2.06       0.122640    16.7970    1.74470     2.37530
Slope2   0.06       0.086718    0.6919     -0.16292    0.28292
```

程序说明：

进行分段线性回归时，首先利用函数lm()进行线性回归，利用函数segmented(lin.mod)进行分段回归，其中的lin.mod为线性回归分析结果保存的对象，从分析结果中得到自变量的断点为97.95，根据得到的断点，再次利用函数segmented()进行分段线性回归，参数psi定义分界点，把运行的结果保存为对象segmented.mod，利用函数intercept()可得到各分段线性回归方程的截距，利用函数slope()可得到分段线性回归方程的斜率、斜率的t统计量和置信区间。

输出结果分析：

从分段线性回归分析结果知，$x=97.95$为一个断点，两段回归方程中，当$x\leq 97.95$时，x的系数为2.06（$t=16.797$），置信度为0.95的置信区间为（1.7447, 2.3753），置信下限大于0，因此以0.95的可靠程度认为该系数不为0；当$x>97.95$时，x的系数为0.06（$t=0.6919$），置信度为95%的置信区间为（−0.16292, 0.28292），由于置信区间包含零，因此以95%的可靠程度认为该系数为0；回归分析的adj$R^2=0.9908$模型拟合效果较好，由此写出分段线性函数的回归方程如下：

$$\hat{y}=\begin{cases}-61.5+2.06x, & \text{当}x\leq 97.95\text{时}\\ 134.4+0.06x, & \text{当}x>97.95\text{时}\end{cases}$$

下面对最终的分段回归模型进行可视化（图6.18），R程序和结果如下：

```
>library(ggplot2)
>p<-ggplot()+geom_point(da1,mapping=aes(x,y))
>p+stat_smooth(da1,mapping=aes(x,y),se=F,lwd=0.5,method='gam',
formula=y~x+I((x-97.95)*(x>97.95)))+
geom_vline(xintercept=97.95,linetype=2,color='red')+
annotate('text',x=85,y=130,label='y=-61.5-2.06x')+
annotate('text',x=105,y=135,label='y=134.4+0.06x')+
theme_classic()
```

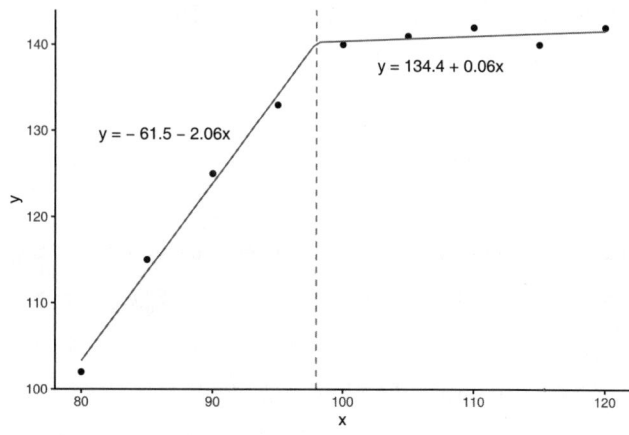

图6.18　蛋氨酸和增重的散点图加入分段回归线

扫码看彩图

程序说明：

利用函数ggplot()绘制散点图保存为对象p，并在此基础上增加图层，函数stat_smooth()增加分段回归线，method定义分析方法，formula定义回归线的表达式；函数geom_vline()增加垂线，xintercept定义垂线在x轴的位置，linetype和color分别定义线型和颜色。

6.2.4 多项式回归

在进行回归分析时，如果利用直线难以拟合数据，可考虑进行多项式函数拟合数据，即多项式回归（polynomial regression）。这里主要考虑1个自变量的情况，多项式的次数一般通过观察散点图的形状来决定，如果有1个"弯"，可以考虑用二次多项式，如果有2个"弯"，可以考虑用三次多项式，如果有3个"弯"，可以考虑用四次多项式，依次类推……

一元多项式回归模型为

$$y = a_n x^n + a_{n-1} x^{n-1} + \cdots + a_1 x + a_0 + \varepsilon, \quad \varepsilon \sim N(0, \sigma^2) \tag{6.18}$$

【例6.12】 利用R中的数据集women，观测30～39岁美国女性的平均身高height（in）和体重weight（lb）如表6.12所示。试建立height和weight间的关系。

表6.12　30～39岁美国女性的平均身高和体重

height/in	58	59	60	61	62	63	64	65
weight/lb	115	117	120	123	126	129	132	135
height/in	66	67	68	69	70	71	72	
weight/lb	139	142	146	150	154	159	164	

解： 首先建立height和weight间的线性关系，R程序和结果如下：

```
#利用R内置的数据集women进行线性回归分析
>data(women)
>lm1<-lm(weight~height,data=women)
>summary(lm1)
Coefficients:    Estimate   Std.Error   t value    Pr(>|t|)   Signif
(Intercept)     -87.51667   5.93694    -14.74     1.71e-09   ***
height            3.45000   0.09114     37.85     1.09e-14   **
 Signif. codes: 0 '***' 0.001 '**' 0.01 '*' 0.05 '.' 0.1 ' ' 1
 Residual standard error: 1.525 on 13 degrees of freedom
```

Multiple R-squared: 0.991, Adjusted R-squared: 0.9903
F-statistic: 1433 on 1 and 13 DF, p-value: 1.091e-14
#提取残差并作图（图6.19）
>residual<-residuals(lm1)
>plot(lm1)

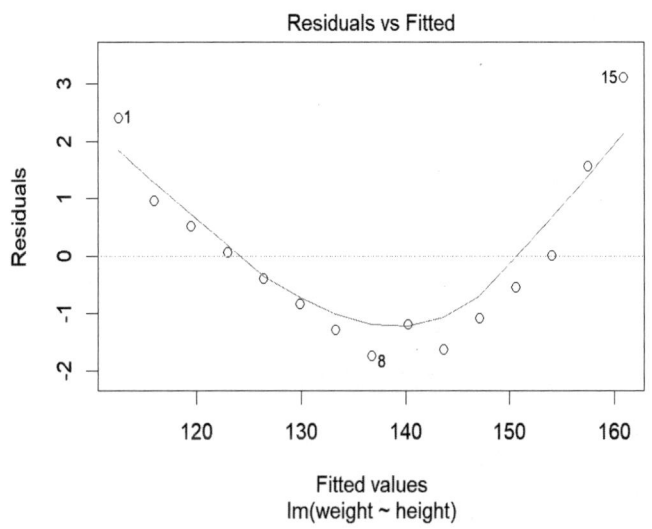

图 6.19 身高和残差的散点图

输出结果分析：

观察自变量和残差的散点图（图6.19），图形中有一个明显的"弯"，说明残差中有遗漏信息，两者可能存在二次曲线关系，将回归方程中加入二次项后，再进行回归分析。

>lm2<-lm(weight~height+I(height^2),data=women)
>summary(lm2)
Coefficients: Estimate   Std.Error   t value   Pr(>|t|)   Signif
(Intercept)   261.87818   25.19677   10.393   2.36e-07 ***
height   -7.34832   0.77769   -9.449   6.58e-07 ***
I(height^2)   0.08306   0.00598   13.891   9.32e-09 ***
Signif. codes: 0 '***' 0.001 '**' 0.01 '*' 0.05 '.' 0.1 ' ' 1
Residual standard error: 0.384 on 12 degrees of freedom
Multiple R-squared: 0.9915 Adjusted R-squared: 0.9994
F-statistic: 1.139e+04 on 2 and 12 DF, p-value: < 2.2e-16
>plot(lm2,which=1)

输出结果分析：

从加入二次项后的身高和残差的散点图（图6.20）可以看出，图形有两个明显的

"弯",残差中可能有遗漏信息,将回归方程中加入三次项后,再进行回归分析。

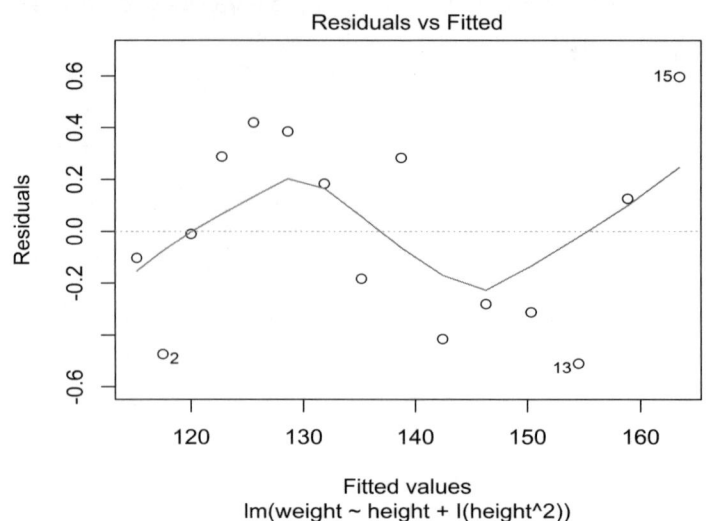

图 6.20 加入二次项后的身高和残差的散点图

```
>lm3<-lm(weight~height+I(height^2)+I(height^3),data=women)
>summary(lm3)
Coefficients:    Estimate      Std.Error    t value   Pr(>|t|)   Signif
(Intercept)    -8.967e+02   2.946e+02    -3.044    0.01116     *
height          4.641e+01    1.366e+01     3.399    0.00594     **
I(height^2)    -7.462e-01    2.105e-01    -3.544    0.00460     **
I(height^3)     4.253e-03    1.079e-03     3.940    0.00231     **
Signif. codes: 0 '***' 0.001 '**' 0.01 '*' 0.05 '.' 0.1 ' ' 1
Residual standard error: 0.2583 on 11 degrees of freedom
Multiple R-squared: 0.9998 Adjusted R-squared: 0.9997
F-statistic: 1.679e+04 on 3 and 11 DF,p-value: < 2.2e-16
>plot(lm3,which=1)
```

输出结果分析:

从加入三次项的回归结果看出,一次项系数46.41($p=0.00594$)、二次项系数-0.7462($p=0.00460$)和三次项系数0.004253($p=0.00231$)均在0.01水平下显著,模型lm1的R^2为0.991,lm2的R^2为0.9915,lm3的R^2增加为0.9998,逐渐加入高次项后,模型拟合的效果越来越好,而且从加入三次项后的身高和残差的散点图(图6.21)可以看出,所有点都随机分布在以均值0为中心的带型区域内,而且没有明显变化趋势,因此lm3是比较理想的模型。

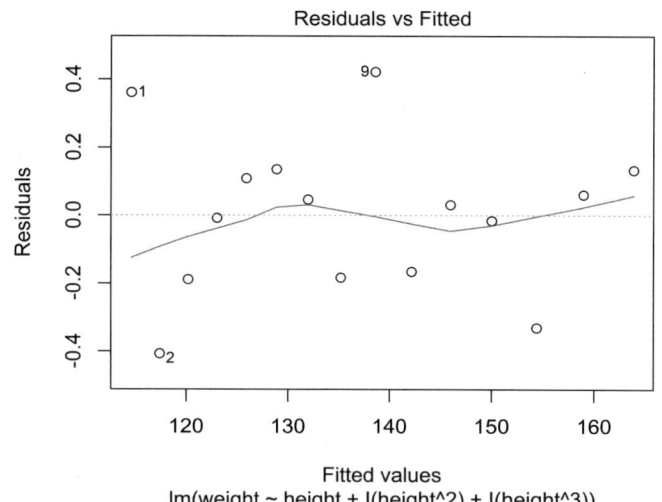

图 6.21 加入三次项后的身高和残差的散点图

6.2.5 模型的选择

6.2.5.1 嵌套模型

在回归模型中，对于同一个数据集，如果一个模型的各项都包含在另一个模型中，并且至少有一个额外项，称这两个模型是嵌套模型（nested model）。

一般设：

模型1：$y = \beta_0 + \beta_1 x_1 + \beta_2 x_2 + \cdots + \beta_g x_g + \varepsilon$；

模型2：$y = \beta_0 + \beta_1 x_1 + ... + \beta_g x_g + \beta_{g+1} x_{g+1} + ... + \beta_k x_k + \varepsilon$。

模型2包含了模型1的所有项，并且多了 $k-g$ 个附加项，模型1嵌套在模型2中，这就是嵌套模型。模型2是否比模型1更好地解释数据？该问题等价于检验 $\beta_{g+1}, \beta_{g+2}, \cdots, \beta_k$ 至少一个不等于0。

该问题的假设检验是

$$H_0: \beta_{g+1} = \beta_{g+2} = \cdots = \beta_k = 0, \quad H_1: \beta_{g+1}, \beta_{g+2}, ..., \beta_k \text{ 不全为0}$$

检验的思路如下。

首先拟合模型1，计算其残差平方和 SSE_1，再拟合复杂模型2，计算其残差平方和 SSE_2，同时计算两者的差值，如果额外项对模型有贡献，SSE_2 应该比 SSE_1 小很多，两者差值越大，说明额外项提供越多信息，构造检验统计量

$$F = \frac{(SSE_1 - SSE_2)/(k-g)}{SSE_2/(n-k-1)} \sim F(k-g, n-k-1) \tag{6.19}$$

若 $F \geq F_a(k-g, n-k-1)$，则拒绝 H_0，说明 $\beta_{g+1}, \beta_{g+2}, \cdots, \beta_k$ 不全为0，应该选择复杂模型；

若 $F < F_a(k-g, n-k-1)$，则不拒绝 H_0，应该选择简单模型。

对于上节例6.12拟合的3个模型，lm1、lm2、lm3中任两个均为嵌套模型，下面利用R进行模型选择，程序和结果如下：

>anova(lm1,lm2)

Model 1: weight ~ height

Model 2: weight ~ height + I(height^2)

	Res.Df	RSS	Df	Sum of Sq	F	Pr(>F)	Signif
1	13	30.2333					
2	12	1.7701	1	28.463	192.96	9.322e-09	***

输出结果分析：

F 检验的 p 值为 $9.322e-09 < 0.001$，lm2中增加的 $height^2$ 项系数极显著的不为0，增加的项能提供更多的预测信息，应该选择复杂模型lm2。

>anova(lm2,lm3)

Model 1: weight ~ height + I(height^2)

Model 2: weight ~ height + I(height^2) + I(height^3)

	Res.Df	RSS	Df	Sum of Sq	F	Pr(>F)	Signif
1	12	1.77007					
2	11	0.73415	1	1.0359	15.522	0.002313	**

输出结果分析：

F 检验的 p 值为 $0.002313 < 0.01$，lm3中增加的 $height^3$ 项系数极显著的不为0，增加的项对模型有贡献，能提供更多的预测信息，应该选择复杂模型。这和前面通过残差图进行分析的结果是一致的。

6.2.5.2 AIC准则和BIC准则

1. AIC准则

对于嵌套模型，可以利用R中的函数anova()选择模型，也可以考虑利用赤池信息准则（Akaike's information criterion，AIC）进行选择。被比较的模型，可以是嵌套的，也可以不是嵌套的。

①一般的情况下，AIC 值的定义为

$$AIC = -2\ln L + 2p$$

式中，L 为似然函数的最大值；p 为模型中待估计参数的个数（包括常数项）。

②对于误差服从正态分布假定的经典线性回归模型（6.2），有

$$AIC = n\ln\left(\frac{SS_E}{n}\right) + 2p$$

式中，n为样本量；p为模型中待估计参数的个数（包括常数项）；SS_E为残差平方和。

AIC值的含义由两部分组成，一部分反映模型的拟合精度，另一部分反映模型中参数的个数，即模型的繁简程度。AIC值越小，说明拟合的模型精度越高而且又简洁，AIC值越小的模型往往被优先选择，因此AIC准则是衡量统计模型拟合数据资料的优良性和评估统计模型复杂程度的一种标准。

2. BIC准则

也可以考虑贝叶斯信息准则（Bayesian information criterion，BIC）选择模型，BIC准则也不要求被比较的模型是嵌套关系。

①一般的情况下，BIC值的定义为

$$BIC = -2\ln L + p\ln n$$

式中，L为似然函数的最大值；p为模型中待估计参数的个数（包括常数项）；n为样本量。

②如果假定模型的误差独立且服从正态分布，则

$$BIC = n\ln\left(\frac{SS_E}{n}\right) + p\ln n$$

式中，n为样本量；p为模型中参数的个数（包括常数项）；SS_E为残差平方和。

由于BIC准则考虑了样品个数，当样本容量较大时，可有效防止模型精度过高造成的模型复杂度过高，通常BIC值要比AIC值大一些。和AIC准则类似，也是BIC值越小，说明拟合的模型精度越高而且又简洁，往往被优先选择。

下面利用AIC准则和BIC准则对例6.12拟合的3个模型进行选择，R程序和结果如下：

```
>AIC(lm1,lm2,lm3)
        df      AIC
  lm1   3       59.081579
  lm2   4       18.51270
  lm3   5       7.311744
>BIC(lm1,lm2,lm3)
        df      AIC
  lm1   3       61.20573
  lm2   4       21.34490
  lm3   5       10.85200
```

输出结果分析：

lm1、lm2、lm3三个模型的AIC值均比相应的BIC值要小，其中lm3的AIC值和BIC值都是最小的，意味着lm3比其他模型精度高，因此lm3是比较理想的模型。

6.3 多元线性回归

前面所讨论的回归模型中只有一个自变量，在实际问题中，影响y的变量往往不止一个。例如，农作物的产量除了和施肥量有关外，还可能和农药、灌溉、管理等有关系。研究这类问题需要建立多元回归模型，多元回归也有线性和非线性之分，本节仅介绍多元线性回归。讨论多元线性回归问题的基本思想方法和一元线性回归问题是类似的。但由于自变量个数增加会比一元回归分析复杂得多，这里主要介绍多元线性回归分析的基本方法和R实现，详细研究多元线性回归分析问题请参阅多元统计分析方法有关书籍。

6.3.1 多元线性回归的数学模型和参数估计

6.3.1.1 数学模型

设$x_1, x_2, \cdots, x_k$是可控制的自变量，Y是依赖于自变量的随机变量，多元线性回归模型为

$$Y = \beta_0 + \beta_1 x_1 + \beta_2 x_2 + \cdots + \beta_k x_k + \varepsilon, \quad \varepsilon \sim N(0, \sigma^2) \quad (6.20)$$

式中，$\beta_0, \beta_1, \cdots, \beta_k$为偏回归系数；$\beta_0, \beta_1, \cdots, \beta_k$和$\sigma^2$都是未知参数。

现对模型中的变量作n次独立重复观察，得到n对独立样本观测值$(x_{i1}, x_{i2} \cdots x_{ik}, y_i)$，$i = 1, 2, \cdots, n$。则有

$$\begin{cases} y_i = \beta_0 + \beta_1 x_{i1} + \beta_2 x_{i2} + \cdots + \beta_k x_{ik} + \varepsilon_i, \quad i = 1, 2, \cdots, n \\ \varepsilon_i \sim N(0, \sigma^2), \varepsilon_1, \varepsilon_2, \cdots, \varepsilon_n \text{ 独立} \end{cases}$$

由式6.20可知：

① $E(Y)$是$x_1, x_2, \cdots, x_k$的线性函数；

② 正态性，$\varepsilon_1, \varepsilon_2, \cdots, \varepsilon_n$相互独立且服从正态分布；

③ 方差齐性，即假定对一切$i = 1, 2, \cdots, n$，有$D(y_i) = \sigma^2$或等价地有$D(\varepsilon_i) = \sigma^2$；

④ $x_1, x_2, \cdots, x_k$之间不存在多重共线性。

6.3.1.2 参数的估计

利用最小二乘法进行参数估计，首先计算残差平方和

$$Q = \sum_{i=1}^{n} (y_i - \beta_0 - \beta_1 x_{i1} - \beta_2 x_{i2} - \cdots - \beta_k x_{ik})^2$$

由 $\frac{\partial Q}{\partial \beta_i} = 0$, $i = 0,1,2,\cdots,k$，可得到正规方程组

$$\begin{cases} n\beta_0 + \sum_{i=1}^{n} x_{i1}\beta_1 + \sum_{i=1}^{n} x_{i2}\beta_2 + \cdots + \sum_{i=1}^{n} x_{ik}\beta_k = \sum_{i=1}^{n} y_i \\ \sum_{i=1}^{n} x_{i1}\beta_0 + \sum_{i=1}^{n} x_{i1}^2\beta_1 + \sum_{i=1}^{n} x_{i1}x_{i2}\beta_2 + \cdots + \sum_{i=1}^{n} x_{i1}x_{ik}\beta_k = \sum_{i=1}^{n} x_{i1}y_i \\ \sum_{i=1}^{n} x_{i2}\beta_0 + \sum_{i=1}^{n} x_{i1}x_{i2}\beta_1 + \sum_{i=1}^{n} x_{i2}^2\beta_2 + \cdots + \sum_{i=1}^{n} x_{i2}x_{ik}\beta_k = \sum_{i=1}^{n} x_{i2}y_i \\ \cdots\cdots\cdots\cdots\cdots \\ \sum_{i=1}^{n} x_{ik}\beta_0 + \sum_{i=1}^{n} x_{ik}x_{i1}\beta_1 + \sum_{i=1}^{n} x_{ik}x_{i2}\beta_2 + \cdots + \sum_{i=1}^{n} x_{ik}^2\beta_k = \sum_{i=1}^{n} x_{ik}y_k \end{cases}$$

$$\boldsymbol{X} = \begin{pmatrix} 1 & x_{11} & \cdots & x_{1k} \\ 1 & x_{21} & \cdots & x_{2k} \\ \vdots & \vdots & \ddots & \vdots \\ 1 & x_{n1} & \cdots & x_{nk} \end{pmatrix}, \boldsymbol{X}^T = \begin{pmatrix} 1 & 1 & \cdots & 1 \\ x_{11} & x_{21} & \cdots & x_{n1} \\ \vdots & \vdots & \ddots & \vdots \\ x_{1k} & x_{2k} & \cdots & x_{nk} \end{pmatrix}, \boldsymbol{b} = \begin{pmatrix} \beta_0 \\ \beta_1 \\ \cdots \\ \beta_k \end{pmatrix}, \boldsymbol{Y} = \begin{pmatrix} y_1 \\ y_2 \\ \cdots \\ y_n \end{pmatrix}$$

将正规方程写为

$$(\boldsymbol{X}^T\boldsymbol{X})b = \boldsymbol{X}^T\boldsymbol{Y}$$

可得参数估计为

$$\hat{b} = (\boldsymbol{X}^T\boldsymbol{X})^{-1}\boldsymbol{X}^T\boldsymbol{Y}$$

由此得到回归直线方程为

$$\hat{y} = \hat{\beta}_0 + \hat{\beta}_1 x_1 + \hat{\beta}_2 x_2 + \cdots + \hat{\beta}_k x_k$$

在回归分析中，如果两个或两个以上自变量之间存在相关性，有时还会是强相关关系，称作自变量间存在多重共线性，也称作自变量之间的自相关性，此时 $|\boldsymbol{X}^T\boldsymbol{X}| \approx 0$，对参数估计值会产生影响，有可能得到与预期符号相反的结论，会把分析带入误区，因此在进行多元线性回归分析时，要判断自变量间是否存在多重共线性。

6.3.2 拟合优度和显著性检验

和一元线性回归的分析思路类似，对总的离差平方和进行分解，为

$$SS_T = \sum_{i=1}^{n}(y_i - \overline{y})^2 = \sum_{i=1}^{n}(y_i - \hat{y}_i)^2 + \sum_{i=1}^{n}(\hat{y}_i - \overline{y})^2 = SS_E + SS_R \quad (6.21)$$

6.3.2.1 拟合优度

由SS_R和SS_E的意义可知，一个好的回归方程，它应该较好地拟合样本观察值。总的离差平方和SS_T中回归平方和SS_R占的比例越大，SS_E就越小，回归效果就越好。

称$R^2 = SS_R/SS_T$为决定系数，R^2度量了多元线性回归模型的拟合优度，它表示在因变量的总离差平方和中，有多大比例被自变量解释；称$R = \sqrt{SS_R/SS_T}$为y关于$x_1, x_2, \cdots, x_k$的复相关系数。

一般情况下R^2越大，回归方程的拟合优度越高。但用R^2判定模型优劣时还需慎重，由于自变量增加时，回归平方和会相应增加，为避免增加自变量而高估R^2，通常用样本量n和自变量的个数k去修正R^2，得到调整的决定系数为

$$R_a^2 = 1 - \frac{n-1}{n-k-1}(1-R^2) \tag{6.22}$$

知道了拟合优度之后，可以进一步检测自变量间的多重共线性，较常用的是计算方差膨胀因子（variance inflation factor，VIF），VIF值越大，多重共线性越严重。VIF值的计算公式为

$$VIF = \frac{1}{1-R_j^2}$$

式中，R_j^2为第j个自变量关于其余自变量的线性回归决定系数。

VIF的取值大于1，越接近于1，多重共线性越轻。一般认为当$VIF<10$时，变量间不存在多重共线性；当$10 \leqslant VIF < 100$时，变量间存在较强的多重共线性；当$VIF \geqslant 100$时，变量间存在严重的多重共线性，需要采取措施进行解决。

6.3.2.2 显著性检验

一元线性回归中，由于只有一个自变量，因此进行F检验和t检验是等价的，多元线性回归分析中这两个检验不再等价，F检验主要是检验因变量和多个自变量的整体线性关系是否显著，若F检验显著，并不能说明每个自变量对因变量的影响都显著，只能说明其中至少一个自变量对因变量的影响显著，而t检验是对每个回归系数的显著性进行检验。

1. F检验

①假设H_0：$\beta_1 = \beta_2 = \cdots = \beta_k = 0$，$H_1$：$\beta_1, \beta_2, \cdots, \beta_k$不全为0。

②选取检验统计量

$$F_0 = \frac{SS_R/k}{SS_E/(n-k-1)} \sim F(k, n-k-1) \tag{6.24}$$

③H_0的拒绝域为

$$W_0: F \geqslant F_\alpha(k, n-k-1)$$

可列成方差分析表，如表6.13所示。

表6.13 方差分析表

方差来源	平方和	自由度	均方	$F_{比}$
回归	SS_R	k	MS_R	MS_R/MS_E
残差	SS_E	$n-k-1$	MS_E	
总变异	SS_T	$n-1$		

2. t检验

①假设$H_{0i}: \beta_i = 0$，$H_{1i}: \beta_i \neq 0$，$i = 1, 2, \cdots, k$。

②选取检验统计量。可以证明（略）当H_{0i}成立时

$$T_i = \frac{\hat{\beta}_i}{\sqrt{c_{ii} SS_E/(n-k-1)}} = \frac{\beta_i}{\sqrt{c_{ii} MS_E}} \sim t(n-k-1) \quad (6.25)$$

其中c_{ii}是$(X^T X)^{-1}$主对角线上第i个元素。

③H_{0i}的拒绝域为$W_0: |t_i| \geqslant t_{\alpha/2}(n-k-1)$。

对于多元线性回归还有很多问题要研究，比如预测、诊断等问题，理论部分可参考多元统计分析专著。这里主要介绍如何用R实现。

【例6.13】（数据：example6.13.csv）现测定某小麦品种15株的单株穗数x_1、每穗结实小穗数x_2、百粒重x_3（g）、株高x_4（cm）和单株籽粒产量y（g），具体数据如表6.14所示。试建立y关于x_1、x_2、x_3、x_4的最优回归方程。

表6.14 某小麦品种的数据

序号	x_1/个	x_2/个	x_3/g	x_4/cm	y/g
1	10	23	3.6	113	15.7
2	9	20	3.6	106	14.5
3	10	22	3.7	111	17.5
4	13	21	3.7	109	22.5
5	10	22	3.6	110	15.5
6	10	23	3.5	103	16.9
7	8	23	3.3	100	8.6

（续表）

序号	x_1/个	x_2/个	x_3/g	x_4/cm	y/g
8	10	24	3.4	114	17
9	10	20	3.4	104	13.7
10	10	21	3.4	110	13.4
11	10	23	3.9	104	20.3
12	8	21	3.5	109	10.2
13	6	23	3.2	114	7.4
14	8	21	3.7	113	11.6
15	9	22	3.6	105	12.3

解：这里主要介绍如何用R实现，程序和结果如下：

```
>da1<-read.csv('F:/data/ch6/example6.13.csv',T,row.name=1)
>head(da1,3)
        x1    x2    x3    x4    y
    1   10    23    3.6   113   15.7
    2   9     20    3.6   106   14.5
    3   10    22    3.7   111   17.5
>model1<-lm(y~x1+x2+x3+x4,da1)
>summary(model1)
Coefficients:    Estimate  Std.Error  t value   Pr(>|t|)    Signif
(Intercept)     -51.9021   13.3518   -3.887    -3.887       **
x1                2.0262    0.2720    7.448    2.19e-05     ***
x2                0.6540    0.3027    2.161    0.05606      .
x3                7.7969    2.3328    3.342    0.00746      **
x4                0.0497    0.0830    0.599    0.56264
Signif. codes:  0 '***' 0.001 '**' 0.01 '*' 0.05 '.' 0.1 ' ' 1
Residual standard error: 1.357 on 10 degrees of freedom
Multiple R-squared: 0.9232  Adjusted R-squared: 0.8925
F-statistic: 30.06 on 4 and 10 DF, p-value: 1.498e-05
```

输出结果分析：

回归方程显著性检验的 $F_{(4,10)} = 30.06$（$p = 1.498e-05$），在显著水平0.01下是显著的，自变量的系数不全为0；自变量x1和x3的回归系数分别为2.0262和7.7969，均在显著水平0.01下对因变量y的影响显著，x2和x4的系数分别为0.6540（$p=0.05606>0.05$）和0.0497（$p=0.56264>0.05$），对因变量y的影响均不显著。

6.3.2.3 自变量筛选

在建立回归模型时，总希望用尽量少的变量建立模型，因此需要对自变量进行筛选，常用的方法有：向后回归、向前回归、双向回归和全子集回归。R语言中利用函数step()，通过选择最小的*AIC*统计量，达到删除或增加变量的目的。

1. 向后回归

```
#model1为回归分析结果保存的对象
>step(model1)
Start: AIC=13.08, y~x1+x2+x3+x4
              Df    Sum of Sq    RSS        AIC
    -x4       1     0.660        19.078     11.607
    <none>                       18.418     13.079
    -x2       1     8.597        27.015     16.825
    -x3       1     20.574       38.992     22.329
    -x1       1     102.168      120.586    39.265
Step: AIC=11.61  y~x1+x2+x3
              Df    Sum of Sq    RSS        AIC
    <none>                       19.078     11.607
    -x2       1     9.269        28.347     15.547
    -x3       1     20.762       39.840     20.652
    -x1       1     101.508      120.586    37.265
Call:
lm(formula=y~x1+x2+x3, data=da1)
Coefficients:
    (Intercept)   x1         x2         x3
    -46.9664     2.0131      0.6746     7.8302
```

输出结果分析：

函数step()中参数direction = c('both','backward','forward')设置选择变量的方法，默认为向后回归backward的模型，起初模型中个有4变量，AIC=13.08，若去掉变量x4，AIC=11.607<13.08，模型优于原来，因此可以删去x4；若去掉变量x2，AIC=16.825>13.08，模型劣于原来的模型，因此不能删去该变量，同理x3和 x1不能删去；删去x4后，此时模型中有3个变量x1、x2和 x3，AIC=11.61，若分别删去x2、x3或

x1，AIC的值分别为15.547、20.652、37.265，均大于11.61，模型均变劣，因此不能删去x2、x3或x1，模型中应保留x1、x2和x3这3个变量。

2. 向前回归

#从模型中没有变量开始

>model2<-lm(y~1,da1)

#向模型中逐步增加变量，参数scope定义要增加的变量的范围，每次增加一个

>model3<-step(model2,scope=~x1+x2+x3+x4)

```
Start: AIC=43.58  y~1

           Df    Sum of Sq    RSS       AIC
    +x1    1     193.152      46.737    21.047
    +x3    1     113.874      126.016   35.925
    <none>                    239.889   43.582
    +x2    1     0.512        239.377   45.550
    +x4    1     0.010        239.879   45.581

Step: AIC=21.05  y~x1

           Df    Sum of Sq    RSS       AIC
    +x3    1     18.390       28.347    15.547
    +x2    1     6.897        39.840    20.652
    <none>                    46.737    21.047
    +x4    1     1.463        45.274    22.570
    -x1    1     193.152      239.889   43.582

Step: AIC=15.55  y~x1+x3

           Df    Sum of Sq    RSS       AIC
    +x2    1     9.269        19.078    11.607
    <none>                    28.347    15.547
    +x4    1     1.332        27.015    16.825
    -x3    1     18.390       46.737    21.047
    -x1    1     97.669       126.016   35.925

Step: AIC=11.61  y~x1+x3+x2

           Df    Sum of Sq    RSS       AIC
    <none>                    19.078    11.607
    +x4    1     0.660        18.418    13.079
    -x2    1     9.269        28.347    15.547
```

-x3	1	20.762	39.840	20.652
-x1	1	101.508	120.586	37.265

输出结果分析：

起初模型中没有变量，AIC值为43.58，然后y和4个变量逐一进行回归，选择AIC值最小的x1进入模型，此时模型中有一个变量x1；再从剩下的3个变量中逐一选择，进行二元线性回归，若加入x3进入模型，则AIC值为15.547，若选择别的变量，则AIC值都大于15.547，因此选择x3进入模型，此时模型中有两个变量x1、x3；然后再往模型中添加变量进行三元线性回归，按照AIC准则得到包含x1、x3和x2的模型，此时AIC值为11.61，再增加或减少变量时，AIC值都会增加，最终得到包含变量x1、x3和x2的模型，这和上面利用向后回归分析法得到的结果是相同的。

3. 双向回归

```
>step(model1, scope = ~x1+x2+x3+x4, direction = 'both')
Start: AIC=13.08
y ~ x1 + x2 + x3 + x4
```

	Df	Sum of Sq	RSS	AIC
-x4	1	0.660	19.078	11.607
none			18.418	13.079
-x2	1	8.597	27.015	16.825
-x3	1	20.574	38.992	22.329
-x1	1	102.168	120.586	39.265

```
Step: AIC=11.61
y ~ x1 + x2 + x3
```

	Df	Sum of Sq	RSS	AIC
<none>			19.078	11.607
+x4	1	0.660	18.418	13.079
-x2	1	9.269	28.347	15.547
-x3	1	20.762	39.840	20.652
-x1	1	101.508	120.586	37.265

输出结果分析：

起初模型中包含4个变量，AIC的值为13.08，当去掉x4时，AIC的值减少为11.607，而去掉其他变量时AIC的值会变大，因此第一步删去了变量x4，模型中包含变量x1、x2、x3；第二步当向模型中再增加变量或者减少变量时，AIC的值均会变大，因此模型中仍保留3个变量，这和向前回归、向后回归的结果是一致的。

4. 全子集回归

全子集回归是指所有可能的模型都会被检验，可通过R^2、校正的R^2或者Mallow's Cp统计量等准则来选择"最佳"模型，Mallow's Cp统计量的定义为：

$$C_p = (n-p-1)\left(\frac{MSE_p}{MSE_k} - 1\right) + p + 1 \tag{6.26}$$

式中，k表示变量的总个数，从中选择p个建立回归模型；MSE_k和MSE_p分别为自变量个数为N_1和p时模型的残差平方和。

研究表明，一个好的模型，Mallow's Cp的值越接近于模型的参数数目（包括截距项）越好，即越接近于$p+1$越好，如果模型的Mallow's Cp值都比较高，可能是遗漏了重要变量。另外，在选择回归模型时，Mallow's Cp规则可以和校正的R^2结合使用。全子集回归可由R扩展包leaps中的函数regsubsets()实现。

例6.11进行全子集回归的R程序和结果如下：

```
>model_1<-lm(y~x1+x2+x3+x4,da1)
#进行全子集回归
>library(olsrr)
>ols_step_all_possible(model_1)
```

Index	N	Predictors	R-Square	Adj.R-Square	Mallow's Cp
1	1	x1	8.051721e-01	0.79018530	14.376371
2	1	x3	4.746929e-01	0.43428466	57.421339
3	1	x2	2.133689e-03	-0.07462526	118.972257
4	1	x4	4.236371e-05	-0.07687745	119.244652
5	2	x1 x3	8.818340e-01	0.86213964	6.391145
6	2	x1 x2	8.339241e-01	0.80624482	12.631410
7	2	x1 x4	8.112726e-01	0.77981806	15.581773
8	2	X2 x3	4.973277e-01	0.41354900	56.473151
9	2	x3 x4	4.750237e-01	0.38752766	59.378251
10	2	x2 x4	2.285034e-03	-0.16400079	120.952544
11	3	x1 x2 x3	9.204721e-01	0.89878263	3.358527
12	3	x1 x3 x4	8.873865e-01	0.85667369	7.667932
13	3	x1 x2 x4	8.374598e-01	0.79313065	14.170890
14	3	x2 x3 x4	4.973278e-01	0.36023533	58.473145
15	4	x1 x2 x3 x4	9.232247e-01	0.89251454	5.000000

输出结果分析：

从Mallow's Cp的值看，11号和15号的模型都是不错的选择，结合Adj.R-Square，11号更优秀一些，这和前面利用向前、向后和双向回归分析的结论是相同的。

下面利用保留的x_1、x_2、x_3变量重新进行回归分析，并进行回归诊断，代码如下：

```
#首先进行回归分析> model_2<-lm(y~x1+x2+x3,da1)
>summary(model_2)
Coefficients:    Estimate Std.Error  t value  Pr(>|t|)    Signif
(Intercept)   -46.9664 10.1926    -4.608   -0.000755  ***
x1             2.0131   0.2631    7.650    9.97e-05   ***
x2             0.6746   0.2918    2.312    0.041170   *
x3             7.8302   2.2631    3.460    0.005334   **
Signif. codes: 0'***' 0.001 '**' 0.01 '*' 0.05 '.' 0.1 ' ' 1
Residual standard error: 1.317 on 11 degrees of freedom
Multiple R-squared: 0.9205 Adjusted R-squared: 0.8988
F-statistic: 42.44 on 3 and 11 DF, p-value: 2.445e-06
```

输出结果分析：

整个回归方程检验的$F(3,11)=42.44$（$p=2.445\mathrm{e}-06$），在显著水平0.001下是显著的，Adj. R-Squared:为0.8988，说明因变量总离差平方和的89.88%可由自变量解释，回归模型中变量x1的系数2.0131（$p=9.97\mathrm{e}-05$），变量x2的系数0.6746（$p=0.04117$），在显著水平0.05下显著，变量x3的系数7.8302（$p=5.334\mathrm{e}-03$），在0.01水平下显著。

所建立的回归模型为$\hat{y}=-46.9664+2.0131x_1+0.6746x_2+7.8302x_3$。

下面利用R进行回归诊断，程序和结果如下：

```
#将model_2的残差保存为对象re1
>re1<-residuals(model_2)
#1.残差正态性检验
>shapiro.test(re1)
Shapiro-Wilk normality test data: re1 W=0.94832,p-value=0.4985
#2.残差方差齐性检验
>library(car)
>ncvTest(model_2)
Non-constant Variance Score Test
Variance formula: ~fitted.values
```

```
Chisquare=1.703817, Df=1, p=0.19179
#3.残差独立性检验
>durbinWatsonTest(model_2)
 lag Autocorrelation   D-W Statistic   p-value
  1    -0.3601437        2.462627       0.38
Alternative hypothesis: rho!=0
#4.自变量的多重共线性
>library(car)
>vif(model_2)
     parameter       x1          x2          x3
     vif          1.341490    1.027923    1.346623
```

输出结果分析：

残差的正态性检验、方差齐性检验和独立性检验的概率p分别为0.4985，0.19179和0.38，均大于0.05，说明残差满足正态性、方差齐性和独立性，每个变量的VIF值（vif）均小于2，说明变量间不存在多重共线性。因此所建立的模型和观测数据的内在规律比较吻合，可以作进一步预测等分析。

习题

1. 某县儿童年龄x（岁）与平均身高y（cm）数据如下：

年龄x	4.5	5.5	6.5	7.5	8.5	9.5	10.5
身高y	101.1	106.6	112.1	116.1	121.0	125.5	129.2

试求y关于x的线性回归方程，并对建立的回归模型的显著性进行检验（$\alpha=0.05$）。

2. 今对(X, Y)独立观察25次，获得数据经计算得：$\bar{x}=52.6$，$L_{xx}=\sum_{i=1}^{25}(x_i-\bar{x})^2=1072.5$，$\bar{y}=9.4$，$\sum_{i=1}^{25}y_i^2=31164.52$，$\sum_{i=1}^{25}x_iy_i=7154.84$。

① 求Y对X的经验回归方程。
② 检验Y对X的相关关系是否显著（$\alpha=0.05$）。
③ 求β_1的置信度为0.95的置信区间。
④ 在$x_0=50$处求y的置信度为0.95的预测区间（用简化公式）。

3. 烟草经X射线照射后，不同照射时间（min）烟草的病斑数（个）如下：

时间	0	3	7.5	15	30	45	60
病斑数	271	226	209	108	59	29	12

试建立照射时间和烟草的病斑数间的曲线回归关系（提示：曲线类型为 $y=ae^{bx}$）。

4. 田间生长的大麦，观测了生长天数（d）和高度（cm）共14对数据，如下：

天数	15	20	25	30	35	40	50
高度	4	5	6	7.5	8	10	15
天数	60	70	80	90	100	110	120
高度	20	30	48	60	65	67	69

试建立大麦的生长天数和高度间的生长函数关系。

5. 实验中观测了一组脑干听觉诱发电位潜伏期 y（ms）与刺激声强 x（db）数据，如下：

x	90	80	70	60	50	40	30
y	5.27	5.44	5.65	5.84	6.05	6.18	6.25

从散点图上观察到 y 与 x 有非线性关系，试利用倒数函数（$y=a+b/x$）、指数函数（$y=ae^{bx}$）和对数函数（$y=a+b\ln(x)$）等拟合 y 与 x 间的关系，并判断用哪种曲线拟合数据比较合适。

6. 抽测某渔场14次记录，x_1 是投饵量（kg），x_2 是放养量（kg），y 是鱼产量（kg），数据如下：

x_1	9.6	8.0	9.5	9.8	9.7	13.5	9.5	12.5	9.4	11	7.7	8.3	12.5	8.0
x_2	1.0	2.0	2.6	2.7	2.0	2.4	2.3	2.2	3.3	2.3	3.6	2.1	2.5	2.4
y	6.7	8	9.5	9	8	10	7.9	9.3	10.8	9.2	10.3	8.6	9.5	8.5

求 y 对 x_1、x_2 的回归方程，并检验回归系数的显著性（$\alpha=0.05$）。

第七章 协方差分析

在科学研究中，试验指标除了受到处理因素的影响，还可能会受到非处理因素（也称混杂因素）的影响。为提高试验结果的准确性，须严格控制试验条件，尽量使它们在各处理间一致。有些混杂因素是能控制的，可以在试验阶段进行控制；有些是难以控制的，需要通过统计分析方法进行校正。例如，研究不同饲料对动物增重的影响时，动物的初始体重是混杂因素。因为动物增重的差异，除了来自不同的饲料和随机误差，还会受到初始体重差异的影响。因此在做试验时应选取初始体重相近的动物，如果客观原因无法满足该条件，可在试验阶段予以观测，然后采用统计学的方法进行校正，将初始条件不同带来的影响降到最低，称为统计控制，它是试验控制的一种辅助手段，可减少试验误差，提高对试验处理效应分析的准确性。

协方差分析（analysis of covariance，ANCOVA）是将线性回归分析与方差分析结合起来的统计分析方法，是一种统计控制法，将比较难控制且又和试验结果存在线性回归关系的变量称作协变量（covariate），利用回归分析的方法排除协变量对试验结果的影响，从而达到降低试验误差、提高研究效果的目的。

例如，研究饲料的不同水平上小猪增重的差异性，小猪的增重除了受到饲料的影响，还受到初始体重的影响。试验希望小猪的初始体重相同，而在实际中较难满足这一要求，这时可考虑采用协方差分析法将初始条件不一致的影响降到最低。用回归分析的方法先对初始体重的影响进行校正，然后再利用方差分析对饲料不同水平的影响做出统计推断。因此协方差分析也是用于分析多组均值之间的差异有无显著性，只是多考虑了协变量的影响。该方法可用于单因素试验资料，也可用于两个或两个以上因素的试验资料。

7.1 协方差分析的模型和假定

首先考虑一个协变量和单个影响因素的协方差分析，研究指标的观测值可分解为

$$y_{ij} = \mu_y + t_i + \beta(x_{ij} - \mu_x) + \varepsilon_{ij}, \quad (i=1,2,\cdots,m;\ j=1,2,\cdots,n) \tag{7.1}$$

$$y_{ij(adj)} = y_{ij} - \beta(x_{ij} - \mu_x) = \mu_y + t_i + \varepsilon_{ij}, \quad (i=1,2,\cdots,m;\ j=1,2,\cdots,n) \tag{7.2}$$

式中，y_{ij}为试验指标第i个水平第j次的观察值；x_{ij}为协变量第i个水平第j次的观察值；μ_y和μ_x分别为y_{ij}和x_{ij}的总平均值；t_i为影响因素T第i个水平的处理效应（即主效应）；β为Y对x的线性回归系数；ε_{ij}为随机误差。

式7.2可理解为首先对观测值y_{ij}进行校正，记为$y_{ij(adj)}$，随后用校正后的$y_{ij(adj)}$进行方差分析。

式7.1可以扩展为两个因素试验资料的情形，为

$$y_{ijk} = \mu_y + t_i + \delta_j + \gamma_{ij} + \beta(x_{ijk} - \mu_x) + \varepsilon_{ijk}，\quad (i=1,2,\cdots,m; j=1,2,\cdots,n; k=1,2,\cdots,l) \quad (7.3)$$

式中，t为和δ分别代表了这两个因素的效应，γ代表它们的交互效应。

协方差分析和方差分析相比多了协变量，适用条件和方差分析稍有不同，这里以固定效应模型为例，式7.1和式7.3需要满足的条件为：

①随机误差服从正态分布$N(0,\sigma^2)$，且相互独立。

②协变量X通常为连续型变量，Y与X存在线性关系，$\beta \neq 0$，各水平总体的回归系数相等（即协变量对因变量的影响在各水平是相同的）。对样本来说，各水平的回归系数显著的不为0，且彼此间没有显著差异，即满足平行性。

③各处理效应之和为0。

7.2 单因素试验资料的协方差分析

假设影响试验指标的处理因素为T，该因素有m个水平，每个水平都有n对观测值(x,y)，数据结构如表7.1所示。

表7.1 单因素协方差分析的数据结构

T_1		T_2		$\cdots$	T_m	
x	y	x	y	$\cdots$	x	y
x_{11}	y_{11}	x_{21}	y_{21}	$\cdots$	x_{m1}	y_{m1}
x_{12}	y_{12}	x_{22}	y_{22}	$\cdots$	x_{m2}	y_{m2}
$\vdots$	$\vdots$	$\vdots$	$\vdots$		$\vdots$	$\vdots$
x_{1n}	y_{1n}	x_{2n}	y_{2n}	$\cdots$	x_{mn}	y_{mn}

引入记号 $\frac{1}{n}\sum_{j=1}^{n}y_{ij} = \bar{y}_{i\cdot}$，$\frac{1}{n}\sum_{j=1}^{n}x_{ij} = \bar{x}_{i\cdot}$，$\frac{1}{mn}\sum_{i=1}^{m}\sum_{j=1}^{n}y_{ij} = \bar{y}_{\cdot\cdot}$，$\frac{1}{mn}\sum_{i=1}^{m}\sum_{j=1}^{n}x_{ij} = \bar{x}_{\cdot\cdot}$。

7.2.1 协方差分析的统计量

首先对Y、X以及Y与X的交叉积进行总离差平方和的分解，为

$$SS_{yy} = \sum_{i=1}^{m}\sum_{j=1}^{n}(y_{ij}-\bar{y}_{..})^2 = \sum_{i=1}^{m}\sum_{j=1}^{n}(y_{ij}-\bar{y}_{i.}+\bar{y}_{i.}-\bar{y}_{..})^2$$
$$= \sum_{i=1}^{m}\sum_{j=1}^{n}(\bar{y}_{i.}-\bar{y}_{..})^2 + \sum_{i=1}^{m}\sum_{j=1}^{n}(y_{ij}-\bar{y}_{i.})^2 = T_{yy} + E_{yy} \quad (7.4)$$

$$SS_{xx} = \sum_{i=1}^{m}\sum_{j=1}^{n}(x_{ij}-\bar{x}_{..})^2 = \sum_{i=1}^{m}\sum_{j=1}^{n}(x_{ij}-\bar{x}_{i.}+\bar{x}_{i.}-\bar{x}_{..})^2$$
$$= \sum_{i=1}^{m}\sum_{j=1}^{n}(\bar{x}_{i.}-\bar{x}_{..})^2 + \sum_{i=1}^{m}\sum_{j=1}^{n}(x_{ij}-\bar{x}_{i.})^2 = T_{xx} + E_{xx} \quad (7.5)$$

$$SS_{xy} = \sum_{i=1}^{m}\sum_{j=1}^{n}(x_{ij}-\bar{x}_{..})(y_{ij}-\bar{y}_{..}) = \sum_{i=1}^{m}\sum_{j=1}^{n}(\bar{x}_{i.}-\bar{x}_{..})(\bar{y}_{i.}-\bar{y}_{..})$$
$$+ \sum_{i=1}^{m}\sum_{j=1}^{n}(x_{ij}-\bar{x}_{i.})(y_{ij}-\bar{y}_{i.}) = T_{xy} + E_{xy} \quad (7.6)$$

式7.4、式7.5和式7.6中的交叉项为0（证明略），其中SS、T、E分别代表总的、处理的和误差的平方和。

7.2.2 协方差分析的基本过程

首先从总变异SS中剔除处理因素T的影响得到误差变异E，从E中找出Y与X之间的线性回归关系，计算出误差项的线性回归系数并进行显著性检验，若回归系数显著则说明Y与X间存在回归关系，否则说明两者回归关系不显著。

一方面，在剔除处理T的影响后进行Y与X的线性回归，得到的误差估计记作SS_e，这个误差项中不包含处理效应。

另一方面，我们不剔除处理的影响进行Y与X的线性回归分析，得到误差的另一个估计记作SS'_e，这个误差平方和可分为两部分，一部分是误差，另一部分是处理效应；如果处理效应不存在，SS'_e与SS_e应该相差不大，如果SS'_e远大于SS_e，说明处理效应存在，利用这个思路构造统计量并检验处理效应的显著性。

由上面的分析，得到协方差分析过程如下。

1. 误差项回归关系的分析

剔除处理T的影响后进行线性回归，由误差项的平方和与乘积和求误差项最小二乘回归系数估计为

$$b = E_{xy}/E_{xx} \qquad (7.7)$$

回归平方和为

$$SS_R = E_{xy}^2/E_{xx}, \quad df_R = 1 \qquad (7.8)$$

误差平方和为

$$SS_e = E_{yy} - E_{xy}^2/E_{xx}, \quad df_e = m(n-1) - 1 \qquad (7.9)$$

误差均方为

$$MS_e = SS_e/[m(n-1) - 1] \qquad (7.10)$$

误差项回归系数的显著性检验为

$$H_0: \beta = 0, \quad H_1: \beta \neq 0$$

用统计量 $F_0 = \dfrac{SS_R/df_R}{SS_e/df_e} = \dfrac{MS_R}{MS_e} \sim F(1, mn - m - 1)$，若 $F_0 \geq F_\alpha(1, m(n-1) - 1)$，说明 Y 与 X 的回归关系显著，进行协方差分析，否则进行单因素方差分析。

2. 协方差分析

假设 H_0: $t_1 = t_2 = \cdots = t_k = 0$，$H_1$: $t_1, t_2, \cdots, t_i$ 不全为 0，$i = 1, 2, \cdots, k$。

不剔除处理因素的影响，将 Y 与 x 进行一元线性回归，回归平方和为

$$SS_{xy}^2/SS_{xx} \qquad (7.11)$$

残差平方和为

$$SS'_e = SS_{yy} - SS_{xy}^2/SS_{xx}, \quad df'_e = mn - 2 \qquad (7.12)$$

若 H_0 成立，即处理效应 t_i 不存在，SS'_e 与 SS_e 应该差别不大；若 $SS'_e - SS_e$ 的值很大，说明处理效应显著，其自由度为 $df'_e - df_e = mn - 2 - (mn - m - 1) = m - 1$，下面对 H_0 进行检验（证明略）：

$$F_0 = \frac{(SS'_e - SS_e)/(m - 1)}{SS_e/[m(n-1) - 1]} \sim F(m - 1, m(n-1) - 1) \qquad (7.13)$$

若 $F_0 \geq F_\alpha(m - 1, m(n-1) - 1)$，在 α 水平下拒绝 H_0，认为因素 T 对 Y 有显著影响。

3. 计算调整后各处理的均值

由于回归系数 b 表示初始重量对增重的影响程度，不包含处理间差异的影响，因此可用 b 根据初始重量的不同来校正每个试验指标以及不同处理增重的平均值。

对试验指标进行校正

$$y_{ij(\text{adj})} = y_{ij} - b(x_{ij} - \overline{x}_{..}) \tag{7.14}$$

对各水平的均值进行校正

$$\overline{y}_{i\cdot(\text{adj})} = \overline{y}_{i\cdot} - b(\overline{x}_{i\cdot} - \overline{x}_{..}) \tag{7.15}$$

【例7.1】（数据：example7.1.csv）为寻找一种较好的哺乳仔猪食欲增进剂，提高断奶重，试验设置了对照（t_0）、配方1（t_1）、配方2（t_2）、配方3（t_3）4个处理，重复12次，选择初始条件尽量相近的哺乳仔猪48头，随机分为4组进行试验，测量仔猪的初始体重x和50天后的体重y，结果如表7.2所示，试分析不同配方对断奶仔猪增重的影响。

表7.2 不同配方下仔猪的生长情况　　　　　　　　　　　　　　　　　　　　单位：kg

t_0		t_1		t_2		t_3	
y	x	y	x	y	x	y	x
12.4	1.5	10.2	1.35	10	1.15	12.4	1.2
12	1.85	9.4	1.2	10.6	1.1	9.8	1
10.8	1.35	12.2	1.45	10.4	1.1	11.6	1.15
10	1.45	10.3	1.2	9.2	1.05	10.6	1.1
11	1.4	11.3	1.4	13	1.4	9.2	1
11.8	1.45	11.4	1.3	13.5	1.45	13.9	1.45
12.5	1.5	12.8	1.15	13	1.3	12.8	1.35
13.4	1.55	10.9	1.3	14.8	1.7	9.3	1.15
11.2	1.4	11.6	1.35	12.3	1.4	9.6	1.1
11.6	1.5	8.5	1.15	13.2	1.45	12.4	1.2
12.6	1.6	12.2	1.35	12	1.25	11.2	1.05
12.5	1.7	9.3	1.2	12.8	1.3	11	1.1

解：配方分组是个分类变量，是影响体重的因素，由于小猪的初始体重会影响体重的增长，为减少对试验指标的影响，可将初始体重作为协变量进行单因素协方差分析。

首先判断Y与X是否存在线性回归关系。

①误差项回归关系分析，由表7.2可得不同处理下y与x的均值，列于表7.3。

表7.3 不同处理下y与x的均值　　　　　　　　　　　　　　　　　　　　单位：kg

$\overline{y}_{0\cdot}$	$\overline{x}_{0\cdot}$	$\overline{y}_{1\cdot}$	$\overline{x}_{1\cdot}$	$\overline{y}_{2\cdot}$	$\overline{x}_{2\cdot}$	$\overline{y}_{3\cdot}$	$\overline{x}_{3\cdot}$	$\overline{y}_{..}$	$\overline{x}_{..}$
11.82	1.52	10.84	1.28	12.07	1.30	11.15	1.15	11.47	1.32

由此可得统计量如下。

y 的各项平方和为

$$SS_{yy} = \sum_{i=1}^{4}\sum_{j=1}^{12}(y_{ij}-11.47)^2 = 96.76 , \quad T_{yy} = \sum_{i=1}^{4}\sum_{j=1}^{12}(\bar{y}_{i\cdot}-\bar{y}_{\cdot\cdot})^2 = 11.68$$

$$E_{yy} = SS_{yy} - T_{yy} = 85.08$$

x 的各项平方和为

$$SS_{xx} = \sum_{i=1}^{4}\sum_{j=1}^{12}(x_{ij}-1.32)^2 = 1.75 , \quad T_{xx} = \sum_{i=1}^{4}\sum_{j=1}^{12}(\bar{x}_{i\cdot}-1.32)^2 = 0.83$$

$$E_{xx} = SS_{xx} - T_{xx} = 0.92$$

交叉项平方和为

$$SS_{xy} = \sum_{i=1}^{4}\sum_{j=1}^{12}(x_{ij}-1.32)((y_{ij}-11.47) = 8.25$$

$$T_{xy} = \sum_{i=1}^{4}\sum_{j=1}^{12}(\bar{x}_{i\cdot}-1.32)(\bar{y}_{i\cdot}-11.47) = 1.64$$

$$E_{xy} = SS_{xy} - T_{xy} = 6.61$$

此可得回归系数的最小二乘估计为

$$b = E_{xy}/E_{xx} = 6.61/0.92 = 7.18$$

误差项回归系数的显著性检验为

$$H_0: \beta = 0 , \quad H_1: \beta \neq 0$$

$$SS_R = E_{xy}^2/E_{xx} = 47.62 , \quad df_R = 1$$

$$SS_e = E_{yy} - E_{xy}^2/E_{xx} = 85.08 - 47.62 = 37.46 , \quad df_e = 43$$

由此列出方差分析表（表7.4）。

表7.4 方差分析表

变异来源	平方和	自由度	均方	$F_{比}$
回归	47.62	1	47.62	54.64
误差	37.46	43	0.87	
总和	85.08	44		

查附表四知 $F_{0.01}(1,43) = 7.26$，$F_0 = 54.64 > 7.26$，因此在显著水平0.01下误差项回归关系显著。

②协方差分析。

假设H_0：$t_1 = t_2 = t_3 = t_4 = 0$，$H_0$：$t_1$、$t_2$、$t_3$、$t_4$不全为0。

选取统计量

$$F_0 = \frac{(SS'_e - SS_e)/(m-1)}{SS_e/[m(n-1)-1]} \sim F[m-1, m(n-1)-1]$$

其中

$$SS'_e = SS_{yy} - SS_{xy}^2/S_{xx} = 96.76 - 8.25^2/1.75 = 57.90, \quad df'_e = 46$$

代入数据计算可得

$$F_0 = \frac{(SS'_e - SS_e)/(m-1)}{SS_e/[m(n-1)-1]} = \frac{(57.90 - 37.47)/3}{37.47/43} = 7.82$$

由此列出方差分析表（表7.5）。

表7.5 方差分析表

变异来源	平方和	自由度	均方	$F_{比}$
处理	20.43	3	6.81	7.82
误差	37.47	43	0.87	
总和	57.90	46		

查附表四得 $F_{0.01}(3,43) = 4.27$，$F_0 = 7.82 > 4.27$。

说明在显著水平0.01水平下，不同处理间仔猪的增重有显著差异，须进一步检验各处理间差异的显著性，即多重比较，这里主要讲述如何通过R实现。

③计算校正后的平均数。

由 $\bar{y}_{i\cdot(adj)} = \bar{y}_{i\cdot} - b(\bar{x}_{i\cdot} - \bar{x}_{\cdot\cdot})$ 可得调整后的均值：

$\bar{y}_{0\cdot(adj)} = 11.82 - 7.18 \times (1.52 - 1.32) = 10.38$，$\bar{y}_{1\cdot(adj)} = 10.84 - 7.18 \times (1.28 - 1.32) = 11.13$；

$\bar{y}_{2\cdot(adj)} = 12.07 - 7.18 \times (1.3 - 1.32) = 12.21$，$\bar{y}_{3\cdot(adj)} = 11.15 - 7.18 \times (1.15 - 1.32) = 12.37$。

由此可见，消除初始重量影响后，$\bar{y}_{i\cdot(adj)}$ 与 $\bar{y}_{i\cdot}$ 不仅数值不同，而且排序也发生了变化。对例7.1进行协方差分析的R程序和结果如下：

```
>library(rstatix)
```

```
>da1<-read.csv('F:/data/ch7/example7.1.csv', T)
>head(da1, 3)
          group    y      x
     1     t0    12.4   1.50
     2     t0    12.0   1.85
     3     t0    10.8   1.35
>da1$group<-as.factor(da1$group)
```

首先进行协方差分析前提假设条件检验。

```
#平行性检验
>anova_test(data=da1, formula=y~x+group+x:group, effect.size='pes')
ANOVA Table (type II tests)
```

Effect	DFn	DFd	SSn	SSd	F	p	P<.05	pes
x	1	40	46.615	32.792	58.082	2.60e-09	*	0.592
group	3	40	20.435	32.792	8.309	2.05e-04	*	0.384
x: group	3	40	4.676	32.792	1.901	1.45e-01		0.125

```
#正态性检验
>model<-aov(y~x+group, da1)
>shapiro.test(resid(model))
Shapiro-Wilk normality test data: resid(model) W=0.95707, p-value=0.07685
#方差齐性检验
>library(car)
>leveneTest(resid(model)~group, da1)
Levene's Test for Homogeneity of Variance (center=median)
           Df     F-value    Pr(>F)
   group   3      0.5271     0.666
           44
```

解释：

协方差分析的平行性检验，是检验不同处理下，x对y的影响一致，即线性回归方程的斜率相同。这可以通过检验x和group的交互作用是否显著判断。检验的$p=0.145>0.05$，说明不同group中，y与x的线性回归方程的斜率没有显著差异，即满足平行性前提假设。残差正态性检验的$p=0.07685>0.05$，不拒绝H_0，认为数据满足正态性；残差方差齐性检验的$p=0.666>0.05$，不拒绝H_0，认为残差满足方差齐性。总之，数据满足协方差分析的前提假设。

其次，进行协方差分析。

```
#由于x和group的交互作用不显著,去掉该项后的分析
>result.ancova1<-anova_test(data=da1,formula=y~x+group,effect.size='pes',detailed=TRUE)
>result.ancova1
ANOVA Table (type II tests)
  Effect  DFn  DFd  SSn     SSd     F       p         pes
  x       1    43   47.615  37.468  54.645  3.50e-09  0.560
  group   3    43   20.435  37.468  7.817   2.83e-04  0.353
#校正后的均值
>adj_means<-emmeans_test(data=da1,formula=y~group,covariate=x)
>get_emmeans(adj_means)
x     group  emmean  se     df  Conf.low  Conf.high  method
1.32  t0     10.3    0.335  43  9.66      11         Emmeans test
1.32  t1     11.1    0.271  43  10.5      11.6       Emmeans test
1.32  t2     12.2    0.270  43  11.6      12.7       Emmeans test
1.32  t3     12.3    0.312  43  11.7      12.9       Emmeans test
#调整前均值
>da1%>%group_by(group)%>%get_summary_stats(y,type='mean_sd')
  group  variable  n   mean  sd
  t0     y         12  11.8  0.947
  t1     y         12  10.8  1.32
  t2     y         12  12.1  1.67
  t3     y         12  11.2  1.52
```

再次，进行多重比较。

```
> post.test <-emmeans_test(data=da1,formula=y~group,covariate=x,p.adjust.method='bonferroni')
> post.test
term     .y.  group1  group2  df  statistic  p         p.adj     p.adj.signif
x*gr~y   t0   t1      43      -1.65  1.07e-1    6.39e-1   ns
x*gr~y   t0   t2      43      -4.16  1.52e-4    9.10e-4   ***
x*gr~y   t0   t3      43      -3.78  4.81e-4    2.89e-3   **
```

x*gr~y	t1	t2	43	-2.82	7.29e-3	4.38e-2 *
x*gr~y	t1	t3	43	-3.09	3.55e-3	2.13e-2 *
x*gr~y	t2	t3	43	-0.40	6.91e-1	ns

程序简要说明：

利用函数anova_test()进行协方差分析，如果协变量x和因子A的交互作用不显著，那么表达式为：y~x+A，注意协变量x须放在前面，若参数detailed=TRUE，会有更多的结果输出。利用函数emmeans_test()求调整后的均值，并进行多重比较，data设定数据集，formula为：y~A，y为试验指标，A为因子，covariate定义协变量，p.adjust.method定义p值校正的方法。校正的方法可从holm、hochberg、hommel、bonferroni、BH、BY、fdr中进行选择，如果不进行校正，可以设置为none，默认利用Bonferroni法。

结果简单分析：

由于x和group的交互作用不显著，去掉交互项后的协方差分析结果显示，仔猪的初始体重x对动物的增重y影响显著（$p=3.77e-08<0.05$），因此需要对y进行校正，校正后的方差分析表明，因素group对仔猪增重影响显著（$p=2.83e-04$），group的偏效应量pes为0.353。不同group间均值进行多重比较并采用Bonferroni校正，结果表明t1和t0均值间没有显著差异（p.adj=0.639>0.05）、t2和t3的均值间没有显著差异（p.adj=0.691>0.05），t2和t0均值间有显著差异（$p.adj=9.10e-4<0.01$），t3和t0均值间有显著差异（$p.adj=2.89e-3<0.01$），t2和t1均值间有显著差异（p.adj=0.0438<0.05），t3和t1均值间有显著差异（p.adj=0.0213<0.05），配方2和配方3的增重效果显著的高于对照和配方1。

最后，将分析结果可视化。

```
>library(ggpubr)
#求调整后的均值，并进行两两比较，输出校正的p值及显著性
>post.test <-emmeans_test(data=da1,formula=y~group,covariate=x,p.adjust.method='bonferroni')
#输出标准显著性的位置变量y.position，横线的起点xmin和终点xmax，并计算置信区间
>post.test<-post.test %>% add_xy_position(x='group',fun='mean_ci')
#由函数get_emmeans()，输出均值、置信上下限
>ggline(get_emmeans(post.test ),x='group',y='emmean')+geom_errorbar(aes(ymin=conf.low,ymax=conf.high),width=0.05)+stat_pvalue_manual(post.test,hide.ns=T,tip.length=F) +
#增加标题和副标题，标题居中
labs(title='Covariance analysis of food effect',subtitle=get_
```

```
test_label(result.ancoval,detailed=TRUE),caption=get_pwc_
label(post.test))+
    theme(plot.title=element_text(hjust=0.5))
```

从图7.1可以直观地看到上述协方差分析的结果，以及4种处理方式的多重比较结果。

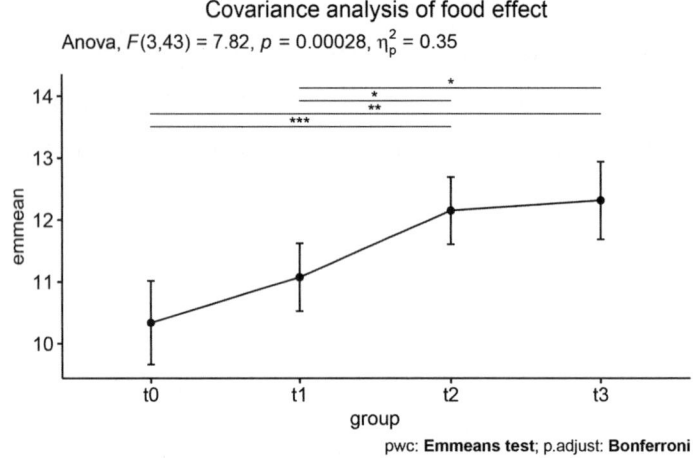

图7.1　不同处理下小猪增重的多重比较

7.3　两因素试验资料的协方差分析

上面给出了一个协变量、单个影响因素的协方差分析过程，通常情况下影响试验指标的因素是多个，模型如式7.3。这里以两因素试验资料为例，利用R语言介绍如何进行协方差分析。

【例7.2】（数据：example7.2.csv）为研究不同蛋白水平（protein）和饲养方式（feed）对小鼠增重的影响。试验中将初始体重相近的60只小鼠随机分成6组，在高蛋白组和低蛋白组分别按照a、b、c 3种饲养方式进行喂养，并记录每日进食量（intake），4周后记录小鼠的体重增量（weight），具体数据如表7.6所示。试分析不同蛋白水平和饲养方式对小鼠增重的影响。

表7.6　不同蛋白水平和饲养方式下小鼠的增重　　　　　　　　单位：g

high						low					
feed	intake	weight	feed	intake	weight	feed	intake	weight	feed	intake	weight
b	100	99	c	197	103	a	191	91	b	96	96
a	139	119	a	109	74	b	136	90	b	138	75

（续表）

high						low					
feed	intake	weight	feed	intake	weight	feed	intake	weight	feed	intake	weight
b	91	57	c	229	106	a	176	87	a	146	96
a	147	82	b	111	83	a	143	79	c	143	87
c	199	80	a	175	118	c	256	107	b	125	108
c	223	92	c	231	109	c	178	83	b	127	59
c	221	121	a	177	112	a	133	73	a	136	52
b	118	75	a	160	105	a	166	91	c	141	50
a	142	108	c	199	99	a	162	91	a	160	65
b	107	96	c	195	95	c	161	83	c	217	82
b	142	112	c	211	103	c	201	98	c	153	62
a	150	88	b	123	93	b	124	99	c	190	74
a	176	101	b	113	89	b	113	81	b	111	75
b	118	78	c	197	97	b	117	98	c	174	71
a	137	103	b	112	87	b	106	68	a	165	77

解： 蛋白水平和饲养方式是影响小鼠增重的两个分类变量，由于进食量会影响体重的增长，而进食量难以控制，为减少对试验指标的影响，可将进食量作为协变量进行两因素协方差分析，R实现的程序和结果如下。

1. 协方差分析的假设条件检验

```
#首先加载R包并导入数据
>library(tidyverse)
>library(ggpubr)
>library(rstatixz)
>da2<-read.csv('F:/data/ch7/example7.2.csv', T)
>head(da2, 3)
          feed    intake    weight    protein
      1   b       100       99        high
      2   a       139       119       high
      3   b       91        57        high
>da2$feed<-as.factor(da2$feed)
>da2$protein<-as.factor(da2$protein)
#平行性检验
```

```
>result<-anova_test(data=da2,weight~intake+feed+protein+intake:feed+intake:protein,
    detailed=TRUE,effect.size='pes'
>result
```
ANOVA Table (type II tests)

Effect	DFn	DFd	SSn	SSd	F	p	pes
intake	1	52	3239.964	9319.24	18.079	8.84e-05	0.258
feed	2	52	1747.785	9319.24	4.876	0.011	0.158
protein	1	52	2272.061	9319.24	12.678	8.01e-04	0.196
intake:feed	2	52	9.965	9319.24	0.028	0.973	0.001
intake:protein	1	52	183.97	9319.24	1.027	0.316	0.019

```
#绘制不同protein水平下,weight和intake的关系图(图7.2)
>library(ggplot2)
>p1<-ggplot(da2,aes(intake,weight,colour=protein))+geom_point(size=1)+geom_smooth(method='lm',
    aes(linetype=protein),se=F)+theme_bw()+theme(legend.position='top')+scale_color_manual(
    name='protein' ,values=c('black','black'))+scale_linetype_manual(values=c('solid','dotted'))
>p1
```

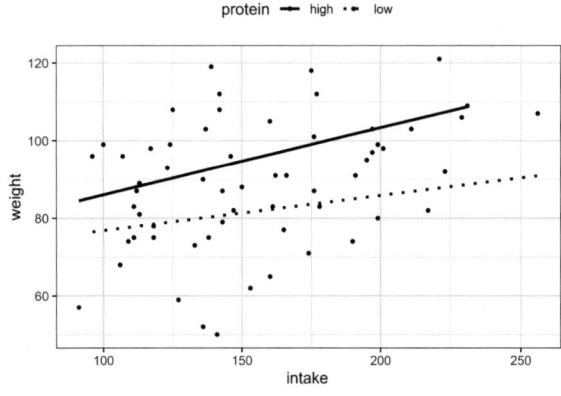

图7.2 不同protein水平下weight和intake的关系图

```
#绘制不同feed水平下,weight和intake的关系图(图7.3)
>p2<-ggplot(da2,aes(intake,weight,colour=feed))+geom_point(size=1)+geom_smooth(method='lm',aes(linetype=feed),se=
```

```
F)+theme_bw()+theme(legend.position='top')+
    scale_color_manual(name='feed',values=c('black','black',
'black'))+           #手动改变线的颜色
    scale_linetype_manual(values=c('solid','dotted','twodash'))
#手动改变线型
>p2
```

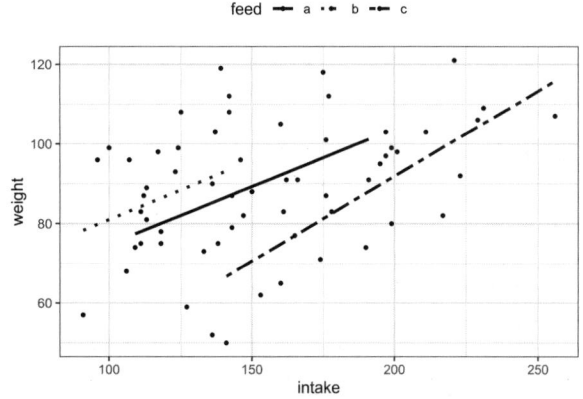

图7.3 不同feed水平下weight和intake的关系图

```
#方差齐性检验
>aov.model<-aov(weight~intake+feed*protein,da2)
>library(car)
>leveneTest(resid(aov.model)~feed*protein,da2)
Levene's Test for Homogeneity of Variance (center=median)
            Df      F-value    Pr(>F)
    group   5       0.9775     0.44
            54
#正态性检验
>shapiro.test(resid(aov.model))
Shapiro-Wilk normality test data: resid(aov.model)
W=0.98101,p-value=0.4727
```

分析结果说明：

平行性检验是检验在分类变量的不同水平下，协变量intake对试验指标的影响是否相同，由于intake和feed的交互作用不显著（$p=0.973>0.05$），intake和protein的交互作用也不显著（$p=0.316>0.05$），因此满足平行性的前提假设。由图7.2可以看出，protein的水平为high和low时两条拟合的回归直线几乎是平行的，说明intake和weight的关系不依赖于

protein 的水平；由图 7.3 可以看出，在 feed 的水平为 a、b、c 时 3 条拟合的回归直线几乎是平行的，说明则 intake 和 weight 的关系不依赖于 feed 的水平。

利用 car 包中的函数 leveneTest() 进行方差齐性检验，检验的 $p = 0.44 > 0.05$，不拒绝方差齐性的原假设，认为数据满足方差齐性；利用函数 shapiro.test() 进行正态性检验，由于 $p = 0.4727 > 0.05$，不拒绝数据服从正态分布的原假设。总之，数据满足协方差分析的假设条件。

2. 协方差分析

```
>ancova.model1<-anova_test(data=da2,weight~intake+feed+pro
tein+feed:protein,
   detailed=TRUE,effect.size='pes')
>ancova.model1
ANOVA Table (type II tests)
  Effect         DFn  DFd  SSn       SSd      F      p         pes
  intake          1   53   2996.156  8589.84  18.49  7.37e-04  0.259
  feed            2   53   1703.372  8589.84  5.25   8.00e-03  0.165
  protein         1   53   2372.91   8589.84  14.64  3.45e-04  0.216
  feed: protein   2   53   934.33    8589.84  2.88   6.50e-02  0.098
>ancova.model2<-anova_test(data=da2,weight~intake+feed+pro
tein,detailed=TRUE,
   effect.size='pes')
>ancova.model2
ANOVA Table (type II tests)
  Effect    DFn  DFd  SSn       SSd      F      p         pes
  intake     1   55   3239.96   9524.17  18.71  6.46e-05  0.254
  feed       2   55   1703.372  9524.17  4.918  1.10e-02  0.152
  protein    1   55   2372.92   9524.17  13.70  4.97e-04  0.199
```

程序说明：

利用函数 ancova_test() 进行协方差分析，协变量 x、因子 A、因子 B、以及 A 与 B 的交互作用的 R 表达式为：$y \sim x + A + B + A:B$，协变量 x 须放在前面，若参数 detailed = TRUE，则会有更多的结果输出。

输出结果分析：

由 ancova.model1 输出的协方差分析表结果知，feed 和 protein 的交互作用不显著（$p = 0.065 > 0.05$），去掉交互项后重新进行协方差分析，结果保存在对象 ancova.model 2 中，结果表明，协变量intake（进食量）对weight（增重）影响显著（$p=6.46e-05<0.01$），因此需要对weight进行校正，校正后的方差分析结果表明，feed（饲养方式）对weight（增重）影响显著（$p=0.011<0.05$），feed的偏效应量为0.152；protein对weight影响显著（$p=4.97e-04<0.001$），偏效应量为0.199。

3. 多重比较

#在feed的各水平上，对protein进行比较

```
>(pwc1<-da2%>%group_by(feed)%>%emmeans_test(weight~protein
,covariate=intake,p.adjust.method='bonferroni'))
```

feed	term	.y.	group1	group2	df	statistic	p	p.adj	p.adj.signif
a	intake*protein~weight		high	low	53	4.04	1.71e-4	1.71e-4	***
b	intake*protein~weight		high	low	53	0.709	4.82e-1	4.82e-1	ns
c	intake*protein~weight		high	low	53	1.72	9.05e-2	9.05e-2	ns

#调整后的均值

```
> get_emmeans(pwc1)
```

feed	protein	emmean	se	df	Conf.low	Conf.high	method
a	high	103	4.04	5353	94.4	111	Emmeans test
a	low	79.4	4.03	53	71.3	87.5	Emmeans test
b	high	102	5.31	53	91.1	112	Emmeans test
b	low	97.7	5.01	53	87.7	108	Emmeans test
c	high	81.2	6.03	53	69.1	93.3	Emmeans test
c	low	70.6	4.55	53	61.4	79.7	Emmeans test

#调整前均值

```
>aggregate(weight~feed*protein,data=da2,FUN=mean)
```

feed	protein	mean
a	high	101
b	high	86.9
c	high	100.5
a	low	80.2
b	low	84.9
c	low	79.7

#在protein的各水平上，对feed进行比较
(pwc2<-da3%>% group_by(protein)%>%emmeans_test(weight~feed, covariate=intake,p.adjust.method='bonferroni'))

protein	term	.y.	group1	group2	df	statistic	p	p.adj	p.adj.signif
high	intake*feed	~weight	a	b	53	0.121	9.04e-1	1	ns
high	intake*feed	~weight	a	c	53	2.85	6.15e-3	0.0185	*
high	intake*feed	~weight	b	c	53	2.10	4.03e-2	0.121	ns
low	intake*feed	~weight	a	b	53	-2.81	6.94e-3	0.0208	*
low	intake*feed	~weight	a	c	53	1.47	0.148	0.443	ns
low	intake*feed	~weight	b	c	53	3.55	8.19e-4	0.00246	**

输出结果分析：

对feed的各水平均值进行多重比较，并采用Bonferroni校正，当feed为a时，high组均值显著的高于low组（p.adj=1.71e-4<0.001）；当feed为b时，protein对weight影响不显著(p.adj=0.482>0.05)；当feed的水平为c时，protein对weight影响也不显著(p.adj=0.0905>0.05)。

当protein为high时，feed为a和c之间有显著差异（p.adj=0.0185<0.05），a显著地高于c，其余水平间没有显著差异（p.adj>0.05）；当protein为low时，a和b之间有显著差异（p.adj=0.0208<0.05），a和c之间没有显著差异（p.adj=0.443>0.05），b和c之间有显著差异（p.adj=0.00246<0.01）。

4. 协方差分析结果的可视化

#feed的各水平上，因素protein的比较（图7.4）
>pwc1<- pwc1%>% add_xy_position(x='feed',fun='mean_ci',step.increase=0.2)
>p<-ggline(get_emmeans(pwc1),x='feed',y='emmean',linetype='protein')+geom_errorbar(aes(
  ymin=conf.low,ymax=conf.high),width=0.03)
>p+stat_pvalue_manual(pwc1,hide.ns=TRUE,tip.length=0,bracket.size=0) +
  labs(title='Comparison of means')+theme(plot.title=element_text(hjust=0.5))+
  theme(legend.position=c(0.7,0.8))

#不同protein水平上，feed的多重比较（图7.5）
>pwc2<-pwc2%>%add_xy_position(x='feed',fun='mean_ci',step.increase=0.2)
>p+stat_pvalue_manual(pwc22,hide.ns=TRUE,tip.length=0,step.group.by='protein',linetype='protein')+
labs(title='Comparison of means')+
theme(plot.title=element_text(hjust=0.5))+
theme(legend.position=c(0.85,0.8))

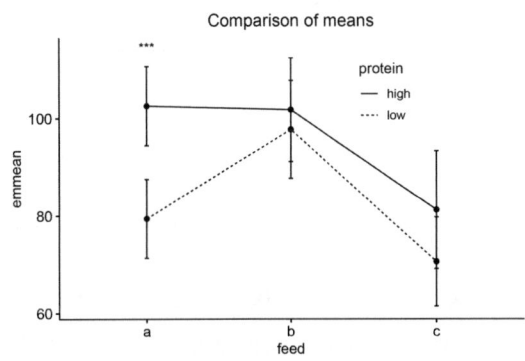

图7.4　不同feed水平上protein的多重比较

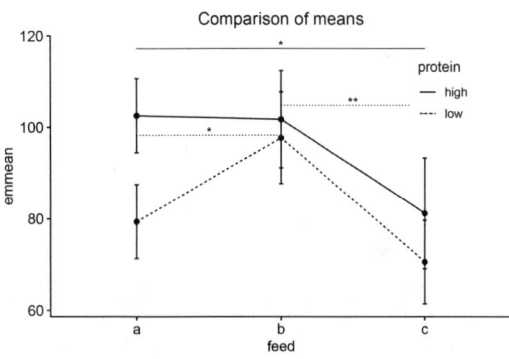

图7.5　不同protein水平上feed的多重比较

程序说明：

图7.4和图7.5中，利用函数add_xy_position()在对象中增加横纵坐标，用于标注显著性的位置；函数ggline()用于画线图，feed为横坐标，校正后的均值为纵坐标，ymin和ymax分别为置信上下限；在对象p的基础上，利用函数stat_pvalue_manual()标注显著性，hide.ns=TRUE，隐藏不显著的关系，即只标注显著的关系，tip.length定义方括号边沿的宽度，step.group.by定义分组变量，函数labs()给图形加标题、副标题等。

本章重点讲述了如何用R实现协方差分析，若影响因素多于两个，方法类似。协方差分析的前提条件为方差齐性、正态性和平行性，若不满足前提假设，可安装R的第三方包WRS2，利用函数ancova()进行稳健的协方差分析。

习题

1.研究4种不同肥料A_1、A_2、A_3、A_4对梨树单株产量的影响，选择40株果树，随机分成4组，每组包含10株梨树，每组施用1种肥料，各梨树的起始干周x（cm）和单株产量y（kg）如下：

A_1		A_2		A_3		A_4	
x	y	x	y	x	y	x	y
36	89	28	64	28	55	32	52
30	80	27	81	33	62	23	58
26	74	27	73	26	58	27	64
23	80	24	67	22	58	23	62
26	85	25	77	23	66	27	54
30	68	23	67	20	55	28	54
20	73	20	64	22	60	20	55
19	68	18	65	23	71	24	44
20	80	17	59	18	55	19	51
16	58	20	57	17	48	17	51

试分析4种肥料的单株产量是否有显著差异。

2.比较3种猪饲料A_1、A_2、A_3的增重效果,将24头小猪随机分为3组,每组8头,分别喂养3种猪饲料A_1、A_2、A_3,x为小猪的初始重量,两个月后测量小猪的增加重量y,具体数据如下:

A_1		A_2		A_3	
x	y	x	y	x	y
15	85	17	97	22	89
13	83	16	90	24	91
11	65	18	100	20	83
12	76	18	95	23	95
12	80	21	103	25	100
16	91	22	106	27	102
14	84	19	99	30	105
17	90	18	94	32	110

试分析不同猪饲料对小猪增重的影响。

3.为研究不同治疗方案(yes、no)和锻炼强度(low、moderate、high)对焦虑得分(score)的影响,score值越大,表明焦虑程度越高。将60个参试者随机分成6组,每组10人,在treatment(yes)组和treatment(no)组分别进行3种锻炼强度,3周后测试每人焦虑得分,同时记录了参试者的年龄(age),具体如下:

	treatment(yes)					treatment(no)				
exercise	age	score	exercise	age	score	exercise	age	score	exercise	age	score
low	59	95.6	moderate	62	97.2	low	68	84.9	moderate	75	100
low	65	82.2	moderate	61	78.2	low	62	96.1	moderate	54	80.5
low	70	97.2	moderate	60	78.9	low	61	94.6	moderate	57	92.9
low	66	96.4	moderate	59	91.8	low	54	82.5	moderate	62	84
low	61	81.4	moderate	55	86.9	low	59	90.7	moderate	65	88.4
low	65	83.6	moderate	57	84.1	low	63	87	moderate	60	91.1
low	57	89.4	moderate	60	88.6	low	60	86.8	moderate	58	85.7
low	61	83.8	moderate	63	89.8	low	67	93.3	moderate	61	91.3
low	58	83.3	moderate	62	87.3	low	60	87.6	moderate	65	92.3
low	55	85.7	moderate	57	85.4	low	67	92.4	moderate	57	87.9
high	58	81.8	high	60	75.1	high	56	91.7	high	53	82.4
high	56	65.8	high	55	72.3	high	58	88.6	high	60	80.1
high	57	68.1	high	53	70.9	high	58	75.8	high	62	86
high	59	70	high	55	71.5	high	58	75.7	high	61	81.8
high	59	69.9	high	58	72.5	high	52	75.3	high	61	82.5

试分析不同治疗方案和锻炼强度对焦虑程度的影响。

附 录

附表一　标准正态分布函数表 $\left(\Phi(x)=\dfrac{1}{\sqrt{2\pi}}\int_{-\infty}^{x}e^{-\frac{t^2}{2}}dt\right)$

x	0.00	0.01	0.02	0.03	0.04	0.05	0.06	0.07	0.08	0.09
0.0	0.5000	0.5040	0.5080	0.5120	0.5160	0.5199	0.5239	0.5279	0.5319	0.5359
0.1	0.5398	0.5438	0.5478	0.5517	0.5557	0.5596	0.5636	0.5675	0.5714	0.5753
0.2	0.5793	0.5832	0.5871	0.5910	0.5948	0.5987	0.6026	0.6064	0.6103	0.6141
0.3	0.6179	0.6217	0.6255	0.6293	0.6331	0.6368	0.6406	0.6443	0.6480	0.6517
0.4	0.6554	0.6591	0.6628	0.6664	0.6700	0.6736	0.6772	0.6808	0.6844	0.6879
0.5	0.6915	0.6950	0.6985	0.7019	0.7054	0.7088	0.7123	0.7157	0.7190	0.7224
0.6	0.7257	0.7291	0.7324	0.7357	0.7389	0.7422	0.7454	0.7486	0.7517	0.7549
0.7	0.7580	0.7611	0.7642	0.7673	0.7704	0.7734	0.7764	0.7794	0.7823	0.7852
0.8	0.7881	0.7910	0.7939	0.7967	0.7995	0.8023	0.8051	0.8078	0.8106	0.8133
0.9	0.8159	0.8186	0.8212	0.8238	0.8264	0.8289	0.8315	0.8340	0.8365	0.8389
1.0	0.8413	0.8438	0.8461	0.8485	0.8508	0.8531	0.8554	0.8577	0.8599	0.8621
1.1	0.8643	0.8665	0.8686	0.8708	0.8729	0.8749	0.8770	0.8790	0.8810	0.8830
1.2	0.8849	0.8869	0.8888	0.8907	0.8925	0.8944	0.8962	0.8980	0.8997	0.9015
1.3	0.9032	0.9049	0.9066	0.9082	0.9099	0.9115	0.9131	0.9147	0.9162	0.9177
1.4	0.9192	0.9207	0.9222	0.9236	0.9251	0.9265	0.9279	0.9292	0.9306	0.9319
1.5	0.9332	0.9345	0.9357	0.9370	0.9382	0.9394	0.9406	0.9418	0.9429	0.9441
1.6	0.9452	0.9463	0.9474	0.9484	0.9495	0.9505	0.9515	0.9525	0.9535	0.9545
1.7	0.9554	0.9564	0.9573	0.9582	0.9591	0.9599	0.9608	0.9616	0.9625	0.9633
1.8	0.9641	0.9649	0.9656	0.9664	0.9671	0.9678	0.9686	0.9693	0.9699	0.9706
1.9	0.9713	0.9719	0.9726	0.9732	0.9738	0.9744	0.9750	0.9756	0.9761	0.9767
2.0	0.9772	0.9778	0.9783	0.9788	0.9793	0.9798	0.9803	0.9808	0.9812	0.9817
2.1	0.9821	0.9826	0.9830	0.9834	0.9838	0.9842	0.9846	0.9850	0.9854	0.9857

（续表）

x	0.00	0.01	0.02	0.03	0.04	0.05	0.06	0.07	0.08	0.09
2.2	0.9861	0.9864	0.9868	0.9871	0.9875	0.9878	0.9881	0.9884	0.9887	0.9890
2.3	0.9893	0.9896	0.9898	0.9901	0.9904	0.9906	0.9909	0.9911	0.9913	0.9916
2.4	0.9918	0.9920	0.9922	0.9925	0.9927	0.9929	0.9931	0.9932	0.9934	0.9936
2.5	0.9938	0.9940	0.9941	0.9943	0.9945	0.9946	0.9948	0.9949	0.9951	0.9952
2.6	0.9953	0.9955	0.9956	0.9957	0.9959	0.9960	0.9961	0.9962	0.9963	0.9964
2.7	0.9965	0.9966	0.9967	0.9968	0.9969	0.9970	0.9971	0.9972	0.9973	0.9974
2.8	0.9974	0.9975	0.9976	0.9977	0.9977	0.9978	0.9979	0.9979	0.9980	0.9981
2.9	0.9981	0.9982	0.9982	0.9983	0.9984	0.9984	0.9985	0.9985	0.9986	0.9986
3.0	0.9987	0.9987	0.9987	0.9988	0.9988	0.9989	0.9989	0.9989	0.9990	0.9990
3.1	0.9990	0.9991	0.9991	0.9991	0.9992	0.9992	0.9992	0.9992	0.9993	0.9993
3.2	0.9993	0.9993	0.9994	0.9994	0.9994	0.9994	0.9994	0.9995	0.9995	0.9995
3.3	0.9995	0.9995	0.9995	0.9996	0.9996	0.9996	0.9996	0.9996	0.9996	0.9997
3.4	0.9997	0.9997	0.9997	0.9997	0.9997	0.9997	0.9997	0.9997	0.9997	0.9998
3.5	0.9998	0.9998	0.9998	0.9998	0.9998	0.9998	0.9998	0.9998	0.9998	0.9998
3.6	0.9998	0.9998	0.9999	0.9999	0.9999	0.9999	0.9999	0.9999	0.9999	0.9999
3.7	0.9999	0.9999	0.9999	0.9999	0.9999	0.9999	0.9999	0.9999	0.9999	0.9999
3.8	0.9999	0.9999	0.9999	0.9999	0.9999	0.9999	0.9999	0.9999	0.9999	0.9999
3.9	1.0000	1.0000	1.0000	1.0000	1.0000	1.0000	1.0000	1.0000	1.0000	1.0000

附表二　t值表（右尾）

自由度（df）	$\alpha = 0.25$	$\alpha = 0.10$	$\alpha = 0.05$	$\alpha = 0.025$	$\alpha = 0.01$	$\alpha = 0.005$
1	1.0000	3.0777	6.3137	12.7062	31.8210	63.6559
2	0.8165	1.8856	2.9200	4.3027	6.9645	9.9250
3	0.7649	1.6377	2.3534	3.1824	4.5407	5.8408
4	0.7407	1.5332	2.1318	2.7765	3.7469	4.6041
5	0.7267	1.4759	2.0150	2.5706	3.3649	4.0321
6	0.7176	1.4398	1.9432	2.4469	3.1427	3.7074
7	0.7111	1.4149	1.8946	2.3646	2.9979	3.4995
8	0.7064	1.3968	1.8595	2.3060	2.8965	3.3554
9	0.7027	1.3830	1.8331	2.2622	2.8214	3.2498

（续表）

自由度（df）	α = 0.25	α = 0.10	α = 0.05	α = 0.025	α = 0.01	α = 0.005
10	0.6998	1.3722	1.8125	2.2281	2.7638	3.1693
11	0.6974	1.3634	1.7959	2.2010	2.7181	3.1058
12	0.6955	1.3562	1.7823	2.1788	2.6810	3.0545
13	0.6938	1.3502	1.7709	2.1604	2.6503	3.0123
14	0.6924	1.3450	1.7613	2.1448	2.6245	2.9768
15	0.6912	1.3406	1.7531	2.1315	2.6025	2.9467
16	0.6901	1.3368	1.7459	2.1199	2.5835	2.9208
17	0.6892	1.3334	1.7396	2.1098	2.5669	2.8982
18	0.6884	1.3304	1.7341	2.1009	2.5524	2.8784
19	0.6876	1.3277	1.7291	2.0930	2.5395	2.8609
20	0.6870	1.3253	1.7247	2.0860	2.5280	2.8453
21	0.6864	1.3232	1.7207	2.0796	2.5176	2.8314
22	0.6858	1.3212	1.7171	2.0739	2.5083	2.8188
23	0.6853	1.3195	1.7139	2.0687	2.4999	2.8073
24	0.6848	1.3178	1.7109	2.0639	2.4922	2.7970
25	0.6844	1.3163	1.7081	2.0595	2.4851	2.7874
26	0.6840	1.3150	1.7056	2.0555	2.4786	2.7787
27	0.6837	1.3137	1.7033	2.0518	2.4727	2.7707
28	0.6834	1.3125	1.7011	2.0484	2.4671	2.7633
29	0.6830	1.3114	1.6991	2.0452	2.4620	2.7564
30	0.6828	1.3104	1.6973	2.0423	2.4573	2.7500
31	0.6825	1.3095	1.6955	2.0395	2.4528	2.7440
32	0.6822	1.3086	1.6939	2.0369	2.4487	2.7385
33	0.6820	1.3077	1.6924	2.0345	2.4448	2.7333
34	0.6818	1.3070	1.6909	2.0322	2.4411	2.7284
35	0.6816	1.3062	1.6896	2.0301	2.4377	2.7238
36	0.6814	1.3055	1.6883	2.0281	2.4345	2.7195
37	0.6812	1.3049	1.6871	2.0262	2.4314	2.7154
38	0.6810	1.3042	1.6860	2.0244	2.4286	2.7116
39	0.6808	1.3036	1.6849	2.0227	2.4258	2.7079
40	0.6807	1.3031	1.6839	2.0211	2.4233	2.7045

附表三 χ^2值表（右尾）

自由度(df)	$\alpha=0.995$	$\alpha=0.99$	$\alpha=0.975$	$\alpha=0.95$	$\alpha=0.90$	$\alpha=0.75$	$\alpha=0.50$	$\alpha=0.25$	$\alpha=0.10$	$\alpha=0.05$	$\alpha=0.025$	$\alpha=0.01$	$\alpha=0.005$
1	0.00004	0.00016	0.001	0.004	0.016	0.102	0.455	1.323	2.706	3.841	5.024	6.635	7.879
2	0.010	0.020	0.051	0.103	0.211	0.575	1.386	2.773	4.605	5.991	7.378	9.210	10.597
3	0.072	0.115	0.216	0.352	0.584	1.213	2.366	4.108	6.251	7.815	9.348	11.345	12.838
4	0.207	0.297	0.484	0.711	1.064	1.923	3.357	5.385	7.779	9.488	11.143	13.277	14.860
5	0.412	0.554	0.831	1.145	1.610	2.675	4.351	6.626	9.236	11.070	12.833	15.086	16.750
6	0.676	0.872	1.237	1.635	2.204	3.455	5.348	7.841	10.645	12.592	14.449	16.812	18.548
7	0.989	1.239	1.690	2.167	2.833	4.255	6.346	9.037	12.017	14.067	16.013	18.475	20.278
8	1.344	1.646	2.180	2.733	3.490	5.071	7.344	10.219	13.362	15.507	17.535	20.090	21.955
9	1.735	2.088	2.700	3.325	4.168	5.899	8.343	11.389	14.684	16.919	19.023	21.666	23.589
10	2.156	2.558	3.247	3.940	4.865	6.737	9.342	12.549	15.987	18.307	20.483	23.209	25.188
11	2.603	3.053	3.816	4.575	5.578	7.584	10.341	13.701	17.275	19.675	21.920	24.725	26.757
12	3.074	3.571	4.404	5.226	6.304	8.438	11.340	14.845	18.549	21.026	23.337	26.217	28.300
13	3.565	4.107	5.009	5.892	7.042	9.299	12.340	15.984	19.812	22.362	24.736	27.688	29.819
14	4.075	4.660	5.629	6.571	7.790	10.165	13.339	17.117	21.064	23.685	26.119	29.141	31.319
15	4.601	5.229	6.262	7.261	8.547	11.037	14.339	18.245	22.307	24.996	27.488	30.578	32.801
16	5.142	5.812	6.908	7.962	9.312	11.912	15.338	19.369	23.542	26.296	28.845	32.000	34.267
17	5.697	6.408	7.564	8.672	10.085	12.792	16.338	20.489	24.769	27.587	30.191	33.409	35.718

(续表)

自由度(df)	$\alpha=0.995$	$\alpha=0.99$	$\alpha=0.975$	$\alpha=0.95$	$\alpha=0.90$	$\alpha=0.75$	$\alpha=0.50$	$\alpha=0.25$	$\alpha=0.10$	$\alpha=0.05$	$\alpha=0.025$	$\alpha=0.01$	$\alpha=0.005$
18	6.265	7.015	8.231	9.390	10.865	13.675	17.338	21.605	25.989	28.869	31.526	34.805	37.156
19	6.844	7.633	8.907	10.117	11.651	14.562	18.338	22.718	27.204	30.144	32.852	36.191	38.582
20	7.434	8.260	9.591	10.851	12.443	15.452	19.337	23.828	28.412	31.410	34.170	37.566	39.997
21	8.034	8.897	10.283	11.591	13.240	16.344	20.337	24.935	29.615	32.671	35.479	38.932	41.401
22	8.643	9.542	10.982	12.338	14.041	17.240	21.337	26.039	30.813	33.924	36.781	40.289	42.796
23	9.260	10.196	11.689	13.091	14.848	18.137	22.337	27.141	32.007	35.172	38.076	41.638	44.181
24	9.886	10.856	12.401	13.848	15.659	19.037	23.337	28.241	33.196	36.415	39.364	42.980	45.559
25	10.520	11.524	13.120	14.611	16.473	19.939	24.337	29.339	34.382	37.652	40.646	44.314	46.928
26	11.160	12.198	13.844	15.379	17.292	20.843	25.336	30.435	35.563	38.885	41.923	45.642	48.290
27	11.808	12.879	14.573	16.151	18.114	21.749	26.336	31.528	36.741	40.113	43.195	46.963	49.645
28	12.461	13.565	15.308	16.928	18.939	22.657	27.336	32.620	37.916	41.337	44.461	48.278	50.993
29	13.121	14.256	16.047	17.708	19.768	23.567	28.336	33.711	39.087	42.557	45.722	49.588	52.336
30	13.787	14.953	16.791	18.493	20.599	24.478	29.336	34.800	40.256	43.773	46.979	50.892	53.672
31	14.458	15.655	17.539	19.281	21.434	25.390	30.336	35.887	41.422	44.985	48.232	52.191	55.003
32	15.134	16.362	18.291	20.072	22.271	26.304	31.336	36.973	42.585	46.194	49.480	53.486	56.328
33	15.815	17.074	19.047	20.867	23.110	27.219	32.336	38.058	43.745	47.400	50.725	54.776	57.648
34	16.501	17.789	19.806	21.664	23.952	28.136	33.336	39.141	44.903	48.602	51.966	56.061	58.964
35	17.192	18.509	20.569	22.465	24.797	29.054	34.336	40.223	46.059	49.802	53.203	57.342	60.275

(续表)

自由度(df)	$\alpha=0.995$	$\alpha=0.99$	$\alpha=0.975$	$\alpha=0.95$	$\alpha=0.90$	$\alpha=0.75$	$\alpha=0.50$	$\alpha=0.25$	$\alpha=0.10$	$\alpha=0.05$	$\alpha=0.025$	$\alpha=0.01$	$\alpha=0.005$
36	17.887	19.233	21.336	23.269	25.643	29.973	35.336	41.304	47.212	50.998	54.437	58.619	61.581
37	18.586	19.960	22.106	24.075	26.492	30.893	36.336	42.383	48.363	52.192	55.668	59.893	62.883
38	19.289	20.691	22.878	24.884	27.343	31.815	37.335	43.462	49.513	53.384	56.896	61.162	64.181
39	19.996	21.426	23.654	25.695	28.196	32.737	38.335	44.539	50.660	54.572	58.120	62.428	65.476
40	20.707	22.164	24.433	26.509	29.051	33.660	39.335	45.616	51.805	55.758	59.342	63.691	66.766
41	21.421	22.906	25.215	27.326	29.907	34.585	40.335	46.692	52.949	56.942	60.561	64.950	68.053
42	22.138	23.650	25.999	28.144	30.765	35.510	41.335	47.766	54.090	58.124	61.777	66.206	69.336
43	22.859	24.398	26.785	28.965	31.625	36.436	42.335	48.840	55.230	59.304	62.990	67.459	70.616
44	23.584	25.148	27.575	29.787	32.487	37.363	43.335	49.913	56.369	60.481	64.201	68.710	71.893
45	24.311	25.901	28.366	30.612	33.350	38.291	44.335	50.985	57.505	61.656	65.410	69.957	73.166
46	25.041	26.657	29.160	31.439	34.215	39.220	45.335	52.056	58.641	62.830	66.617	71.201	74.437
47	25.775	27.416	29.956	32.268	35.081	40.149	46.335	53.127	59.774	64.001	67.821	72.443	75.704
48	26.511	28.177	30.755	33.098	35.949	41.079	47.335	54.196	60.907	65.171	69.023	73.683	76.969
49	27.249	28.941	31.555	33.930	36.818	42.010	48.335	55.265	62.038	66.339	70.222	74.919	78.231
50	27.991	29.707	32.357	34.764	37.689	42.942	49.335	56.334	63.167	67.505	71.420	76.154	79.490

附表四 F值表（右尾）

$\alpha = 0.05$

df_2	df_1																		
	1	2	3	4	5	6	7	8	9	10	12	15	20	24	30	40	60	120	∞
1	161.4	199.5	215.7	224.6	230.2	234.0	236.8	238.9	240.5	241.9	243.9	245.9	248.0	249.1	250.1	251.1	252.2	253.3	254.3
2	18.51	19.00	19.16	19.25	19.30	19.33	19.35	19.37	19.38	19.40	19.41	19.43	19.45	19.45	19.46	19.47	19.48	19.49	19.50
3	10.13	9.55	9.28	9.12	9.01	8.94	8.89	8.85	8.81	8.79	8.74	8.70	8.66	8.64	8.62	8.59	8.57	8.55	8.53
4	7.71	6.94	6.59	6.39	6.26	6.16	6.09	6.04	6.00	5.96	5.91	5.86	5.80	5.77	5.75	5.72	5.69	5.66	5.63
5	6.61	5.79	5.41	5.19	5.05	4.95	4.88	4.82	4.77	4.74	4.68	4.62	4.56	4.53	4.50	4.46	4.43	4.40	4.36
6	5.99	5.14	4.76	4.53	4.39	4.28	4.21	4.15	4.10	4.06	4.00	3.94	3.87	3.84	3.81	3.77	3.74	3.70	3.67
7	5.59	4.74	4.35	4.12	3.97	3.87	3.79	3.73	3.68	3.64	3.57	3.51	3.44	3.41	3.38	3.34	3.30	3.27	3.23
8	5.32	4.46	4.07	3.84	3.69	3.58	3.50	3.44	3.39	3.35	3.28	3.22	3.15	3.12	3.08	3.04	3.01	2.97	2.93
9	5.12	4.26	3.86	3.63	3.48	3.37	3.29	3.23	3.18	3.14	3.07	3.01	2.94	2.90	2.86	2.83	2.79	2.75	2.71
10	4.96	4.10	3.71	3.48	3.33	3.22	3.14	3.07	3.02	2.98	2.91	2.85	2.77	2.74	2.70	2.66	2.62	2.58	2.54
11	4.84	3.98	3.59	3.36	3.20	3.09	3.01	2.95	2.90	2.85	2.79	2.72	2.65	2.61	2.57	2.53	2.49	2.45	2.40
12	4.75	3.89	3.49	3.26	3.11	3.00	2.91	2.85	2.80	2.75	2.69	2.62	2.54	2.51	2.47	2.43	2.38	2.34	2.30
13	4.67	3.81	3.41	3.18	3.03	2.92	2.83	2.77	2.71	2.67	2.60	2.53	2.46	2.42	2.38	2.34	2.30	2.25	2.21
14	4.60	3.74	3.34	3.11	2.96	2.85	2.76	2.70	2.65	2.60	2.53	2.46	2.39	2.35	2.31	2.27	2.22	2.18	2.13
15	4.54	3.68	3.29	3.06	2.90	2.79	2.71	2.64	2.59	2.54	2.48	2.40	2.33	2.29	2.25	2.20	2.16	2.11	2.07
16	4.49	3.63	3.24	3.01	2.85	2.74	2.66	2.59	2.54	2.49	2.42	2.35	2.28	2.24	2.19	2.15	2.11	2.06	2.01

(续表)

$\alpha = 0.05$

df_2	\	df_1																	
	1	2	3	4	5	6	7	8	9	10	12	15	20	24	30	40	60	120	∞
17	4.45	3.59	3.20	2.96	2.81	2.70	2.61	2.55	2.49	2.45	2.38	2.31	2.23	2.19	2.15	2.10	2.06	2.01	1.96
18	4.41	3.55	3.16	2.93	2.77	2.66	2.58	2.51	2.46	2.41	2.34	2.27	2.19	2.15	2.11	2.06	2.02	1.97	1.92
19	4.38	3.52	3.13	2.90	2.74	2.63	2.54	2.48	2.42	2.38	2.31	2.23	2.16	2.11	2.07	2.03	1.98	1.93	1.88
20	4.35	3.49	3.10	2.87	2.71	2.60	2.51	2.45	2.39	2.35	2.28	2.20	2.12	2.08	2.04	1.99	1.95	1.90	1.84
21	4.32	3.47	3.07	2.84	2.68	2.57	2.49	2.42	2.37	2.32	2.25	2.18	2.10	2.05	2.01	1.96	1.92	1.87	1.81
22	4.30	3.44	3.05	2.82	2.66	2.55	2.46	2.40	2.34	2.30	2.23	2.15	2.07	2.03	1.98	1.94	1.89	1.84	1.78
23	4.28	3.42	3.03	2.80	2.64	2.53	2.44	2.37	2.32	2.27	2.20	2.13	2.05	2.01	1.96	1.91	1.86	1.81	1.76
24	4.26	3.40	3.01	2.78	2.62	2.51	2.42	2.36	2.30	2.25	2.18	2.11	2.03	1.98	1.94	1.89	1.84	1.79	1.73
25	4.24	3.39	2.99	2.76	2.60	2.49	2.40	2.34	2.28	2.24	2.16	2.09	2.01	1.96	1.92	1.87	1.82	1.77	1.71
26	4.23	3.37	2.98	2.74	2.59	2.47	2.39	2.32	2.27	2.22	2.15	2.07	1.99	1.95	1.90	1.85	1.80	1.75	1.69
27	4.21	3.35	2.96	2.73	2.57	2.46	2.37	2.31	2.25	2.20	2.13	2.06	1.97	1.93	1.88	1.84	1.79	1.73	1.67
28	4.20	3.34	2.95	2.71	2.56	2.45	2.36	2.29	2.24	2.19	2.12	2.04	1.96	1.91	1.87	1.82	1.77	1.71	1.65
29	4.18	3.33	2.93	2.70	2.55	2.43	2.35	2.28	2.22	2.18	2.10	2.03	1.94	1.90	1.85	1.81	1.75	1.70	1.64
30	4.17	3.32	2.92	2.69	2.53	2.42	2.33	2.27	2.21	2.16	2.09	2.01	1.93	1.89	1.84	1.79	1.74	1.68	1.62
40	4.08	3.23	2.84	2.61	2.45	2.34	2.25	2.18	2.12	2.08	2.00	1.92	1.84	1.79	1.74	1.69	1.64	1.58	1.51
60	4.00	3.15	2.76	2.53	2.37	2.25	2.17	2.10	2.04	1.99	1.92	1.84	1.75	1.70	1.65	1.59	1.53	1.47	1.39
120	3.92	3.07	2.68	2.45	2.29	2.18	2.09	2.02	1.96	1.91	1.83	1.75	1.66	1.61	1.55	1.50	1.43	1.35	1.25
∞	3.84	3.00	2.60	2.37	2.21	2.10	2.01	1.94	1.88	1.83	1.75	1.67	1.57	1.52	1.46	1.39	1.32	1.22	1.00

（续表）

$\alpha = 0.025$

df_2	df_1																		
	1	2	3	4	5	6	7	8	9	10	12	15	20	24	30	40	60	120	∞
1	647.8	799.5	864.2	899.6	921.8	937.1	948.2	956.7	963.3	968.6	976.7	984.9	993.1	997.2	1001	1006	1010	1014	1018
2	38.51	39.00	39.17	39.25	39.30	39.33	39.36	39.37	39.39	39.40	39.41	39.43	39.45	39.46	39.46	39.47	39.48	39.49	39.50
3	17.44	16.04	15.44	15.10	14.88	14.73	14.62	14.54	14.47	14.42	14.34	14.25	14.17	14.12	14.08	14.04	13.99	13.95	13.90
4	12.22	10.65	9.98	9.60	9.36	9.20	9.07	8.98	8.90	8.84	8.75	8.66	8.56	8.51	8.46	8.41	8.36	8.31	8.26
5	10.01	8.43	7.76	7.39	7.15	6.98	6.85	6.76	6.68	6.62	6.52	6.43	6.33	6.28	6.23	6.18	6.12	6.07	6.02
6	8.81	7.26	6.60	6.23	5.99	5.82	5.70	5.60	5.52	5.46	5.37	5.27	5.17	5.12	5.07	5.01	4.96	4.90	4.85
7	8.07	6.54	5.89	5.52	5.29	5.12	4.99	4.90	4.82	4.76	4.67	4.57	4.47	4.41	4.36	4.31	4.25	4.20	4.14
8	7.57	6.06	5.42	5.05	4.82	4.65	4.53	4.43	4.36	4.30	4.20	4.10	4.00	3.95	3.89	3.84	3.78	3.73	3.67
9	7.21	5.71	5.08	4.72	4.48	4.32	4.20	4.10	4.03	3.96	3.87	3.77	3.67	3.61	3.56	3.51	3.45	3.39	3.33
10	6.94	5.46	4.83	4.47	4.24	4.07	3.95	3.85	3.78	3.72	3.62	3.52	3.42	3.37	3.31	3.26	3.20	3.14	3.08
11	6.72	5.26	4.63	4.28	4.04	3.88	3.76	3.66	3.59	3.53	3.43	3.33	3.23	3.17	3.12	3.06	3.00	2.94	2.88
12	6.55	5.10	4.47	4.12	3.89	3.73	3.61	3.51	3.44	3.37	3.28	3.18	3.07	3.02	2.96	2.91	2.85	2.79	2.72
13	6.41	4.97	4.35	4.00	3.77	3.60	3.48	3.39	3.31	3.25	3.15	3.05	2.95	2.89	2.84	2.78	2.72	2.66	2.60
14	6.30	4.86	4.24	3.89	3.66	3.50	3.38	3.29	3.21	3.15	3.05	2.95	2.84	2.79	2.73	2.67	2.61	2.55	2.49
15	6.20	4.77	4.15	3.80	3.58	3.41	3.29	3.20	3.12	3.06	2.96	2.86	2.76	2.70	2.64	2.59	2.52	2.46	2.40
16	6.12	4.69	4.08	3.73	3.50	3.34	3.22	3.12	3.05	2.99	2.89	2.79	2.68	2.63	2.57	2.51	2.45	2.38	2.32
17	6.04	4.62	4.01	3.66	3.44	3.28	3.16	3.06	2.98	2.92	2.82	2.72	2.62	2.56	2.50	2.44	2.38	2.32	2.25

(续表)

$\alpha = 0.025$

df_2	df_1																
	1	2	3	4	5	6	7	8	9	10	12	15	20	24	30	40	60	120	∞
18	5.98	4.56	3.95	3.61	3.38	3.22	3.10	3.01	2.93	2.87	2.77	2.67	2.56	2.50	2.44	2.38	2.32	2.26	2.19
19	5.92	4.51	3.90	3.56	3.33	3.17	3.05	2.96	2.88	2.82	2.72	2.62	2.51	2.45	2.39	2.33	2.27	2.20	2.13
20	5.87	4.46	3.86	3.51	3.29	3.13	3.01	2.91	2.84	2.77	2.68	2.57	2.46	2.41	2.35	2.29	2.22	2.16	2.09
21	5.83	4.42	3.82	3.48	3.25	3.09	2.97	2.87	2.80	2.73	2.64	2.53	2.42	2.37	2.31	2.25	2.18	2.11	2.04
22	5.79	4.38	3.78	3.44	3.22	3.05	2.93	2.84	2.76	2.70	2.60	2.50	2.39	2.33	2.27	2.21	2.14	2.08	2.00
23	5.75	4.35	3.75	3.41	3.18	3.02	2.90	2.81	2.73	2.67	2.57	2.47	2.36	2.30	2.24	2.18	2.11	2.04	1.97
24	5.72	4.32	3.72	3.38	3.15	2.99	2.87	2.78	2.70	2.64	2.54	2.44	2.33	2.27	2.21	2.15	2.08	2.01	1.94
25	5.69	4.29	3.69	3.35	3.13	2.97	2.85	2.75	2.68	2.61	2.51	2.41	2.30	2.24	2.18	2.12	2.05	1.98	1.91
26	5.66	4.27	3.67	3.33	3.10	2.94	2.82	2.73	2.65	2.59	2.49	2.39	2.28	2.22	2.16	2.09	2.03	1.95	1.88
27	5.63	4.24	3.65	3.31	3.08	2.92	2.80	2.71	2.63	2.57	2.47	2.36	2.25	2.19	2.13	2.07	2.00	1.93	1.85
28	5.61	4.22	3.63	3.29	3.06	2.90	2.78	2.69	2.61	2.55	2.45	2.34	2.23	2.17	2.11	2.05	1.98	1.91	1.83
29	5.59	4.20	3.61	3.27	3.04	2.88	2.76	2.67	2.59	2.53	2.43	2.32	2.21	2.15	2.09	2.03	1.96	1.89	1.81
30	5.57	4.18	3.59	3.25	3.03	2.87	2.75	2.65	2.57	2.51	2.41	2.31	2.20	2.14	2.07	2.01	1.94	1.87	1.79
40	5.42	4.05	3.46	3.13	2.90	2.74	2.62	2.53	2.45	2.39	2.29	2.18	2.07	2.01	1.94	1.88	1.80	1.72	1.64
60	5.29	3.93	3.34	3.01	2.79	2.63	2.51	2.41	2.33	2.27	2.17	2.06	1.94	1.88	1.82	1.74	1.67	1.58	1.48
120	5.15	3.80	3.23	2.89	2.67	2.52	2.39	2.30	2.22	2.16	2.05	1.94	1.82	1.76	1.69	1.61	1.53	1.43	1.31
∞	5.02	3.69	3.12	2.79	2.57	2.41	2.29	2.19	2.11	2.05	1.94	1.83	1.71	1.64	1.57	1.48	1.39	1.27	1.00

(续表)

$\alpha = 0.01$

df_2	df_1																	
	1	2	3	4	5	6	7	8	9	10	12	15	20	24	30	40	60	120	∞
1	4052	4999	5403	5625	5764	5859	5928	5981	6022	6056	6106	6157	6209	6235	6261	6287	6313	6339	6366
2	98.50	99.00	99.17	99.25	99.30	99.33	99.36	99.37	99.39	99.40	99.42	99.43	99.45	99.46	99.47	99.47	99.48	99.49	99.50
3	34.12	30.82	29.46	28.71	28.24	27.91	27.67	27.49	27.35	27.23	27.05	26.87	26.69	26.60	26.50	26.41	26.32	26.22	26.13
4	21.20	18.00	16.69	15.98	15.52	15.21	14.98	14.80	14.66	14.55	14.37	14.20	14.02	13.93	13.84	13.75	13.65	13.56	13.46
5	16.26	13.27	12.06	11.39	10.97	10.67	10.46	10.29	10.16	10.05	9.89	9.72	9.55	9.47	9.38	9.29	9.20	9.11	9.02
6	13.75	10.92	9.78	9.15	8.75	8.47	8.26	8.10	7.98	7.87	7.72	7.56	7.40	7.31	7.23	7.14	7.06	6.97	6.88
7	12.25	9.55	8.45	7.85	7.46	7.19	6.99	6.84	6.72	6.62	6.47	6.31	6.16	6.07	5.99	5.91	5.82	5.74	5.65
8	11.26	8.65	7.59	7.01	6.63	6.37	6.18	6.03	5.91	5.81	5.67	5.52	5.36	5.28	5.20	5.12	5.03	4.95	4.86
9	10.56	8.02	6.99	6.42	6.06	5.80	5.61	5.47	5.35	5.26	5.11	4.96	4.81	4.73	4.65	4.57	4.48	4.40	4.31
10	10.04	7.56	6.55	5.99	5.64	5.39	5.20	5.06	4.94	4.85	4.71	4.56	4.41	4.33	4.25	4.17	4.08	4.00	3.91
11	9.65	7.21	6.22	5.67	5.32	5.07	4.89	4.74	4.63	4.54	4.40	4.25	4.10	4.02	3.94	3.86	3.78	3.69	3.60
12	9.33	6.93	5.95	5.41	5.06	4.82	4.64	4.50	4.39	4.30	4.16	4.01	3.86	3.78	3.70	3.62	3.54	3.45	3.36
13	9.07	6.70	5.74	5.21	4.86	4.62	4.44	4.30	4.19	4.10	3.96	3.82	3.66	3.59	3.51	3.43	3.34	3.25	3.17
14	8.86	6.51	5.56	5.04	4.69	4.46	4.28	4.14	4.03	3.94	3.80	3.66	3.51	3.43	3.35	3.27	3.18	3.09	3.00
15	8.68	6.36	5.42	4.89	4.56	4.32	4.14	4.00	3.89	3.80	3.67	3.52	3.37	3.29	3.21	3.13	3.05	2.96	2.87
16	8.53	6.23	5.29	4.77	4.44	4.20	4.03	3.89	3.78	3.69	3.55	3.41	3.26	3.18	3.10	3.02	2.93	2.84	2.75
17	8.40	6.11	5.18	4.67	4.34	4.10	3.93	3.79	3.68	3.59	3.46	3.31	3.16	3.08	3.00	2.92	2.83	2.75	2.65

(续表)

$\alpha = 0.01$

df_2	df_1																	
	1	2	3	4	5	6	7	8	9	10	12	15	20	24	30	40	60	120	∞
18	8.29	6.01	5.09	4.58	4.25	4.01	3.84	3.71	3.60	3.51	3.37	3.23	3.08	3.00	2.92	2.84	2.75	2.66	2.57
19	8.18	5.93	5.01	4.50	4.17	3.94	3.77	3.63	3.52	3.43	3.30	3.15	3.00	2.92	2.84	2.76	2.67	2.58	2.49
20	8.10	5.85	4.94	4.43	4.10	3.87	3.70	3.56	3.46	3.37	3.23	3.09	2.94	2.86	2.78	2.69	2.61	2.52	2.42
21	8.02	5.78	4.87	4.37	4.04	3.81	3.64	3.51	3.40	3.31	3.17	3.03	2.88	2.80	2.72	2.64	2.55	2.46	2.36
22	7.95	5.72	4.82	4.31	3.99	3.76	3.59	3.45	3.35	3.26	3.12	2.98	2.83	2.75	2.67	2.58	2.50	2.40	2.31
23	7.88	5.66	4.76	4.26	3.94	3.71	3.54	3.41	3.30	3.21	3.07	2.93	2.78	2.70	2.62	2.54	2.45	2.35	2.26
24	7.82	5.61	4.72	4.22	3.90	3.67	3.50	3.36	3.26	3.17	3.03	2.89	2.74	2.66	2.58	2.49	2.40	2.31	2.21
25	7.77	5.57	4.68	4.18	3.85	3.63	3.46	3.32	3.22	3.13	2.99	2.85	2.70	2.62	2.54	2.45	2.36	2.27	2.17
26	7.72	5.53	4.64	4.14	3.82	3.59	3.42	3.29	3.18	3.09	2.96	2.81	2.66	2.58	2.50	2.42	2.33	2.23	2.13
27	7.68	5.49	4.60	4.11	3.78	3.56	3.39	3.26	3.15	3.06	2.93	2.78	2.63	2.55	2.47	2.38	2.29	2.20	2.10
28	7.64	5.45	4.57	4.07	3.75	3.53	3.36	3.23	3.12	3.03	2.90	2.75	2.60	2.52	2.44	2.35	2.26	2.17	2.06
29	7.60	5.42	4.54	4.04	3.73	3.50	3.33	3.20	3.09	3.00	2.87	2.73	2.57	2.49	2.41	2.33	2.23	2.14	2.03
30	7.56	5.39	4.51	4.02	3.70	3.47	3.30	3.17	3.07	2.98	2.84	2.70	2.55	2.47	2.39	2.30	2.21	2.11	2.01
40	7.31	5.18	4.31	3.83	3.51	3.29	3.12	2.99	2.89	2.80	2.66	2.52	2.37	2.29	2.20	2.11	2.02	1.92	1.80
60	7.08	4.98	4.13	3.65	3.34	3.12	2.95	2.82	2.72	2.63	2.50	2.35	2.20	2.12	2.03	1.94	1.84	1.73	1.60
120	6.85	4.79	3.95	3.48	3.17	2.96	2.79	2.66	2.56	2.47	2.34	2.19	2.03	1.95	1.86	1.76	1.66	1.53	1.38
∞	6.63	4.61	3.78	3.32	3.02	2.80	2.64	2.51	2.41	2.32	2.18	2.04	1.88	1.79	1.70	1.59	1.47	1.32	1.00

附表五 秩和检验表

表中列出了秩和下限T_1和上限T_2的值

			$\alpha=0.05$							$\alpha=0.025$				
m	n	T_1	T_2	m	n	T_1	T_2	m	n	T_1	T_2	m	n	T_1	T_2
2	4	3	11	5	5	19	36	2	6	3	15	5	6	19	41
2	5	3	13	5	6	20	40	2	7	3	17	5	7	20	45
2	6	4	14	5	7	22	43	2	8	3	19	5	8	21	49
2	7	4	16	5	8	23	47	2	9	3	21	5	9	22	53
2	8	4	18	5	9	25	50	2	10	4	22	5	10	24	56
2	9	4	20	5	10	26	54	3	4	6	18	6	6	26	52
2	10	5	21	6	6	28	50	3	5	6	21	6	7	28	56
3	3	6	15	6	7	30	54	3	6	7	23	6	8	29	61
3	4	7	17	6	8	32	58	3	7	8	25	6	9	31	65
3	5	7	20	6	9	33	63	3	8	8	28	6	10	33	69
3	6	8	22	6	10	35	67	3	9	9	30	7	7	37	68
3	7	9	24	7	7	39	66	3	10	9	33	7	8	39	73
3	8	9	27	7	8	41	71	4	4	11	25	7	10	43	83
3	9	10	29	7	9	43	76	4	5	12	28	8	8	49	87
3	10	11	31	7	10	46	80	4	6	12	32	8	9	51	93
4	4	12	24	8	8	52	84	4	7	13	35	8	10	54	98
4	5	13	27	8	9	54	90	4	8	14	38	9	9	63	108
4	6	14	30	8	10	57	95	4	9	15	41	9	10	66	114
4	7	15	33	9	9	66	105	4	10	16	44	10	10	79	131
4	8	16	36	9	10	69	111	5	5	18	37				
4	9	17	39	10	10	93	127								
4	10	18	42												

附表六 多重比较中的 $q_\alpha(p, f)$ 表

$\alpha=0.05$

f \ p	2	3	4	5	6	7	8	9	10	11	12	13	14	15	16	17	18	19	20	f
1	17.97	26.82	32.82	37.08	40.41	43.12	45.40	47.36	49.07	50.59	51.96	53.20	54.33	55.36	56.32	57.22	58.04	58.83	59.56	1
2	6.08	8.33	9.80	10.88	11.74	12.44	13.03	13.54	13.99	14.39	14.75	15.08	15.38	15.65	15.91	16.14	16.37	16.57	16.77	2
3	4.50	5.91	6.82	7.50	8.04	4.48	8.85	9.18	9.46	9.72	9.95	10.15	10.35	10.52	10.69	10.84	10.98	11.11	11.24	3
4	3.93	5.04	5.76	6.29	6.71	7.05	7.35	7.60	7.83	8.03	8.21	8.37	8.52	8.66	8.79	8.91	9.03	9.13	9.23	4
5	3.64	4.60	5.22	5.67	6.03	6.33	6.58	6.80	6.99	7.17	7.32	7.47	7.60	7.72	7.83	7.93	8.03	8.12	8.21	5
6	3.46	4.34	4.90	5.30	5.63	5.90	6.12	6.32	6.49	6.65	6.79	6.92	7.03	7.14	7.24	7.34	7.43	7.51	7.59	6
7	3.34	4.16	4.68	5.06	5.36	5.61	5.82	6.00	6.16	6.30	6.43	6.55	6.66	6.76	6.85	6.94	7.02	7.10	7.17	7
8	3.26	4.04	4.53	4.89	5.17	5.40	5.60	5.77	5.92	6.05	6.18	6.29	6.39	6.48	6.57	6.65	6.73	6.80	6.87	8
9	3.20	3.95	4.41	4.76	5.02	5.24	5.43	5.59	5.74	5.87	5.98	6.09	6.19	6.28	6.36	6.44	6.51	6.58	6.64	9
10	3.15	3.88	4.33	4.65	4.91	5.12	5.30	5.46	5.60	5.72	5.85	5.93	6.03	6.11	6.19	6.27	6.34	6.40	6.47	10
11	3.11	3.82	4.26	4.57	4.82	5.03	5.20	5.35	5.49	5.61	5.71	5.81	5.90	5.98	6.06	6.13	6.20	6.27	6.33	11
12	3.08	3.77	4.20	4.51	4.75	4.95	5.12	5.27	5.39	5.51	5.61	5.71	5.80	5.88	5.95	6.02	6.09	6.15	6.21	12
13	3.06	3.73	4.15	4.45	4.69	4.88	5.05	5.19	5.32	5.43	5.53	5.63	5.71	5.79	5.86	5.93	5.99	6.05	6.11	13
14	3.03	3.70	4.11	4.41	4.64	4.83	4.99	5.13	5.25	5.36	5.46	5.55	5.64	5.71	5.79	5.85	5.91	5.97	6.03	14
15	3.01	3.67	4.08	4.37	4.59	4.78	4.94	5.08	5.20	5.31	5.40	5.49	5.57	5.65	5.72	5.78	5.85	5.90	5.96	15
16	3.00	3.65	4.05	4.33	4.56	4.74	4.90	5.03	5.15	5.26	5.35	5.44	5.52	5.59	5.66	5.73	5.79	5.84	5.90	16
17	2.98	3.63	4.02	4.30	4.52	4.70	4.86	4.99	5.11	5.21	5.31	5.39	5.47	5.54	5.61	5.67	5.73	5.79	5.84	17
18	2.97	3.61	4.00	4.28	4.49	4.67	4.82	4.96	5.07	5.17	5.27	5.35	5.43	5.50	5.57	5.63	5.69	5.74	5.79	18
19	2.96	3.59	3.98	4.25	4.47	4.65	4.79	4.92	5.04	5.14	5.23	5.31	5.39	5.46	5.53	5.59	5.65	5.70	5.75	19
20	2.95	3.58	3.96	4.23	4.45	4.62	4.77	4.90	5.01	5.11	5.20	5.28	5.36	5.43	5.49	5.55	5.61	5.66	5.71	20
24	2.92	3.53	3.90	4.17	4.37	4.54	4.68	4.81	4.92	5.01	5.10	5.18	5.25	5.32	5.38	5.44	5.49	5.55	5.59	24
30	2.89	3.49	3.85	4.10	4.30	4.46	4.60	4.72	4.82	4.92	5.00	5.08	5.15	5.21	5.27	5.33	5.38	5.43	5.47	30
40	2.86	3.44	3.79	4.04	4.23	4.39	4.52	4.63	4.73	4.82	4.90	4.98	5.04	5.11	5.16	5.22	5.27	5.31	5.36	40
60	2.83	3.40	3.74	3.98	4.16	4.31	4.44	4.55	4.65	4.73	4.81	4.88	4.94	5.00	5.06	5.11	5.15	5.20	5.24	60
120	2.80	3.36	3.68	3.92	4.10	4.24	4.36	4.47	4.56	4.64	4.71	4.78	4.84	4.90	4.95	5.00	5.04	5.09	5.13	120
∞	2.77	3.31	3.63	3.86	4.03	4.17	4.29	4.39	4.47	4.55	4.62	4.68	4.74	4.80	4.85	4.89	4.93	4.97	5.01	∞

$\alpha=0.01$

f	p																				f
	2	3	4	5	6	7	8	9	10	11	12	13	14	15	16	17	18	19	20		
1	90.03	135.0	164.3	185.6	202.2	215.8	227.2	237.0	245.6	253.2	260.0	266.2	271.8	277.0	281.8	286.3	290.4	294.3	298.0	1
2	14.04	19.02	22.29	24.72	26.63	28.20	29.53	30.68	31.69	32.59	33.40	34.13	34.81	35.43	36.00	36.53	37.03	37.50	37.95	2
3	8.26	10.62	22.17	13.33	14.24	15.00	15.64	16.20	16.69	17.13	17.53	17.89	18.22	18.52	18.81	19.07	19.32	19.55	19.77	3
4	6.51	8.12	9.17	9.96	10.58	11.10	11.55	11.93	12.27	12.57	12.84	13.09	13.32	13.53	13.73	13.91	14.08	14.24	14.40	4
5	5.70	6.98	7.80	8.42	8.91	9.32	9.67	9.97	10.24	10.48	10.70	10.89	11.08	11.24	11.40	11.55	11.68	11.81	11.93	5
6	5.24	6.33	7.03	7.56	7.97	8.32	8.61	8.87	9.10	9.30	9.48	9.65	9.81	9.95	10.08	10.21	10.32	10.43	10.54	6
7	4.95	5.92	6.54	7.01	7.37	7.68	7.94	8.17	8.37	8.55	8.71	8.86	9.00	9.12	9.24	9.35	9.46	9.55	9.65	7
8	4.75	5.64	6.20	6.62	6.96	7.24	7.47	7.68	7.86	8.03	8.18	8.31	8.44	8.55	8.66	8.76	8.85	8.94	9.03	8
9	4.60	5.43	5.96	6.35	6.66	6.91	7.13	7.33	7.49	7.65	7.78	7.91	8.03	8.13	8.23	8.33	8.41	8.49	8.57	9
10	4.48	5.27	5.77	6.14	6.43	6.67	6.87	7.05	7.21	7.36	7.49	7.60	7.71	7.81	7.91	7.99	8.08	8.15	8.23	10
11	4.39	5.15	5.62	5.97	6.25	6.48	6.67	6.84	6.99	7.13	7.25	7.36	7.46	7.56	7.65	7.73	7.81	7.88	7.95	11
12	4.32	5.05	5.50	5.84	6.10	6.32	6.51	6.67	6.81	6.94	7.06	7.17	7.26	7.36	7.44	7.52	7.59	7.66	7.73	12
13	4.26	4.96	5.40	5.73	5.98	6.19	6.37	6.53	6.67	6.79	6.90	7.01	7.10	7.19	7.27	7.35	7.42	7.48	7.55	13
14	4.21	4.89	5.32	5.63	5.88	6.08	6.26	6.41	6.54	6.66	6.77	6.87	6.96	7.05	7.13	7.20	7.27	7.33	7.39	14
15	4.17	4.84	5.25	5.56	5.80	5.99	6.16	6.31	6.44	6.55	6.66	6.76	6.84	6.93	7.00	7.07	7.14	7.20	7.26	15
16	4.13	4.79	5.19	5.49	5.72	5.92	6.08	6.22	6.35	6.46	6.56	6.66	6.74	6.82	6.90	6.97	7.03	7.09	7.15	16
17	4.10	4.74	5.14	5.43	5.66	5.85	6.01	6.15	6.27	6.38	6.48	6.57	6.66	6.73	6.81	6.87	6.94	7.00	7.05	17
18	4.07	4.70	5.09	5.38	5.60	5.79	5.94	6.08	6.20	6.31	6.41	6.50	6.58	6.65	6.73	6.79	6.85	6.91	6.97	18
19	4.05	4.67	5.05	5.33	5.55	5.73	5.89	6.02	6.14	6.25	6.34	6.43	6.51	6.58	6.65	6.72	6.78	6.84	6.89	19
20	4.02	4.64	5.02	5.29	5.51	5.69	5.84	5.97	6.09	6.19	6.28	6.37	6.45	6.52	6.59	6.65	6.71	6.76	6.82	20
24	3.96	4.55	4.91	5.17	5.37	5.54	5.69	5.81	5.92	6.02	6.11	6.19	6.26	6.33	6.39	6.45	6.51	6.56	6.61	24
30	3.89	4.45	4.80	5.05	5.24	5.40	5.54	5.65	5.76	5.85	5.93	6.01	6.08	6.14	6.20	6.26	6.31	6.36	6.41	30
40	3.82	4.37	4.70	4.93	5.11	5.26	5.39	5.50	5.60	5.69	5.76	5.83	5.90	5.96	6.02	6.07	6.12	6.16	6.21	40
60	3.76	4.28	4.59	4.82	4.99	5.13	5.25	5.36	5.45	5.53	5.60	5.67	5.73	5.78	5.84	5.89	5.93	5.97	6.01	60
120	3.70	4.20	4.50	4.71	4.87	5.01	5.12	5.21	5.30	5.37	5.44	5.50	5.56	5.61	5.66	5.71	5.75	5.79	5.83	120
∞	3.64	4.12	4.40	4.60	4.76	4.88	4.99	5.08	5.16	5.23	5.29	5.35	5.40	5.45	5.49	5.54	5.57	5.61	5.65	∞

附表七 新复极差检验SSR值表

（上为$SSR_{0.05}$，下为$SSR_{0.01}$）

df	检验极差的平均数的个数												
	2	3	4	5	6	7	8	9	10	12	14	16	18	20
3	4.50	4.52	4.52	4.52	4.52	4.52	4.52	4.52	4.52	4.52	4.52	4.52	4.52	4.52
	8.26	8.32	8.32	8.32	8.32	8.32	8.32	8.32	8.32	8.32	8.32	8.32	8.32	8.32
4	3.93	4.01	4.03	4.03	4.03	4.03	4.03	4.03	4.03	4.03	4.03	4.03	4.03	4.03
	6.51	6.68	6.74	6.76	6.76	6.76	6.76	6.76	6.76	6.76	6.76	6.76	6.76	6.76
5	3.64	3.75	3.80	3.81	3.81	3.81	3.81	3.81	3.81	3.81	3.81	3.81	3.81	3.81
	5.70	5.89	6.00	6.04	6.06	6.07	6.07	6.07	6.07	6.07	6.07	6.07	6.07	6.07
6	3.46	3.59	3.65	3.68	3.69	3.70	3.70	3.70	3.70	3.70	3.70	3.70	3.70	3.70
	5.25	5.44	5.55	5.61	5.66	5.68	5.69	5.70	5.70	5.70	5.70	5.70	5.70	5.70
7	3.34	3.48	3.55	3.59	3.61	3.62	3.63	3.63	3.63	3.63	3.63	3.63	3.63	3.63
	4.95	5.14	5.26	5.33	5.38	5.42	5.44	5.46	5.46	5.47	5.47	5.47	5.47	5.47
8	3.26	3.40	3.48	3.52	3.55	3.57	3.58	3.58	3.58	3.58	3.58	3.58	3.58	3.58
	4.75	4.94	5.06	5.14	5.19	5.23	5.26	5.28	5.29	5.31	5.32	5.32	5.32	5.32
9	3.20	3.34	3.42	3.47	3.50	3.52	3.54	3.54	3.55	3.55	3.55	3.55	3.55	3.55
	4.60	4.79	4.91	4.99	5.04	5.09	5.12	5.14	5.16	5.18	5.20	5.20	5.21	5.21
10	3.15	3.29	3.38	3.43	3.46	3.49	3.50	3.52	3.52	3.53	3.53	3.53	3.53	3.53
	4.48	4.67	4.79	4.87	4.93	4.98	5.01	5.04	5.06	5.09	5.11	5.12	5.12	5.12
11	3.11	3.26	3.34	3.40	3.44	3.46	3.48	3.49	3.50	3.51	3.51	3.51	3.51	3.51
	4.39	4.58	4.70	4.78	4.84	4.89	4.92	4.95	4.98	5.01	5.03	5.04	5.05	5.06
12	3.08	3.22	3.31	3.37	3.41	3.44	3.46	3.47	3.48	3.50	3.50	3.50	3.50	3.50
	4.32	4.50	4.62	4.71	4.77	4.82	4.85	4.88	4.91	4.94	4.97	4.99	5.00	5.01
13	3.06	3.20	3.29	3.35	3.39	3.42	3.44	3.46	3.47	3.48	3.49	3.49	3.49	3.49
	4.26	4.44	4.56	4.64	4.71	4.76	4.79	4.82	4.85	4.89	4.92	4.94	4.95	4.96
14	3.03	3.18	3.27	3.33	3.37	3.40	3.43	3.44	3.46	3.47	3.48	3.48	3.48	3.48
	4.21	4.39	4.51	4.59	4.65	4.70	4.74	4.78	4.80	4.84	4.87	4.89	4.91	4.92

(续表)

df	检验极差的平均数的个数													
	2	3	4	5	6	7	8	9	10	12	14	16	18	20
15	3.01	3.16	3.25	3.31	3.36	3.39	3.41	3.43	3.45	3.46	3.48	3.48	3.48	3.48
	4.17	4.35	4.46	4.55	4.61	4.66	4.70	4.73	4.76	4.80	4.83	4.86	4.87	4.89
16	3.00	3.14	3.24	3.30	3.34	3.38	3.40	3.42	3.44	3.46	3.47	3.48	3.48	3.48
	4.13	4.31	4.42	4.51	4.57	4.62	4.66	4.70	4.72	4.77	4.80	4.82	4.84	4.86
17	2.98	3.13	3.22	3.28	3.33	3.37	3.39	3.41	3.43	3.45	3.46	3.47	3.48	3.48
	4.10	4.28	4.39	4.48	4.54	4.59	4.63	4.66	4.69	4.74	4.77	4.80	4.82	4.83
18	2.97	3.12	3.21	3.27	3.32	3.36	3.38	3.40	3.42	3.44	3.46	3.47	3.47	3.47
	4.07	4.25	4.36	4.44	4.51	4.56	4.60	4.64	4.66	4.71	4.74	4.77	4.79	4.81
19	2.98	3.11	3.20	3.26	3.31	3.35	3.38	3.40	3.42	3.44	3.46	3.47	3.47	3.47
	4.05	4.22	4.34	4.42	4.48	4.53	4.58	4.61	4.64	4.69	4.72	4.75	4.77	4.79
20	2.95	3.10	3.19	3.26	3.30	3.34	3.37	3.39	3.41	3.44	3.45	3.46	3.47	3.47
	4.02	4.20	4.31	4.40	4.46	4.51	4.55	4.59	4.62	4.66	4.70	4.73	4.75	4.77
24	2.92	3.07	3.16	3.23	3.28	3.32	3.34	3.37	3.39	3.42	3.44	3.46	3.46	3.47
	3.96	4.13	4.24	4.32	4.39	4.44	4.48	4.52	4.55	4.60	4.63	4.66	4.69	4.71
30	2.89	3.04	3.13	3.20	3.25	3.29	3.32	3.35	3.37	3.40	3.43	3.44	3.46	3.47
	3.89	4.06	4.17	4.25	4.31	4.37	4.41	4.44	4.48	4.53	4.57	4.60	4.63	4.65
40	2.86	3.01	3.10	3.17	3.22	3.27	3.30	3.33	3.35	3.39	3.42	3.44	3.46	3.47
	3.82	3.99	4.10	4.18	4.24	4.30	4.34	4.38	4.41	4.46	4.50	4.54	4.57	4.59
60	2.83	2.98	3.07	3.14	3.20	3.24	3.28	3.31	3.33	3.37	3.41	3.43	3.45	3.47
	3.76	3.92	4.03	4.11	4.17	4.23	4.27	4.31	4.34	4.39	4.44	4.47	4.50	4.53
120	2.80	2.95	3.04	3.12	3.17	3.22	3.25	3.29	3.31	3.36	3.39	3.42	3.45	3.47
	3.70	3.86	3.96	4.04	4.11	4.16	4.20	4.24	4.27	4.33	4.37	4.41	4.44	4.47
∞	2.77	2.92	3.02	3.09	3.15	3.19	3.23	3.26	3.29	3.34	3.38	3.41	3.44	3.47
	3.64	3.80	3.90	3.98	4.04	4.09	4.14	4.17	4.20	4.26	4.31	4.34	4.38	4.41

参考书目

方红，2020. 概率论与数理统计教程：基于R语言[M]. 上海：上海财经大学出版社.
贾俊平，2019. 统计学：基于R[M]. 5版. 北京：中国人民大学出版社.
李春喜，姜丽娜，邵云，2013. 生物统计学[M]. 5版. 北京：科学出版社.
李松岗，曲红，2007. 实用生物统计[M]. 2版. 北京：北京大学出版社.
陆毅，陈立萍，2016. R语言在统计中的应用[M]. 北京：北京工业大学.
茆诗松，程依明，濮晓龙，2004. 概率论与数理统计教程[M]. 北京：高等教育出版社.
明道绪，2005. 田间试验与统计分析[M]. 北京：科学出版社.
盛骤，谢式千，潘承毅，2019. 概率论与数理统计[M]. 5版. 北京：科学出版社.
王小宁，刘撷芯，黄俊文，2016. R语言实战[M]. 2版. 北京：人民邮电出版社.
韦来生，2015. 数理统计[M]. 北京：科学出版社.
张勤，2018. 生物统计学[M]. 3版. 北京：中国农业大学出版社.

本书所需数据和代码请扫描下方二维码下载